2022年版

全国二级建造师执业资格考试一次通关

建设工程法规及相关知识

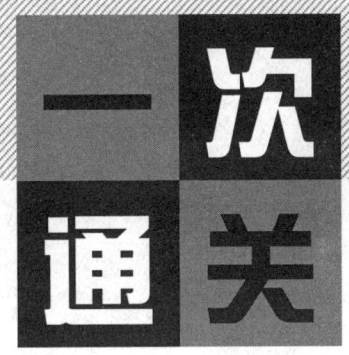

品思文化专家委员会　组织编写

刘　丹　主编

中国建筑工业出版社

图书在版编目（CIP）数据

建设工程法规及相关知识一次通关/品思文化专家委员会组织编写；刘丹主编．— 北京：中国建筑工业出版社，2022.1

2022年版全国二级建造师执业资格考试一次通关

ISBN 978-7-112-27132-0

Ⅰ．①建… Ⅱ．①品…②刘… Ⅲ．①建筑法-中国-资格考试-自学参考资料 Ⅳ．① D922.297

中国版本图书馆CIP数据核字（2022）第032405号

责任编辑：牛 松
责任校对：芦欣甜

2022年版全国二级建造师执业资格考试一次通关
建设工程法规及相关知识一次通关
品思文化专家委员会 组织编写
刘 丹 主编

*

中国建筑工业出版社出版、发行（北京海淀三里河路9号）
各地新华书店、建筑书店经销
北京建筑工业印刷厂制版
北京京华铭诚工贸有限公司印刷

*

开本：787毫米×1092毫米 1/16 印张：$21\frac{1}{4}$ 字数：489千字
2022年3月第一版 2022年3月第一次印刷
定价：**55.00元**
ISBN 978-7-112-27132-0
（38844）

版权所有 翻印必究
如有印装质量问题，可寄本社图书出版中心退换
（邮政编码 100037）

品思文化专家委员会
（按姓氏笔画排序）

龙炎飞　吕亮亮　刘　丹　许名标　张少华

胡宗强　董美英

前 言

为了更好地帮助广大考生复习应考，提高考试通过率，我们专门组织国内顶级名师，依据最新版考试大纲和考试用书的要求，对各门课程的历年考情、核心考点、考题设计等进行了全面的梳理和剖析，精心编写了二级建造师执业资格考试一次通关辅导丛书，丛书共分五册，分别为《建设工程施工管理一次通关》《建设工程法规及相关知识一次通关》《建筑工程管理与实务一次通关》《机电工程管理与实务一次通关》《市政公用工程管理与实务一次通关》。本套丛书在体例上独树一帜，能够帮助考生轻松掌握所有核心考点，非常适合没有充足时间学习考试用书的考生。

《建设工程法规及相关知识一次通关》主要包括以下四个部分：

1. "导学篇"——分析了2019—2021年度真题考点及分值分布、命题规律、题型分析、复习方法及答题技巧，为考生提供清晰的复习思路，突出重点、把握规律，帮助制定系统全面的复习计划。

2. "核心考点升华篇"——①"考情分析"：归纳各章节近三年核心考点及分值分布，让考生清晰了解知识点；②"核心考点分析"：按照章节顺序，提炼每节核心考点提纲，针对各个核心考点，结合真题或模拟题，总结各种典型考法，深入剖析核心考点，使考生全面了解考试命题意图、明晰解题思路；③"经典真题及预测题"：针对每个核心考点，以单选、多选分别罗列的形式，按照教材章节顺序，精选若干典型真题及预测题，使考生全面扎实掌握各个知识点。

3. "近年真题篇"——提供了2021、2020年考试真题，让考生全面了解考试内容，提前体验考试场景，尽快进入考试状态。

4. "模拟预测篇"——以最新考试大纲要求和最新命题信息为导向，参考历年试题核心考点分布情况，精编2套全真模拟试卷。两套试题覆盖全部核心考点，力求预测2022年命题新趋势，帮助广大考生准确把握考试命题规律。

本系列丛书具有以下三大特点：

1. "全"——对历年的二建考试真题进行了全面梳理和精选，对2019—2021年核心考点进行了全面归纳和剖析，点睛考点，总结考法，指明思路；每个核心考点都配套了历年典型真题和模拟题，帮助考生消化考点内容，加深对知识点的理解，拓宽解题思路，提高答题技巧；结合核心考点，精心编写模拟预测试卷并对难点进行解析，帮助考生进一步巩固知识点。

2. "新"——严格依据最新版考试大纲和考试用书，充分体现2022年考试趋势；体例新颖，每一核心考点均总结各种考法，并对其进行精准剖析，理清解题思路，提炼答题技巧，每章附经典真题及模拟强化练习并逐一解析，使考生能举一反三，尽快适应2022年的考试要求。

3．"简"——核心知识点罗列清晰，在涵盖所有考点的前提下，简化考试用书内容，使考生一目了然，帮助考生在短时间内将考试用书由厚变薄、轻松掌握考点，节省了时间。

本书在编写过程中得到了诸多行内专家的指点，在此一并表示感谢！由于时间仓促、水平有限，书中难免有疏漏和不当之处，敬请广大考生批评指正。

愿我们的努力能够帮助大家顺利通过考试！

目　录

导　学　篇

- 一、近三年考点分值统计 ... 2
- 二、法规科目考试题型及分数 ... 2
- 三、命题规律 ... 2
- 四、题型分析 ... 3
- 五、复习方法 ... 3
- 六、答题技巧 ... 4

核心考点升华篇

2Z201000　建设工程基本法律知识 ... 8
- 2Z201010　建设工程法律体系 ... 8
- 2Z201020　建设工程法人制度 ... 12
- 2Z201030　建设工程代理制度 ... 15
- 2Z201040　建设工程物权制度 ... 19
- 2Z201050　建设工程债权制度 ... 24
- 2Z201060　建设工程知识产权制度 ... 26
- 2Z201070　建设工程担保制度 ... 31
- 2Z201080　建设工程保险制度 ... 39
- 2Z201090　建设工程法律责任制度 ... 43
- 本章模拟强化练习 ... 45

2Z202000　施工许可法律制度 ... 52
- 2Z202010　建设工程施工许可制度 ... 52
- 2Z202020　施工企业从业资格制度 ... 55
- 2Z202030　建造师注册执业制度 ... 60
- 本章模拟强化练习 ... 66

2Z203000　建设工程发承包法律制度 ... 70
- 2Z203010　建设工程招标投标制度 ... 70
- 2Z203020　建设工程承包制度 ... 88
- 2Z203030　建筑市场信用体系建设 ... 93

本章模拟强化练习 · 97

2Z204000　建设工程合同和劳动合同法律制度 · 104
　2Z204010　建设工程合同制度 · 104
　2Z204020　劳动合同及劳动者权益保护制度 · 125
　2Z204030　相关合同制度 · 140
　　本章模拟强化练习 · 150

2Z205000　建设工程施工环境保护、节约能源和文物保护法律制度 · · · · · · · · · · 160
　2Z205010　施工现场环境保护制度 · 160
　2Z205020　施工节约能源制度 · 165
　2Z205030　施工文物保护制度 · 169
　　本章模拟强化练习 · 174

2Z206000　建设工程安全生产法律制度 · 178
　2Z206010　施工安全生产许可证制度 · 178
　2Z206020　施工安全生产责任和安全生产教育培训制度 · 180
　2Z206030　施工现场安全防护制度 · 188
　2Z206040　施工安全事故的应急救援与调查处理 · 197
　2Z206050　建设单位和相关单位的建设工程安全责任制度 · · · · · · · · · · · · · · · · 201
　　本章模拟强化练习 · 206

2Z207000　建设工程质量法律制度 · 212
　2Z207010　工程建设标准 · 212
　2Z207020　施工单位的质量责任和义务 · 217
　2Z207030　建设单位及相关单位的质量责任和义务 · 222
　2Z207040　建设工程竣工验收制度 · 225
　2Z207050　建设工程质量保修制度 · 233
　　本章模拟强化练习 · 236

2Z208000　解决建设工程纠纷法律制度 · 241
　2Z208010　建设工程纠纷的主要种类和法律解决途径 · 241
　2Z208020　民事诉讼制度 · 243
　2Z208030　仲裁制度 · 255
　2Z208040　调解与和解制度 · 259
　2Z208050　行政强制、行政复议和行政诉讼制度 · 263
　　本章模拟强化练习 · 268

近年真题篇

2021年度全国二级建造师执业资格考试试卷 · 276
参考答案 · 289

| 2020年度全国二级建造师执业资格考试试卷 | 290 |
| 参考答案 | 302 |

模拟预测篇

模拟预测试卷一	304
参考答案	318
模拟预测试卷二	319
参考答案	331

导学篇

一、近三年考点分值统计

章	章节（重点★）	2021年（分）	2020年（分）	2019年（分）
1	建设工程基本法律知识★	20	17	18
2	施工许可法律制度	4	6	4
3	建设工程发承包法律制度★	18	18	18
4	建设工程合同和劳动合同法律制度★	24	27	25
5	建设工程施工环境保护、节约能源和文物保护法律制度	6	6	6
6	建设工程安全生产法律制度	10	9	9
7	建设工程质量法律制度	10	9	11
8	解决建设工程纠纷法律制度	8	8	9

二、法规科目考试题型及分数

法规科目考试题型及分数

分数		满分100分，各省自主划定及格线（最高及格线为60分）
题型	单选题	每题1分，4个备选项。每题的备选项中，只有1个答案最符合题意
	多选题	每题2分，5个备选项。每题的备选项中，有2个或者2个以上答案符合题意，至少有一个错项。错选，本题不得分；少选，所选的每个选项得0.5分

三、命题规律

1. 紧扣大纲

全国二级建造师执业资格考试大纲是确定考试内容的唯一依据，而考试用书是对考试大纲的具体细化。试题不会超出考试大纲和考试用书的范围，更不会出现与现行法律、法规、规范相冲突的内容。

2. 挖掘陷阱

主要表现为三个方面：（1）在题干中设置隐含陷阱，教材中以肯定形式表达的内容，命题者以否定形式提问；教材中从正面角度阐述的内容，命题者从反面角度提问；（2）命题者喜欢将教材中某些知识点的关键字提取出来设置其他干扰项；（3）题干和选项同时设置陷阱，命题者会同时选择两个以上的知识点来迷惑考生。

3. 体现关联

某些多项选择题可能涉及两个以上知识点，回答问题时要依据教材所阐述的概念、方法、公式，注重不同知识点之间的关联性，多方面、多角度考虑，慎重选择。

4. 注重实务

全国二级建造师执业资格考试的目的是考查考生运用基本理论知识和基本技能综合分析解决问题的能力，考试试题更趋向施工现场的质量、安全、成本、进度、环保和职业健康等实务性方面，越来越全面细致，越来越注重题干的复杂性、干扰性、迷惑性，回答问题时，要善于利用相关理论，同时结合工程实际，来分析和解答试题。

四、题型分析

1. 概念型选择题

此类选择题主要依据基本概念来出题，对基本概念的特点、原因、分类、原则、内容、作用、结果等进行选择，经常出现的主要标志性措辞有"性质是""内容是""特点是""标志是""准确地理解是"等。在各备选项的表述上，命题者一般会采用混淆、偷梁换柱、以偏概全、以末代本、因果倒置等手法。

2. 否定型选择题

也称为逆向选择题，此类题型题干部分采用否定式的提示或限制，如"无""不是""没有""不包括""无关的""不正确""错误的""不属于"等提示语。

3. 因果型选择题

此类选择题即考查原因和结果的选择题，其基本结构一般有两种形式：一种是题干列出了原因，各备选项列出结果，在试题中常出现的标志性词语有"影响""结果"等；另一种是题干列出了结果，而各备选项列出了原因，在试题中常出现的标志性词语有"原因是""目的是""是为了"等。

4. 案例型选择题

对于案例型的选择题，一般题量不会很大，需要我们熟记相关知识内容，并能够简单运用。

5. 比较型选择题

比较型选择题是把具有可比性的内容放在一起，让考生通过分析、比较，归纳出其相同点或不同点。此类选择题在题干中一般会出现"相同点""不同点""共同""相似"等标志性词语，有些选择题也有反映程度性的词语，如"最大的不同点""最根本的不同""本质上的相似之处"等，主要考查考生的分析、归纳和比较能力。

6. 组合型选择题

此类选择题是将同类选项按一定关系进行组合，并冠之以数字序号，然后分解组成各选项作为备选项。解答组合型选择题的关键是要有准确牢固的基础知识，同时由于此题型的逻辑性较强，所以考生还应具备一定的分析能力。

五、复习方法

1. 依纲靠本

首先要根据考试大纲的要求，确保有充足的时间理解教材中的知识点，尤其是核心知识点；然后要明白考试时所有的试题和标准答案均来自考试用书，答题时必须严格按考试用书的内容、观点和要求回答每个问题。

2. 提前准备

根据经验，考试用书至少要通读三遍。第一遍要仔细地看，不放过任何一个要点、难点、关键词；第二遍要快速地看，主要针对核心考点和第一遍中不理解的内容；第三遍要飞快地看，主要是看第二遍没有看懂或者没有彻底掌握的核心考点。复习前，要制定一个切实可行的学习计划，杜绝先松后紧、突击复习造成精神紧张甚至失眠。很多考生临考前总会抱怨"再给我一周时间，肯定能够过关"，与其考后后悔，不如笨鸟先飞，提前准备。

3. 紧抓核心

复习时，要特别注意知识点之间的内在联系，有些知识点可能跨越好几页，而这些知识点往往是多项选择题的出题点，要留意层级关系，深刻把握，举一反三，以不变应万变。复习中，必须把握重点，避免平均分配。本书提供的核心考点几乎囊括了该课程所有出题点，建议考生严格按照本书顺序和逻辑，好好复习，大幅提高效率。

4. 学会总结

我们要做到一边看书，一边做总结性标记，罗列要点、难点，将书由厚变薄。要注意准确把握文字背后的复杂含义，要注意不同章节之间的内在联系。本书是作者多年教学辅导经验的结晶，总结了该课程所有的核心考点，同时非常注意章节之间的联系，可以带领考生快速掌握教材内容。

5. 精选资料

复习资料不宜过多，多了浪费时间、难以取舍、增加压力。备考过程中，适当做一些真题和模拟题，但千万不要舍本逐末，以题代学，杜绝题海战术。本书针对每个核心考点，详细讲解了命题思路、考试方法，并配套了例题、历年真题和强化模拟题，相信在本书能让考生达到事半功倍的效果。

六、答题技巧

1. 控制情绪

考试前一定要休息好，考试过程中，要学会控制自己的情绪，不要急躁，如果心里紧张，深呼吸几口气，做到心平气和，面对不会的题，善于跳跃，千万不要被命题者一开始就来个下马威，更加要杜绝心里想的是答案A却涂成答案C的情况。

2. 稳步推进

单项选择题难度较小，答题要稍快，同时注意准确率；多项选择题可以稍慢一点，但要求稳。一定要耐着性子把题目中每个字读完，提高准确率，杜绝心急。根据考试时间的分配，单项选择题按照每题1分钟、多项选择题按照每题1.5分钟的速度稳步推进，效果良好。

3. 讲究方法

针对上述6类题型，可以采用不同的答题方法。概念性选择题采用逻辑推理法，解题的关键是要注意一些隐性的限制词，结合相关的理论知识来判断选项是否符合题意。否定型选择题可以采用排除法、推理法、直选法等方式进行。因果型选择题要正确理解有关概念的含义，注意相互之间的内在联系，全面分析和把握影响的各种因素，准确把握题干与各备选项之间的逻辑关系，弄清二者之间谁因谁果。案例型选择题可以采用逻辑推演方法来作答。比较型选择题一般都是对教材内容的重新整合，要善于运用理论进行分析判断，采用排除法，从同中找异，从异中求同。组合型选择题可以采用肯定筛选法和否定筛选法，肯定筛选法是先根据试题要求分析各个选项，确定一个正确的选项，排除不包含此选项的组合，然后一一筛选，最后得出正确答案。否定筛选法即确定一个或两个不符合题意的选项，排除包含这些选项的组合，得出正确答案。

4. 回头检查

按照上述时间稳步推进，至少可以预留15~20分钟的回头检查时间。考试过程中，把不太肯定或不会做的题目在题号位置标记一个符号，回头主要对这些题进行检查，做到心中有数、有的放矢。

核心考点升华篇

2Z201000 建设工程基本法律知识

近三年真题考点分值表

章节		2021年（分）	2020年（分）	2019年（分）
2Z201010	建设工程法律体系	2	2	2
2Z201020	建设工程法人制度	1	1	1
2Z201030	建设工程代理制度	1	1	0
2Z201040	建设工程物权制度	3	3	4
2Z201050	建设工程债权制度	4	2	3
2Z201060	建设工程知识产权制度	3	3	3
2Z201070	建设工程担保制度	4	3	3
2Z201080	建设工程保险制度	1	1	1
2Z201090	建设工程法律责任制度	1	1	1

2Z201010 建设工程法律体系

核心考点提纲

1	2Z201012 法的形式和效力层级

2Z201012 法的形式和效力层级

核心考点及重点提示

	考点	重点提示
1	法的形式	★
2	法的制定主体及表现形式	★★
3	法的效力层级	★★★
4	法的备案主体	★★
★不大；★★一般；★★★重要		

核心考点及考法

一、我国法的形式

种类	制定法：宪法、法律、行政法规、地方性法规、自治条例和单行条例、部门规章、地方政府规章、我国加入的国际条约。 但是：习惯法、宗教法、判例不是我国法的形式

◆ **考法：法的形式**

【例题】下列属于我国法的形式的有（　　）。

A. 行政法规　　　　　　　　B. 法院的判决书
C. 宪法　　　　　　　　　　D. 某自治区的自治条例
E. 国际公约

【答案】A、C、D

二、我国法的表现形式、制定和备案主体

1. 我国法的表现形式和制定、备案主体：

形式	表现形式	制定主体	备案主体
宪法		全国人大	×
法律	《…法》	全国人大及常委	×
行政法规	《…条例》	国务院	全国人大常委会
部门规章	《规定》《办法》《细则》	国务院各部委、央行、审计署等	
地方法规	《地名＋条例》	省级、设区的市人大及常委	* 省级地方法规： 全国人大常委会＋国务院备案 * 市级地方法规、自治单行条例： 由省级人大常委会报全国人大常委会和国务院备案
地方规章	《地名＋规定、办法、细则》	省级、设区的市政府	* 省级规章：国务院＋本级人大常委 * 设区的市、自治州规章： 同时报省、自治区人大常委＋政府

2. 法规、自治条例、单行条例、规章：公布后30日内备案。

3. 只能制定法律的范围：

（1）国家主权的事项；（2）各级人民代表大会、人民政府、人民法院和人民检察院的产生、组织和职权；（3）民族区域自治制度、特别行政区制度、基层群众自治制度；（4）犯罪和刑罚；（5）对公民政治权利的剥夺、限制人身自由的强制措施和处罚；（6）税种的设立、税率的确定和税收征收管理等税收基本制度；（7）对非国有财产的征收；（8）民事基本制度；（9）基本经济制度以及财政、海关、金融和外贸的基本制度；（10）诉讼和仲裁制度。

◆ **考法1：法的表现形式**

【例题】《工程建设项目招标范围和规模标准规定》所属法的形式是（　　）。

A. 法律　　　　　　　　　　　　B. 行政法规

C. 部门规章　　　　　　　　　　D. 地方性法规

【答案】C

◆ **考法2：法的制定主体**

【例题】行政法规应当由（　　）制定。

A. 全国人大及常委　　　　　　　B. 国务院

C. 地方政府　　　　　　　　　　D. 国务院各部委

【答案】B

◆ **考法3：法的备案主体**

【例题】关于法的备案的说法，正确的是（　　）。

A. 自治条例依法对法律、行政法规、地方性法规作变通规定的，在本自治地方适用自治条例的规定

B. 市、县政府有权制定地方政府规章

C. 宪法、法律应当在公布后30日备案

D. 省、自治区、直辖市的人民代表大会及其常务委员会制定的地方性法规，报国务院备案

【答案】A

◆ **考法4：只能由法律作出的范围**

【例题】根据《立法法》，下列事项中必须由法律规定的是（　　）。

A. 税率的确定　　　　　　　　　B. 环境保护

C. 历史文化保护　　　　　　　　D. 增加施工许可证的申请条件

【答案】A

三、法的效力层级

1. 法的效力原则：

（1）宪法至上：根本大法和母法，具有最高法律效力，任何法律、法规都不能违宪

（2）上位法优于下位法

（3）特别法优于一般法

（4）新法优于旧法

2. 上位法优于下位法的理解：

宪法 → 法律 → 行政法规 → 部门规章
　　　　　　　　　　　↘ 地方法规 → 地方政府规章

注意几个事项和易错点：

（1）上图的箭头意味着"效力高于"的意思。

（2）上下：地方法规效力高于本级和下级地方政府规章。

省、自治区政府制定的规章高于本行政区域内的设区的市、自治州政府制定的规章。

（3）同级：部门规章之间、部门规章与地方政府规章之间具有同等效力。

（4）变通：自治条例和单行条例依法对法律、行政法规、地方性法规作变通规定的，在本自治地方适用自治条例和单行条例的规定。

经济特区法规根据授权对法律、行政法规、地方性法规作变通规定的，在本经济特区适用经济特区法规的规定。

3. 法的冲突解决（当法的规定不一致时，又不能适用效力原则时，应由有关机关裁决适用）：

原则	冲突解决
上与下	1. 部门规章间、部门规章与地方规章间不一致——国务院裁决
	2. 地方法规与部门规章之间不一致： 国务院认为应适用地方性法规的——国务院决定 国务院认为应适用部门规章的——提请全国人大常委会裁决
新与旧、特别与普通	同一机关制定的新一般规定与旧特别规定不一致——谁制定，谁裁决： 法律——全国人大常委会裁决 行政法规——国务院裁决
根据授权制定的法规与法律不一致——全国人大常委会裁决	

◆ **考法 1：法的效力原则及理解**

【例题】（2020 年真题）关于法的效力层级的说法，正确的有（　　）。

A. 宪法至上
B. 新法优于旧法
C. 上位法优于下位法
D. 一般法高于特别法
E. 任何机关和个人不得裁决法律适用情况

【答案】A、B、C

◆ **考法 2：法的冲突的解决**

【例题】（2019 年真题）下列情形中，需要由全国人民代表大会常务委员会做决定的有（　　）。

A. 法律之间对同一事项的新的一般规定与旧的特定规定不一致，不能确定如何适用
B. 行政法规之间对同一事项的新的一般规定不一致，不能确定如何适用
C. 地方性法规与部门规章之间对同一事项的规定不一致，不能确定如何适用
D. 部门规章之间对同一事项的规定不一致，不能确定如何适用
E. 根据授权规定的法规与法律规定不一致，不能确定如何适用

【答案】A、E

【例题】（2017 年真题）行政法规之间对同一事项的新的一般规定与旧的特别规定不一致，不能确定如何适用时，由（　　）裁决。

A. 最高人民法院
B. 国务院
C. 全国人民代表大会
D. 全国人民代表大会常务委员会

【答案】B

2Z201020 建设工程法人制度

核心考点提纲

1	2Z201021	法人的法定条件及其在建设工程中的地位和作用
2	2Z201022	企业法人与项目经理部的法律关系

2Z201021 法人的法定条件及其在建设工程中的地位和作用

核心考点及重点提示

	考点	重点提示
1	法人应具备的条件	★★★
2	法人的分类及成立时间	★★
3	法人在建设工程中的地位	★★

★不大；★★一般；★★★重要

核心考点及考法

一、法人应具备的条件

条件	1. 依法成立：不能自然产生，必须经过法定程序	
	2. 应有自己的名称、组织机构、住所、财产或经费： 法人住所——主要办事机构所在地 物质基础——必要的财产或者经费	
	3. 能够独立承担民事责任：法人以其全部财产独立承担民事责任	
	4. 有法定代表人	

法定代表人	1. 法定代表人以法人名义从事的民事活动，其法律后果由法人承受	
	2. 表见代表	法人章程或法人权力机构对法定代表人代表权的限制，不得对抗善意相对人
	3. 职务行为	执行职务造成他人损害，由法人承担民事责任
	4. 法定代表人是自然人	

注意：本书所谓"善意"，均指"不知道或不应当知道"。

法律所指"不知道或不应当知道"，在本书中简称为"不知道"。

◆ **考法1：法人应具备的条件**

【例题】（2019年真题）关于法人应当具备条件的说法，正确的是（   ）。
 A. 须经有关机关批准　　　　　　B. 有技术负责人
 C. 承担有限民事责任　　　　　　D. 应当有自己的名称和组织机构
【答案】D

◆ **考法2：法定代表人**

【例题】（2018年真题）关于法定代表人的说法，正确的有（   ）。
 A. 公司章程对法定代表人权利的限制，可以对抗善意第三人
 B. 因过错履行职务行为损害他人，由法定代表人承担责任
 C. 法定代表人代表法人从事民事活动
 D. 法定代表人为特别法人
 E. 法人应当有法定代表人
【答案】C、E

二、法人分类及成立时间

分类	具体形态	取得法人资格日
营利性法人	公司、企业（向出资人分利润）	登记（营业执照签发日）
非营利性法人	事业单位、社团、基金会、社会服务机构（不向出资人分利润）	不需要登记的，成立日=取得法人资格日；需要登记的，登记日=取得法人资格日
特别法人	机关法人、农村集体经济组织法人、城镇农村的合作经济组织、基层群众自治组织	成立日

◆ **考法1：法人分类**

【例题】下列法人中，属于特别法人的是（   ）。
 A. 基层群众自治组织　　　　　　B. 事业单位法人
 C. 企业法人　　　　　　　　　　D. 社团法人
【答案】D

◆ **考法2：法人分类和成立的时间**

【例题】关于法人的说法，正确的是（   ）。
 A. 法人分为企业法人和行政法人
 B. 法人分为营利法人、非营利法人和特别法人
 C. 有独立经费的机关法人从批准之日取得法人资格
 D. 具有法人条件的事业单位经批准登记取得法人资格
【答案】B

三、法人在建设工程中的地位

1. 施工、勘察设计、监理单位通常是法人组织。
2. 建设单位一般也应当具有法人资格，但有时可以是没有法人资格的其他组织。
3. 法人具有民事权利能力和民事行为能力，只有依法独立享有民事权利和承担民事

义务，方能承担民事责任。

◆**考法：法人在建设工程中的地位**

【例题】（2021年真题）关于法人在建设工程中的地位的说法，正确的是（　　）。

A. 建设单位应当具备法人资格

B. 建设工程中的法人可以不具有民事行为能力

C. 非营利法人可以成为建设单位

D. 建设单位应当独立承担民事责任

【答案】C

2Z201022　企业法人与项目经理部的法律关系

核心考点及重点提示

	考点	重点提示
1	项目经理部	★★★
2	项目经理	★★★

★不大；★★一般；★★★重要

核心考点及考法

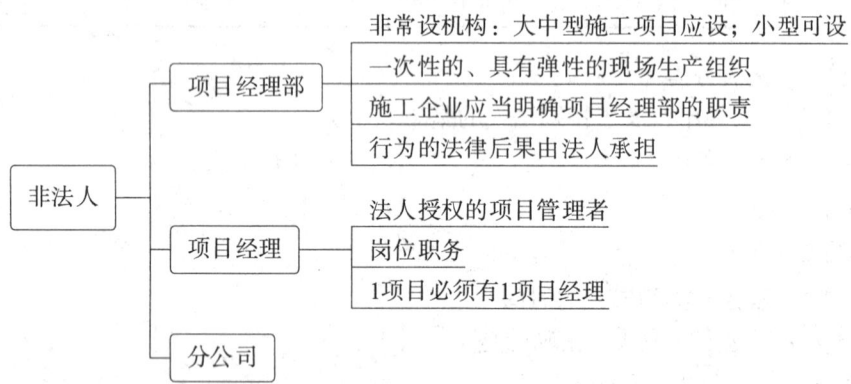

◆**考法：项目经理和项目经理部的关系**

【例题】（2017年真题）关于施工企业项目经理部的说法，正确的有（　　）。

A. 项目经理部具有法人资格

B. 项目经理经施工企业授权管理施工项目

C. 项目经理部是施工企业组建的非常设下属机构

D. 项目经理是施工企业的内部岗位

E. 项目经理部自行承担施工行为的法律后果

【答案】B、C、D

2Z201030 建设工程代理制度

核心考点提纲

1	2Z201031 代理的法律特征和主要种类
2	2Z201032 建设工程代理行为及其法律关系

2Z201031 代理的法律特征和主要种类

核心考点及重点提示

	考点	重点提示
1	代理的法律特征	★★
2	代理的种类	★★

★不大；★★一般；★★★重要

核心考点及考法

一、代理的法律特征

1	代理人必须在代理权限范围内实施代理： 代理人有独立意思表示的权利； 代为传达当事人的意思表示或接受意思表示，无独立意思，不是代理
2	代理人一般应以被代理人名义实施代理
3	代理行为必须是具有法律意义的行为：请客吃饭、聚会不是代理
4	代理行为的法律后果归属于被代理人

◆考法：代理特征

【例题】关于代理的说法，正确的是（   ）。

A. 代理人实施代理行为时有独立进行意思表示的权利
B. 代理人可以超越代理权实施代理行为
C. 被代理人对代理人的一切行为承担民事责任
D. 代理一般是代理人以自己的名义实施民事法律行为

【答案】A

二、代理的种类

1. 代理分类：委托代理、法定代理。
2. 法定代理：指根据法律的规定而发生的代理。如，无民事行为能力人、限制民事行为能力人的监护人是其法定代理人。

3. 委托代理：

（1）委托代理可采取口头、书面方式。

（2）书面授权委托书应载明：代理人的姓名或者名称、代理事项、权限和期间，并由被代理人签名或者盖章。

4. 数人代理：数人为同一代理事项的代理人的，应当共同行使代理权，但有约定的除外。

◆ **考法1：委托代理和法定代理的理解**

【例题】（2016年真题）建设单位欠付工程款，施工企业指定本单位职工申请仲裁，该职工的行为属于（　　）。

A．指定代理　　　　　　　　　B．表见代理
C．委托代理　　　　　　　　　D．法定代理

【答案】C

◆ **考法2：委托代理的零散规定**

【例题】关于委托代理说法正确的是（　　）。

A．委托代理授权应当采用书面形式
B．数人不得为同一代理事项的代理人
C．数人为同一代理事项的代理人时，应分别行使代理权
D．书面授权委托书应载明代理人的姓名或者名称、代理事项、权限和期间，并由被代理人签名或盖章

【答案】D

2Z201032　建设工程代理行为及其法律关系

核心考点及重点提示

	考点	重点提示
1	建设工程代理行为的设立	★★
2	委托代理终止	★★
3	代理的法律关系	★
4	几个代理	★★★
5	代理不当或违法的法律后果	★★★

★不大；★★一般；★★★重要

核心考点及考法

一、建设工程代理行为的设立

1. 三个不得代理的情形：

依法律规定、当事人约定、民事法律行为的性质——应由本人亲自实施的，不得代理。

比如：《建筑法》规定"建设工程的承包活动不得委托代理"。

2. 代理人资格：

一般代理——无法定资格要求，可由自然人、法人担任代理人。

诉讼代理——不要求必须是律师。

可以担任诉讼代理人：（1）律师、基层法律服务工作者；（2）当事人的近亲属或者工作人员；（3）当事人所在社区、单位以及有关社会团体推荐的公民。

3. 建设工程代理行为多为委托代理。

◆**考法：建设工程代理的综合理解**

【例题】（2017年真题）关于建设工程中代理的说法，正确的是（ ）。

A. 建设工程合同诉讼只能委托律师代理
B. 建设工程中的代理主要是法定代理
C. 建设工程中应由本人从事的民事法律行为，不得代理
D. 建设工程中被代理人的利益，代理人可直接转托他人代理

【答案】C

二、委托代理终止

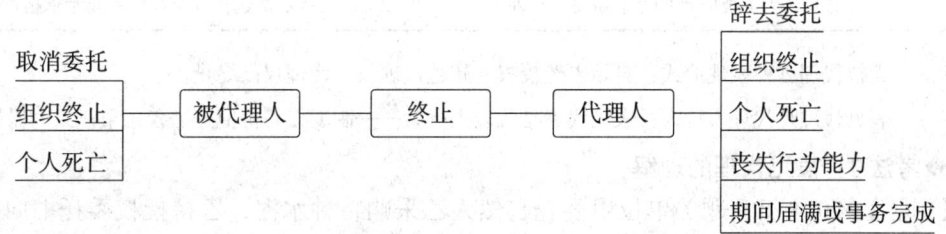

◆**考法：委托代理终止的情形**

【例题】（2021年真题）建设工程代理行为终止的情形是（ ）。

A. 被代理人丧失民事行为能力　　　B. 代理事项难以完成
C. 发生不可抗力　　　　　　　　　D. 代理人辞去委托

【答案】D

三、代理的法律关系

三方主体：被代理人A＋代理人B＋第三人C（下文均用A、B、C表达各方主体）。

两个关系：代理人与被代理人之间的委托关系；被代理人与相对人的合同关系。

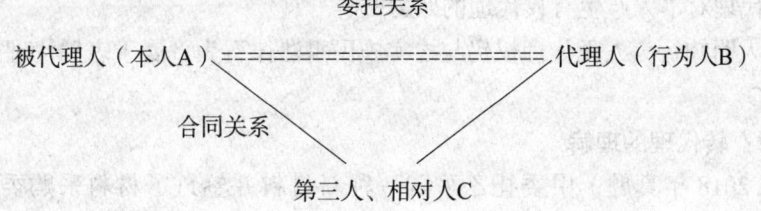

◆ **考法：代理的法律关系和主体的理解**

【例题】建设工程代理法律关系中存在两个法律关系分别是（   ）。

A. 代理人与被代理人之间的委托关系，被代理人与相对人之间的合同关系

B. 代理人与被代理人之间的合作关系，代理人与相对人之间的合同关系

C. 代理人与被代理人之间的委托关系，代理人与相对人之间的转委托关系

D. 代理人与被代理人之间的合作关系，被代理人与相对人之间的转委托关系

【答案】A

四、几个代理

	后果	要件
无权代理	A 追认有效，不追认无效	追认则转化为有权代理
表见代理	有效： 虽是无权代理行为，但产生有权代理效果	客观：存在足以使 C 相信 B 有权代理的理由和事实（委任状、盖章的空白合同书、显示本人授权的通知函告等） 主观：A 有过失 + B 无权 + C 善意
默示代理	有效，A 承担后果	知道他人以本人名义实施民事行为不作否认表示的视为同意
转代理	（1）A 同意 / 追认则有效 （2）A 不同意 / 不追认则无效（但紧急情况下 B 为了维护 A 的利益需要的除外）	转委托代理经 A 同意或者追认的： （1）A 可就代理事务直接指示 C； （2）B 仅就 C 的选任以及对 C 的指示承担责任

注意：无权代理三种表现形式：自始未经授权、超越代理权、代理权已终止。

表见代理是代理人行为；表见代表是代表人行为——制度核心价值是"善意第三人"保护。

◆ **考法1：表见代理的理解**

【例题】（2014年真题）单位甲委托自然人乙采购特种水泥，乙持授权委托书向提供商丙采购，由于缺货，丙向乙说明无法供货，乙表示愿意购买普通水泥代替，向丙出示加盖甲公章的空白合同。经查，丙不知乙授权不足的情况。关于甲、乙行为的说法，正确的是（   ）。

A. 乙的行为属于法定代理　　　　B. 甲有权拒绝接受这批普通水泥

C. 如果拒绝，应由乙承担付款义务　　D. 甲承担付款义务

【答案】D

【例题】关于表见代理的说法，正确的是（   ）。

A. 表见代理属于无权代理，对本人不发生法律效力

B. 表见代理中，由行为人和本人承担连带责任

C. 表见代理对本人产生有权代理的效力

D. 第三人明知行为人无代理权仍与之实施民事法律行为，属于表见代理

【答案】C

◆ **考法2：转代理的理解**

【例题】（2018年真题）甲委托乙采购一种新材料并签订了材料采购委托合同，经

甲同意，乙将新材料采购事务转委托给丙。关于该转委托中责任承担的说法，正确的是（ ）。

　　A. 乙对丙的行为承担责任

　　B. 乙仅对丙的选任及其对丙的指示承担责任

　　C. 甲与乙对丙的行为承担连带责任

　　D. 乙对丙的选任及其对丙的指示，由甲与乙承担连带责任

【答案】B

五、代理不当或违法的法律后果

	责任		情形
1. 串谋	BC 连带		BC 串谋损害 A 利益的
2. 故意	BC 连带		C 知道 B 无权代理，但仍与 B 实施民事活动，给他人造成损失
3. 违法	AB 连带		B 知道代理事项违法但仍代理，或 A 知道 B 行为违法不反对的
4. 不履职	B		B 不履行职责给 A 造成损害的，B 应当承担民事责任

◆**考法：代理责任的综合理解**

【例题】（2020年真题）关于承担代理责任的说法，正确的是（ ）。

　　A. 代理行为的法律后果由被代理人和代理人共同承担

　　B. 被代理人应当知道代理人的代理行为违法未作反对表示的，由被代理人承担责任

　　C. 代理人不完全履行职责，造成被代理人损害的，应当承担民事责任

　　D. 代理人和相对人恶意串通，损害被代理人合法权益的，代理人和相对人应当承担按份责任

【答案】C

2Z201040　建设工程物权制度

核心考点提纲

1	2Z201041　物权的主要种类和与土地相关的物权
2	2Z201042　物权的设立、变更、转让、消灭和保护

2Z201041　物权的主要种类和与土地相关的物权

核心考点及重点提示

	考点	重点提示
1	物权的种类	★★
2	土地所有权	★

续表

	考点	重点提示
3	建设用地使用权	★★★
4	地役权	★★

★不大；★★一般；★★★重要

核心考点及考法

一、物权的种类

1. 种类：

物权 ｛ 所有权
用益物权——建设用地使用权、土地承包经营权、宅基地使用权、居住权、地役权
担保物权——抵押权、质押权、留置权

2. 所有权的4项权能：

占有、使用、收益、处分（核心权能）

3. 用益物权概念：权利人对他人所有的不动产或动产，依法享有占有、使用和收益的权利。

国家所有或国家所有由集体使用以及法律规定属于集体所有的自然资源——组织、个人依法可以占有、使用和收益。

◆ **考法1：物权的各种分类**

【例题】（2016年真题）下列权利中，属于用益物权的是（　　）。

A．房屋租赁权　　　　　　　　B．建设用地使用权
C．土地所有权　　　　　　　　D．船舶抵押权

【答案】B

◆ **考法2：各种物权的概念及分类的综合运用**

【例题】下列关于物权说法正确的是（　　）。

A．物权包括所有权、债权、用益物权和担保物权
B．用益物权包括对自己所有的财产享有占有、使用、收益和处分的权利
C．担保物权包括定金、抵押权、质权、留置权
D．国家所有的自然资源，组织、个人依法可以占有、使用和收益

【答案】D

二、土地所有权

1. 公有制：我国实行土地的社会主义公有制，即全民所有制和劳动群众集体所有制。
2. 土地权属：城市的土地——属于国家所有；
　　　　　　无居民海岛、矿藏、水流、海域——属于国家所有。
3. 承包期限：耕地30年，草地30年至50年，林地30年至70年。

4. 土地用途：建设用地使用权人应当合理利用土地，不得改变土地用途；需要改变土地用途的，应当依法经有关行政主管部门批准。

◆考法：土地所有权的内容

【例题】关于土地所有权的说法，正确的是（　　）。

A. 中华人民共和国境内的全部土地属于国家所有

B. 城市的土地，属于国家所有

C. 土地承包期为50年

D. 无居民海岛、矿藏、水流、海域属于集体所有

【答案】B

三、建设用地使用权

1. 使用的是国有土地，不包括集体所有的农村土地。

2. 设立：（1）取得方式——出让、划拨；

（2）登记设立——建设用地使用权自登记取得；

（3）空间设立——可以在地上、地下或者地表分别设立。

3. 流转：（1）流转方式——可转让、互换、出资、赠与或抵押；

（2）流转要求——应以书面方式签订合同；使用期限由当事人约定，但不得超过建设用地使用权剩余期限；房、地一并处分。

4. 不得改变土地用途，需要改变的应依法报批。

5. 续期：住宅建设用地使用权，期满后自动续期。

6. 建设用地使用权消灭的——出让人应当及时办理注销登记。

◆考法1：建设用地使用权的内容

【例题】（2021年真题）关于建设用地使用权的说法，正确的有（　　）。

A. 建设用地使用权可以在土地的地表、地上或者地下分别设立

B. 建设用地使用权，可以采取出让或者划拨等方式

C. 建设用地使用权人应当合理利用土地，不得改变土地用途

D. 建设用地使用权只能存在于国家所有的土地上

E. 建设用地使用权消灭的，该土地使用权人应当及时办理注销登记

【答案】A、B、C、E

◆考法2：建设用地使用权的设立

【例题】（2021年真题）建设用地使用权自（　　）时设立。

A. 占用　　　　　　　　　　B. 登记

C. 申请　　　　　　　　　　D. 使用

【答案】B

四、地役权

1. 概念：为使用自己不动产的便利或提高其效益而按照合同约定利用他人不动产的权利。

2. 地役权设立：（1）设立时间：合同生效时设立——未登记，不对抗善意第三人；

（2）应当采取书面形式；

（3）设定主体：土地上已设承包经营权、建设用地使用权等的，未经用益物权人同意，土地所有权人不得设立地役权。

3. 一起转——地役权为从权利，随主权利转让而转让：

（1）需役地及其上的土地承包经营权、建设用地使用权部分转让时，转让部分涉及地役权的，受让人同时享有地役权。

（2）供役地及其上的土地承包经营权、建设用地使用权部分转让时，转让涉及地役权的，地役权对受让人具有约束力。

◆考法1：地役权概念理解

【例题】甲、乙两单位相邻，甲需经过乙的厂区道路出入，甲乙之间约定甲向乙支付一定的费用。该约定中甲享有的权利是（　　）。

A. 土地承包经营权　　　　　　B. 地役权

C. 土地使用权　　　　　　　　D. 土地所有权

【答案】B

◆考法2：地役权的内容

【例题】（2018年真题）关于地役权的说法，正确的有（　　）。

A. 需役地上的用益物权转让时，受让人同时享有地役权

B. 地役权的设立是为了提高供役地的使用效率

C. 地役权未经登记不得对抗需役地人

D. 地役权由需役地人单方设立

E. 地役权属于用益物权

【答案】A、E

2Z201042 物权的设立、变更、转让、消灭和保护

核心考点及重点提示

考点	重点提示
1　物权变动	★★★

★不大；★★一般；★★★重要

核心考点及考法

物权变动

1. 归纳：

	所有权	抵押权	质权	留置权	地役权	建设用地使用权
不动产	登记	登记			合同生效	登记

续表

	所有权	抵押权	质权	留置权	地役权	建设用地使用权
动产	交付	合同生效	交付			

未经登记,不得对抗善意第三人：{ 动产（机动车、船舶、航空器）所有权等 / 动产抵押权 / 地役权

注：这部分内容需要结合本章第7节担保物权变动的内容一起掌握

2.（1）不动产物权变动——登记（但是法律另有规定的除外）。

记载于不动产登记簿时发生效力——由不动产所在地的登记机构办理,但国家所有的自然资源无需登记。

（2）动产物权变动——占有和交付。

（3）债权与物权区分原则：

债权（合同）——自成立时生效；

物权——自登记、交付时生效；

未办理物权登记的,不影响合同效力——物权变动的基础往往是合同关系。

◆考法1：不动产物权变动

【例题】关于不动产物权设立的说法,正确的是（　　）。

A. 不动产物权的设立应依法登记

B. 不动产物权的设立属于自愿登记

C. 未办理物权登记的,则合同不发生效力

D. 不动产登记由合同签订地的登记机构办理

【答案】A

◆考法2：动产物权变动

【例题】（2019年真题）甲施工企业与乙签订了机动车买卖合同,该车辆所有权自（　　）时发生移转。

A. 交付   B. 合同成立

C. 合同生效   D. 车辆完成登记

【答案】A

◆考法3：物权变动的综合运用

【例题】甲将其房屋卖给乙,并就房屋买卖订立合同,但未进行房屋产权变更登记,房屋也未实际交付。关于该买卖合同效力和房屋所有权的说法,正确的是（　　）。

A. 买卖合同有效,房屋所有权不发生变动

B. 买卖合同无效,房屋所有权不发生变动

C. 买卖合同有效,房屋所有权归乙所有,不能对抗善意第三人

D. 买卖合同效力待定,房屋所有权不发生变动

【答案】A

2Z201050 建设工程债权制度

核心考点提纲

1	2Z201051	债的基本法律关系
2	2Z201052	建设工程债的产生和常见种类

2Z201051 债的基本法律关系

核心考点及重点提示

	考点	重点提示
1	债的概念、内容及其与物权的区别	★

★不大；★★一般；★★★重要

核心考点及考法

债的概念、内容及其与物权的区别

物权	绝对权		
债权	相对权：主体、内容、责任相对	特定当事人之间	权利人请求特定义务人为或不为一定行为的权利

◆ 考法：债的概念及相对性的理解

【例题】（2020年真题）关于债的基本法律关系的说法，正确的是（　　）。
A. 债是不特定当事人之间的法律关系
B. 债权人可以向债务人以外的任何人主张自己的权利
C. 债权为请求特定人为特定行为作为或者不作为的权利
D. 债权是绝对权
【答案】C

2Z201052 建设工程债的产生和常见种类

核心考点及重点提示

	考点	重点提示
1	债产生的4个依据及内涵理解	★★★
2	债权人、债务人的关系界定	★

★不大；★★一般；★★★重要

核心考点及考法

一、债产生的4个依据及其内涵理解

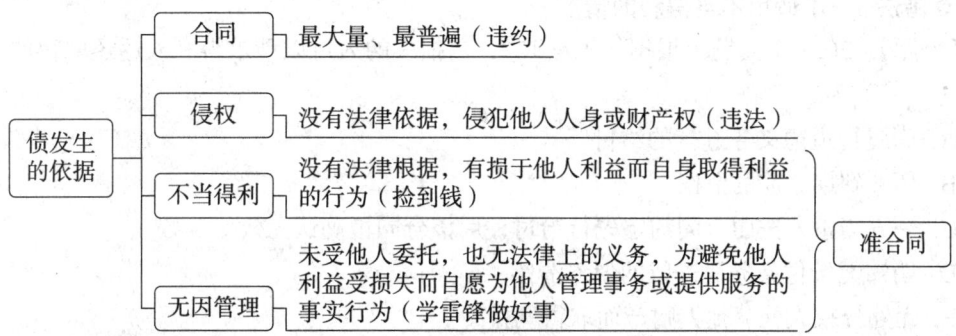

1. 无因管理：
（1）在管理人与受益人之间形成了债的关系。
（2）管理人可请求受益人偿还支出的必要费用。
（3）管理人有损失的，可请求受益人给予适当补偿。
2. 不适用不当得利的情形：
（1）道义给付：为履行道德义务进行的给付。
（2）期前清偿：债务到期之前的清偿。
（3）非债清偿：明知无给付义务而进行的债务清偿。
3. 建筑物侵权：

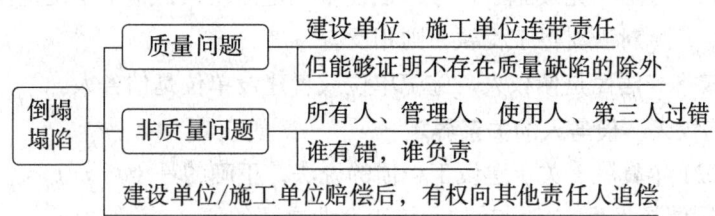

◆ **考法1：债产生的4个依据**

【例题】（2019年真题）建设工程债的产生根据有（   ）。

A. 合同 B. 侵权
C. 无因管理 D. 不当得利
E. 公证

【答案】A、B、C、D

◆ **考法2：债产生依据的内涵理解**

【例题】（2018年真题）下列行为构成侵权之债的有（   ）。

A. 建设行政主管部门未及时颁发施工许可证
B. 路人帮助把受伤工人送至医院
C. 建筑物上坠落物品造成他人伤害，难以确定责任人

D. 拆除屋顶广告时将住户窗户损坏

E. 建设单位未将工程款及时足额支付给施工企业

【答案】C、D

◆**考法 3：不适用不当得利的情形**

【例题】（2021 年真题）根据《民法典》，受损失的人可以请求得利人返还取得的利益的有（   ）。

A. 为履行道德义务进行的给付

B. 债务到期之前的清偿

C. 一方当事人按照合同约定先行给付，后该合同被确认无效

D. 明知无给付义务而进行的债务清偿

E. 无处分权人处分他人财产而取得利益

【答案】C、E

◆**考法 4：建筑物侵权的责任承担**

【例题】某建筑物倒塌造成他人损害，除能够证明不存在质量缺陷的以外，由（   ）。

A. 建设单位承担责任

B. 施工单位承担责任

C. 建设单位和施工单位承担连带责任

D. 建设单位和施工单位承担按份责任

【答案】C

二、债权人、债务人的关系界定

1. 施工合同——对于完成施工任务，建设单位是债权人，施工单位是债务人；对于支付工程款，则相反。

2. 噪声侵权——居民是债权人，施工单位或者建设单位是债务人。

◆**考法：债权人、债务人的关系界定**

【例题】（2021 年真题）关于建设工程债的说法，正确的是（   ）。

A. 施工合同债是发生在建设单位和施工企业之间的债

B. 在材料设备买卖合同中，材料设备的买方只能是施工企业

C. 在施工合同中，对于完成施工任务，施工企业是债权人，建设单位是债务人

D. 在施工合同中，对于支付工程款，建设单位是债权人，施工企业是债务人

【答案】A

2Z201060　建设工程知识产权制度

核心考点提纲

1	2Z201061　知识产权的法律特征
2	2Z201062　建设工程知识产权的常见种类、保护和侵权责任

2Z201061　知识产权的法律特征

核心考点及重点提示

	考点	重点提示
1	知识产权的特征	★★

★不大；★★一般；★★★重要

核心考点及考法

知识产权的特征

（1）财产权和人身权的双重属性
（2）专有性：未经知识产权人同意而使用，构成侵权
（3）地域性：受到地域的限制
（4）期限性：一旦超过法定期限，知识产权自行消灭，该智力成果就成为整个社会的共同财富，为全人类共同所有

◆考法：知识产权的特征及理解

【例题】关于知识产权法律特征的说法，正确的是（　　）。
A. 知识产权超过期限，权利经注销消灭
B. 知识产权仅具有财产权属性
C. 使用他人知识产权必须经权利人同意，这体现了知识产权的专有性
D. 知识产权不受地域的限制
【答案】C

2Z201062　建设工程知识产权的常见种类、保护和侵权责任

核心考点及重点提示

	考点	重点提示
1	专利权	★★★
2	商标权	★★
3	著作权	★★
4	知识产权保护	★
5	知识产权的法律责任	★

★不大；★★一般；★★★重要

核心考点及考法

一、三个知识产权的比较

客体	客体	保护时间		
著作权	作品（文字、图形、建筑）	1. 署名权／修改／保护作品完整权——无时间限制		
		2. 发表权／使用权／获得报酬权	公民——终生及死后 50 年	
			法人——首次发表后第 50 年；作品自创作完成后 50 年内未发表的，不再受《著作权法》保护	
			都是：截至第 50 年的 12 月 31 日	
专利权	发明、实用新型、外观设计	发明 20 年，实用新型 10 年，外观设计 15 年 从申请日开始计算		
商标权	注册商标	10 年——核准注册日开始计算； 期满前 12 个月申请续展——未续展，给宽展期 6 个月		

◆考法 1：知识产权客体区分

【例题】（2019 年真题）专利法的保护对象包括（　　）。

A. 科学发现　　　　　　　　B. 发明

C. 图形作品　　　　　　　　D. 实用新型

E. 外观设计

【答案】B、D、E

◆考法 2：3 个知识产权的保护时间及起算点

【例题】关于著作权的保护期，说法正确的是（　　）。

A. 作者的署名权、修改权、保护作品完整权的保护期为作者终身及其死后 50 年

B. 公民的作品，其发表权、使用权和获得报酬权的保护期不受限制

C. 法人或者其他组织的作品的发表权、使用权和获得报酬权的保护期为 50 年

D. 法人或者其他组织的作品，自创作完成后 30 年内未发表的，不受《著作权法》保护

【答案】C

二、专利权

授予条件：发明、实用新型——新颖性、创造性、实用性；

外观设计——新颖性、富有美感、工业应用

◆考法：专利权授予条件

【例题】下列授予专利权的条件中，属于共性条件的是（　　）。

A. 创造性　　　　　　　　　B. 实用性

C. 新颖性　　　　　　　　　D. 艺术性

【答案】C

三、商标专用权

1. 包括：使用权、禁止权。

2. 财产权——设计者的人身权属于著作权。

3. 要取得商标专用权——应当申请商标注册。

◆ 考法：商标专用权的综合理解

【例题】（2020年真题）关于商标专用权的说法，正确的有（　　）。

A. 商标专用权包括使用权和禁止权两个方面

B. 注册商标的有效期为10年，自核准注册之日起计算

C. 商标专用权是商标所有人对其设计的商标所享有的权利

D. 商标专用权人可以将商标连同企业或者商誉同时转让，也可以将商标单独转让

E. 商标专用权的内容包括财产权和人身权

【答案】A、B、D

四、著作权

1. 计算机软件属于著作权，属于软件开发者。

（注意：教材关于计算机软件和著作权的内容一致）

2. 著作权主体：

	特征	例子	著作权归属
单位作品		招标投标文件	单位
职务作品	未主要利用单位物资、技术		作者个人（单位优先使用，2年内未经单位许可，作者不得擅自许可他人使用作品）
	主要利用单位物资、技术＋单位承担责任	（1）工程设计图、产品设计图、地图、示意图、计算机软件 （2）报社、期刊社、通讯社、广播电台、电视台的工作人员创作的职务作品	作者有署名权＋单位有著作权的其他权利 单位可给作者奖励
委托作品		勘察设计文件	有约依约； 无约定，著作权属于受托人

◆ 考法：著作权的归属

【例题】某设计院指派本院工程师张某建设单位设计住宅楼，设计合同中没有约定设计图著作权的归属，除署名权外，该设计图的其他著作权属于（　　）。

A. 张某　　　　　　　　　　B. 设计院

C. 建设单位　　　　　　　　D. 建设单位和设计院共同所有

【答案】B

五、知识产权保护

1. 专利保护范围：

发明、实用新型——以权利要求书为准，说明书和附图可以解释权利要求；

外观设计——以图片或照片中产品的外观设计为准，简要说明可解释。

2. 诉前禁令——专利侵权时，专利权人可向法院申请诉前禁令：

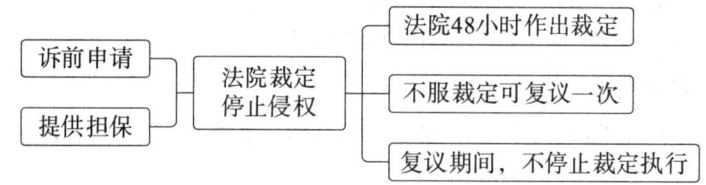

◆ 考法 1：专利保护范围

【例题】（2018 年真题）关于建设工程专利权保护范围的说法，正确的是（　　）。

A. 实用新型以申请时所附的说明书为准

B. 建设工程发明以其附图为准

C. 外观设计以在图片或照片中该产品的外观设计为准

D. 三类专利均以权利要求的内容为准

【答案】C

◆ 考法 2：诉前禁令

【例题】在建设工程专利保护中，专利权人有证据证明他人正在实施侵权专利权的行为，可以在起诉前向人民法院申请采取责令停止有关行为的措施。关于该专利权人向人民法院申请责令停止有关行为措施的说法，正确的有（　　）。

A. 申请人提出申请时，应当提供担保

B. 人民法院裁定责令停止有关行为，应当立即执行

C. 人民法院应当自接受申请之时起 24 小时内作出裁定

D. 当事人对人民法院责令停止有关行为的裁定不服的，可以申请复议一次

E. 申请人复议期间，原裁定停止执行

【答案】A、B、D

六、知识产权的法律责任

1. 侵权赔偿损失的确定 4 方法：

（1）权利人的实际损失；

（2）侵权人获得的利益

（3）许可使用费的倍数合理确定（当（2）、（3）难以确定时）；

（4）综合考量（当（1）、（2）、（3）难以确定时）：

专利侵权——应处 3 万~500 万元赔偿；商标侵权——应处 50 万元以下赔偿；著作权侵权——应处 500~500 万元赔偿。

*注意：（1）、（2）的赔偿确定没有先后顺序，法院可以支持（1）或（2）、（3）、（4）的赔偿有顺序要求。

2. 使用注册商标侵权的违法责任：

使用注册商标，有下列行为之一的，由商标局责令限期改正或者撤销其注册商标：

（1）自行改变注册商标的；

（2）自行改变注册商标的注册人名称、地址或者其他注册事项的；

（3）自行转让注册商标的；

（4）连续3年停止使用的。

◆ **考法1：侵害商标权的法律责任**

【例题】（2021年真题）下列使用注册商标的情形中，应当承担行政责任的是（　　）。

A. 自行改变注册商标的

B. 改变注册商标的注册人名称、地址或者其他注册事项的

C. 转让注册商标的

D. 连续2年停止使用注册商标的

【答案】A

◆ **考法2：侵权赔偿损失**

【例题】甲公司是某混凝土预制构件的专利权人，乙公司未经授权制造和销售该专利产品。甲发现后，对乙提起侵权之诉。经查，乙共销售侵权产品800件，因乙的侵权行为，甲少销售600件。甲销售专利产品每件获利2000元，乙销售专利产品每件获利1000元。此外，甲将其专利技术许可他人使用，获得年许可费100万元。以下说法正确的是（　　）。

A. 法院应当判决乙赔偿甲损失80万元　　B. 法院应当判决乙赔偿甲损失120万元

C. 法院应当判决乙赔偿甲损失100万元　　D. 法院可以判决乙赔偿甲损失120万元

【答案】D

2Z201070　建设工程担保制度

核心考点提纲

1	2Z201071	担保与担保合同的规定
2	2Z201072	建设工程保证担保的方式和责任
3	2Z201073	抵押权、质权、留置权、定金的规定

2Z201071　担保与担保合同的规定

核心考点及重点提示

	考点	重点提示
1	担保5方式	★★
2	主从效力关系	★

★不大；★★一般；★★★重要

核心考点及考法

1. 担保方式——保证、抵押、质押、留置、定金等。

　　　　　　　　　　　{抵押、质押、留置}
　　　　　　　　　　　　　担保物权

2. 反担保——第三人为债务人向债权人提供担保时，可以要求债务人提供反担保。

3. 担保合同是从合同——主合同无效，从合同无效；从合同无效，不影响主合同的效力。

4. 担保合同无效后，债务人、担保人、债权人有过错的，应当根据其过错各自承担相应的民事责任。

◆考法1：担保的方式

【例题】下列属于担保方式的有（　　）。

A. 保证　　　　　　　　　　B. 订金
C. 抵押　　　　　　　　　　D. 留置
E. 质押

【答案】A、C、D、E

◆考法2：担保的综合理解

【例题】（2019年真题）关于担保的说法，正确的有（　　）。

A. 担保是用益物权的一种　　　　B. 主合同有效，担保合同有效
C. 担保的目的是保障特定物权的实现　　D. 反担保不适用于《担保法》的规定
E. 主合同无效，担保合同可以另外约定有效

【答案】C、E

2Z201072　建设工程保证担保的方式和责任

核心考点及重点提示

	考点	重点提示
1	保证合同	★★
2	保证方式	★★★
3	保证人资格	★★★
4	保证责任	★★

★不大；★★一般；★★★重要

核心考点及考法

一、保证合同

1. 保证合同＝保证人＋债权人签订

2. 主合同无效,保证合同无效,但法律另有规定的除外。

二、保证方式

1. 分为:一般保证、连带责任保证。

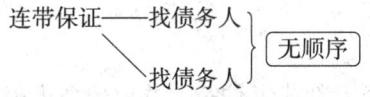

2. 有约按约,无约为一般保证。

3. 一般保证的例外——有下列情形之一的,可以直接请求保证人承担责任:

(1)债务人下落不明,且无财产可供执行。

(2)法院已受理债务人破产案件。

(3)债权人有证据证明债务人的财产不足以履行全部债务或者丧失履行债务能力。

(4)保证人书面放弃权利。

三、保证人资格——不得担任保证人

不得	机关法人(但经国务院批准为使用外国政府或国际经济组织贷款进行转贷的除外)
	以公益为目的的非营利法人、非法人组织

四、保证责任

1. 担保范围——主债权及利息、违约金、损害赔偿金、实现债权的费用。

(注:5个担保的内容一致)

2. 保证期间——有约按约,无约6个月(主债务履行期限届满之日起)。

(1)约定早于主债务履行期限或与主债务履行期限同时届满的,视为没有约定。

(2)没有约定或者约定不明确的,保证期间为主债务履行期限届满之日起6个月。

(3)主债务履行期限没有约定或约定不明确的,保证期间自债权人请求债务人履行债务的宽限期届满之日起计算。

3. 保证期间的债权债务转让、变更:

【例】债务人A向债权人B借款,C为保证人:

(1)B转让债权——未通知C的,该转让对C不发生效力。

(2)A转让债务——B同意A转让债务,但未经C书面同意,C不再承担保证责任。

(3)第三人甲加入债务——C的保证责任不受影响。

(4)A、B变更主合同内容——未经C书面同意:

减轻债务的——C仍对变更后的债务承担保证责任。

加重债务的——C对加重的部分不承担保证责任。

(5)A、B变更主合同履行期限——未经C书面同意的,保证期间不受影响。

总结:债权转让要通知C;债务转让要经C同意;内容变更不能给C带来负担。

◆ **考法1：保证方式**

【例题】甲施工企业与乙银行订了一个借款合同，该借款合同由丙公司作为担保人。借款到期后甲无力偿还，则下列关于该借款清偿的说法，正确的是（　　）。

A. 丙公司应代甲清偿

B. 乙可要求甲或丙清偿

C. 只能由甲先行清偿

D. 不可能由甲或丙共同清偿

【答案】C

【例题】一般保证的保证人在主合同纠纷未经审判或者仲裁，并就债务人财产依法强制执行仍不能履行债务前，无权拒绝向债权人承担保证责任的情形有（　　）。

A. 债务人下落不明，且无财产可供执行

B. 保证人口头表示放弃一般保证人的权利

C. 人民法院已经受理债务人破产案件

D. 债权人有证据证明债务人的财产不足以履行全部债务

E. 债权人有证据证明债务人丧失履行债务能力

【答案】A、C、D、E

◆ **考法2：保证人资格**

【例题】下列主体可以作为保证人的是（　　）。

A. 某公司的分支机构　　B. 某市人民法院

C. 国有金融机构　　　　D. 建筑行业协会

【答案】B

◆ **考法3：保证范围和保证期间的综合理解**

【例题】关于保证范围和保证期间的说法，正确的是（　　）。

A. 保证合同担保的范围包括本息、定金和违约金

B. 未约定保证期间的，保证期间为主债务履行期届满前六个月

C. 保证期间的约定可以早于主债务履行期限

D. 当事人约定保证期间的，保证期间不得与主债务履行期限同时届满

【答案】D

◆ **考法4：债权债务转让和变更对保证责任的影响**

【例题】关于保证责任的说法，正确的是（　　）。

A. 债权人转让债权未通知保证人的，该转让对保证人不发生效力

B. 债务人转让债务应通知债权人和保证人

C. 债权人与债务人约定将原合同100万元的债务减少到60万元，若未经保证人书面同意，保证人不再承担保证责任

D. 债权人与债务人约定延长主合同期限的，保证期间随之延长

【答案】A

2Z201073　抵押权、质权、留置权、定金的规定

核心考点及重点提示

1	抵押权	★★★
2	质权	★★★
3	留置权	★★★
4	定金	★★★

★不大；★★一般；★★★重要

核心考点及考法

一、抵押权

1. 概念：债务人或第三人——不转移财产占有，将财产抵押给债权人——债务人不履行到期债务或有约定实现抵押权情形时——债权人有权对该财产折价、拍卖、变卖的价款——优先受偿。

2. 抵押物范围：

可以抵押	（1）建筑物和其他土地附着物；（2）建设用地使用权；（3）海域使用权；（4）生产设备、原材料、半成品、产品；（5）正在建造的建筑物、船舶、航空器；（6）交通运输工具。 抵押人可以将上述所列财产一并抵押
不得抵押	（1）土地所有权；（2）宅基地、自留地、自留山等集体所有土地的使用权，但是法律规定可以抵押的除外；（3）学校、幼儿园、医疗机构等为公益目的成立的非营利法人的教育设施、医疗卫生设施和其他公益设施；（4）所有权、使用权不明或者有争议的财产；（5）依法被查封、扣押、监管的财产

3. 抵押权的设定：

不动产——抵押权自登记时设立。

动产——抵押权自抵押合同生效时设立；未经登记，不得对抗善意第三人。

4. 抵押权的效力：

保管	抵押人有义务妥善保管抵押物并保证其价值
转让	（1）抵押人可以转让抵押财产——转让应当及时通知抵押权人。 （2）抵押财产转让的，抵押权不受影响。 （3）抵押权人能够证明抵押财产转让可能损害抵押权的，可以请求抵押人将转让所得的价款向抵押权人提前清偿债务或者提存
清偿	实现抵押权时，超过债权部分归抵押人所有，不足部分由债务人清偿
转让	抵押权与其担保的债权同时存在。抵押权不得与债权分立而单独转让

5. 抵押权的实现途径：

（1）协商：抵押权人可与抵押人协议将抵押财产折价、拍卖、变卖。
（2）法院：抵押权人可请求法院拍卖、变卖抵押财产。

6. 优先受偿权——清偿顺序：
（1）对外优先：物权优于债权（同一财产上既有物权，又有债权的）。
（2）对内优先（同一财产向 2 个以上人抵押）

登记优先——已经登记，先于未登记。

已登记的——按登记的时间先后顺序清偿。

未登记的——按照债权比例清偿。

◆ 考法 1：抵押权的概念

【例题】（2015 年真题）某开发商以 A 地块的建设用地使用权作为向银行贷款的担保，确保近期还款，此担保方式属于（   ）。

A. 保证
B. 质押
C. 抵押
D. 留置

【答案】C

◆ 考法 2：抵押物的范围

【例题】下列财产可以作为抵押物的是（   ）。

A. 公立幼儿园的教育设施
B. 生产原料
C. 依法被查封的建筑物
D. 土地所有权

【答案】B

◆ 考法 3：抵押权的设定

【例题】（2020 年真题）财产抵押时，抵押权自抵押合同生效时设立的有（   ）。

A. 原材料
B. 交通运输工具
C. 建设用地使用权
D. 正在建造的建筑物
E. 生产设备

【答案】A、B、E

◆ 考法 4：抵押的效力

【例题】有关抵押权效力的说法，正确的是（   ）。

A. 抵押人在抵押期间转让抵押物的，该转让行为无效
B. 抵押财产转让的，抵押权随之消灭
C. 抵押权人实现抵押权的，超过债权部分归债务人所有，不足部分由抵押人清偿
D. 抵押权不得与债权分离而单独转让

【答案】D

◆ 考法 5：抵押权的实现方式

【例题】（2017 年真题）甲公司将其有权处分的在建工程抵押给银行，银行同时要求甲提供保证担保，未约定保证方式。借款到期后，甲无力偿还银行贷款，则该银行有权（   ）。

A. 直接变卖该工程
B. 直接与甲协议以工程折价受偿

C. 直接转移占有该工程　　　　　　　D. 直接要求保证人代为清偿债务
E. 向法院起诉拍卖该工程后优先受偿
【答案】B、E

◆**考法 6：抵押权的优先受偿顺序**
【例题】甲公司以其所有的一处房产做抵押，分别从乙银行和丙银行各贷款 100 万元。甲公司和乙银行于 6 月 5 日签订抵押合同，6 月 10 日办理抵押登记；与丙银行于 6 月 8 日签订抵押合同，同日办理抵押登记。后因甲公司无力还贷，乙银行、丙银行行使抵押权，对甲公司的房产依法拍卖，拍卖获得价款 150 万元。则拍卖款的分配方案应该为（　　）。

A. 乙银行分得 75 万元，丙银行分得 75 万元
B. 乙银行分得 100 万元，丙银行分得 50 万元
C. 丙银行分得 100 万元，乙银行分得 50 万元
D. 丙银行分得 80 万元，乙银行分得 70 万元
【答案】C

二、质押
1. 三个担保物权的比较：（其他内容同抵押）

抵押	动产、不动产	不转移财产占有
质押	动产、权利	转移财产占有
留置	动产	

2. 权利质押范围——债务人或者第三人可以将有权处分的下列权利出质：
（1）汇票、本票、支票、债券、存单、仓单、提单。
（2）股份、股票。
（3）商标专用权、专利权、著作权中的财产权。
（4）现有的以及将有的应收账款。

3. 质权设定：
动产质权变动——交付动产（法律、行政法规禁止转让的动产不得出质）。
权利质权变动——自交付权利凭证或办理质押登记时设立。

◆**考法 1：质押的概念**
【例题】（2019 年真题）某企业以依法可以转让的股份作为担保向某银行贷款，确保近期还贷，此担保方式属于（　　）担保。
A. 保证　　　　　　　　　　　　　　B. 质押
C. 抵押　　　　　　　　　　　　　　D. 留置
【答案】B

◆**考法 2：权利质押的范围**
【例题】不得用于质押的财产是（　　）。
A. 建设用地使用权　　　　　　　　　B. 股票

C. 可以转让的专利权中的财产权 D. 现有的以及将有的应收账款

【答案】A

◆考法3：质押的设定

【例题】关于质权的说法，正确的是（　　）。

A. 质权包括不动产质权和权利质权

B. 动产质权自出质人交付质押财产时设立

C. 权利质权自权利凭证交付质权人时设立

D. 权利质权自登记时设立

【答案】B

三、留置

1. 概念：债权人按照合同约定占有债务人的动产，债务人不按合同约定的期限履行债务的，债权人有权留置该财产，以该财产折价、拍卖、变卖的价款优先受偿。

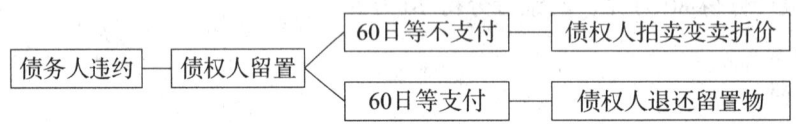

2. 留置权人应给予债务人履行债务的期限：

有约依约，无约或约定不明的为 60 日以上（但鲜活易腐等不易保管的动产除外）。

3. 留置权人有妥善保管留置物的义务，因保管不善致损害，应当承担民事责任。

◆考法1：留置的概念

【例题】施工企业购买材料设备之后由保管人进行储存，存货人未按合同约定向保管人支付仓储费时，保管人有权扣留足以清偿其所欠仓储费的货物。保管人行使的权利是（　　）。

A. 抵押权 B. 质权
C. 留置权 D. 用益物权

【答案】C

◆考法2：留置权的行使

【例题】关于留置的说法，正确的是（　　）。

A. 留置权属于债权

B. 债权人有权就留置物在留置后 30 日内变卖

C. 建设工程合同可以适用留置权

D. 留置权人享有对留置物的优先受偿权

【答案】D

四、定金

定金罚则	守约时——定金抵作价款或收回＝预付款
	不履行或履行不符合约定，导致合同目的不能实现： 给付方违约，无权要求返还；接收方违约，双倍返还

续表

定金合同	定金交付之日起成立
定金变更	实际交付的数额多于或少于约定数额的：视为变更约定的定金数额
定金金额	定金≤总标的的20%，超过不产生定金效力

◆**考法：定金内容的综合理解运用**

【例题】（2021年真题）甲施工企业与乙钢材供应商订立钢材采购合同，合同价款为1000万元，约定定金为300万元，甲实际支付定金100万元，乙按照合同约定开始供货。后在合同履行过程中，双方发生争议。关于本案中定金的说法正确的是（　　）。

A. 若乙违约，致使合同目的不能实现，则应当向甲返还200万元
B. 双方约定300万元的定金因为超过合同价款的20%而无效
C. 视为变更约定的定金数额为200万元
D. 若甲违约，致使合同目的不能实现，则应当向乙支付100万元

【答案】A

【例题】甲施工企业与乙建筑材料公司订立了材料供应合同，合同总价款300万元，双方约定定金为80万元，合同订立后，甲仅向乙支付了55万元定金，关于本案中定金的说法，正确的是（　　）。

A. 定金合同自合同订立时成立
B. 甲应当补交合同定金5万元
C. 甲应当补交合同定金25万元
D. 定金数额视为变更为55万元

【答案】D

2Z201080　建设工程保险制度

核心考点提纲

	考点
1	2Z201081　保险与保险索赔的规定
2	2Z201082　建设工程保险的主要种类和投保权益

2Z201081　保险与保险索赔的规定

核心考点及重点提示

	考点	重点提示
1	保险合同	★
2	保险索赔	★

★不大；★★一般；★★★重要

核心考点及考法

一、保险合同

1. 保险合同当事人：投保人＋保险人（保险公司）签订。

　　　　　　　　　受益人——可以是投保人、被保险人。

2. 保险合同分类：

（1）人身保险合同——包括：人寿保险、伤害保险、健康保险。

保险人对人寿保险的保费——不得以诉讼方式要求投保人支付。

（2）财产保险合同：

a. 保险合同转让——应通知保险人，经保险人同意后继续承保。

b. 保险标的危险程度显著增加——被保险人应按合同约定及时通知保险人，保险人可以按合同约定增加保险费或者解除合同。

c. 建筑工程一切险、安装工程一切险属于财产保险。

◆**考法 1：保险合同主体**

【例题】（2020 年真题）关于保险主体的说法，正确的是（　　）。

A. 被保险人负有支付保险费的义务　　B. 投保人可以与被保险人不一致

C. 受益人应当是被保险人　　　　　　D. 被保险人不得为两个以上

【答案】B

◆**考法 2：人身保险合同**

【例题】关于人身保险合同的说法，正确的是（　　）。

A. 人身保险的投保人在保险事故发生时，对被保险人应当具有保险利益

B. 保险人对人寿保险的保险费，不得用诉讼方式要求投保人支付

C. 人身保险合同的投保人不可以为受益人

D. 人身保险合同的投保人应当一次性支付全部保险费

【答案】B

◆**考法 3：财产保险合同**

【例题】（2018 年真题）关于财产保险合同的说法，正确的是（　　）。

A. 保险合同不可以转让

B. 保险人不得以诉讼方式要求投保人支付保费

C. 保险合同中的危险具有损失发生的不确定性

D. 被保险人应当与投保人一致

【答案】C

二、保险索赔——计算损失大小

1. 投保人、被保险人或者受益人知道保险事故发生后，应当及时通知保险人。

2. 全损：财产虽然没有全部毁损或者灭失，但其损坏程度已达到无法修理，或者虽然能够修理但修理费将超过赔偿金额的，也应当按照全损进行索赔。

3. 多家承保：若 1 个项目同时由多家保险公司承保，则应按约定比例分别向不同的

保险公司提出索赔。

4. 最高赔偿金额≤保单明细表中累计赔偿限额

◆考法：索赔的内容

【例题】（2021年真题）关于保险索赔的说法，正确的是（   ）。

A. 投保人可以在保险事故发生后的任意时间向保险人提出索赔
B. 投保人仅需在保险事故发生后收集证据
C. 保险单上载明的保险财产修理费超过赔偿金额的，应当按照修理费全额赔偿
D. 一个建设工程项目同时由多家保险公司承保的，应当按照约定的比例，分别向不同的保险公司提出索赔要求

【答案】D

2Z201082 建设工程保险的主要种类和投保权益

核心考点及重点提示

	考点	重点提示
1	建筑工程一切险（及第三者责任险）	★★
2	安装工程一切险（及第三者责任险）	★
3	工伤险和意外险	★★★

★不大；★★一般；★★★重要

核心考点及考法

一、建筑工程一切险（及第三者责任险）

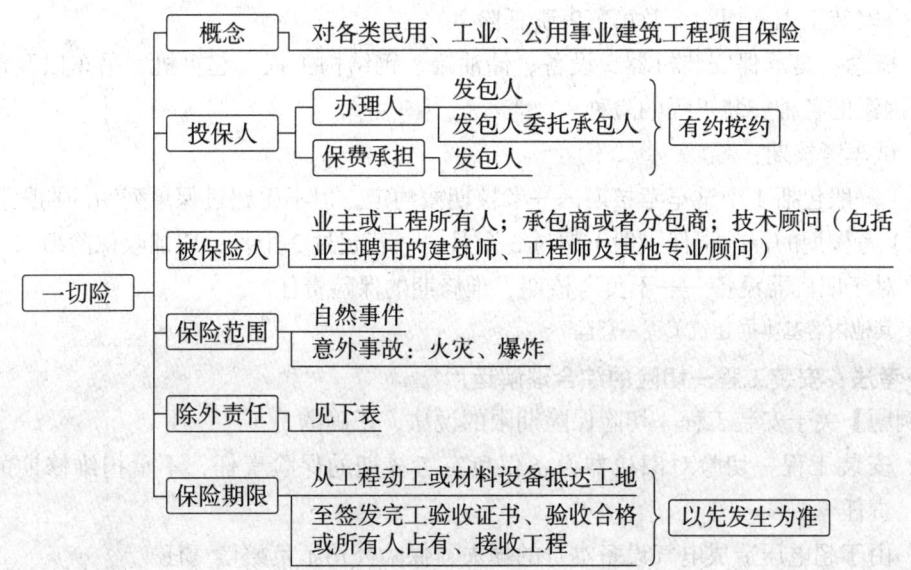

除外责任	（1）设计错误引起的损失和费用；（2）自然磨损、内在或潜在缺陷、物质本身变化、自燃、自热、氧化、锈蚀、渗漏、鼠咬、虫蛀、大气（气候或气温）变化、正常水位变化或其他渐变原因造成的保险财产自身的损失和费用；（3）因原材料缺陷或工艺不善引起的保险财产本身的损失以及为换置、修理或矫正这些缺点错误所支付的费用；（4）非外力引起的机械或电气装置的本身损失，或施工用机具、设备、机械装置失灵造成的本身损失；（5）维修保养或正常检修的费用；（6）档案、文件、账簿、票据、现金、各种有价证券、图表资料及包装物料的损失；（7）盘点时发现的短缺；（8）领有公共运输行驶执照的，或已由其他保险予以保障的车辆、船舶和飞机的损失；（9）除非另有约定，在保险工程开始以前已经存在或形成的位于工地范围内或其周围的属于被保险人的财产的损失；（10）除非另有约定，在本保险单保险期限终止以前，保险财产中已由工程所有人签发完工验收证书或验收合格或实际占有或使用或接收的部分

◆**考法 1：建筑工程一切险的综合理解**

【例题】关于建筑工程一切险说法，正确的是（　　）。

A. 建筑工程一切险必须加保第三者责任险

B. 在建筑工程一切险中，保险人仅对意外事故造成的损失和费用负责赔偿

C. 在建筑工程一切险中，保险人对设计错误引起的损失和费用不负责赔偿

D. 建筑工程一切险的被保险人不包括业主聘用的技术顾问

【答案】C

◆**考法 2：保险期限**

【例题】（2019 年真题）某建设单位与某施工企业签订了施工合同，约定开工日期 2018 年 5 月 10 日，并于 5 月 15 日与保险公司签订了建筑工程一切险保险合同。同年 7 月 20 日施工企业将建筑材料运至工地。实际开工日期为同年 8 月 10 日，该建筑工程一切险责任起始日期为（　　）。

A. 2018 年 5 月 10 日　　　　　　B. 2018 年 5 月 15 日

C. 2018 年 7 月 20 日　　　　　　D. 2018 年 8 月 10 日

【答案】C

二、安装工程一切险（及第三者责任险）

1. 概念：是承保安装机器、设备、储油罐、钢结构工程、起重机、吊车以及包含机械工程因素的各种安装工程的险种。

2. 试车考核期：

（1）一般包括 1 个试车考核期——考核期按约定，但不得超过保单列明的期限。

（2）考核期的保险责任一般不超过 3 个月——若超过 3 个月，应加收保险费。

3. 对于旧机器设备——不负考核期、维修期的保险责任。

注：其他内容基本同建筑工程一切险

◆**考法：安装工程一切险的综合理解运用**

【例题】关于安装工程一切险保险期限的说法，正确的是（　　）。

A. 安装工程一切险对旧机器设备仅负有考核期的保险责任，不承担维修期的保险责任

B. 由于超电压造成电气设备本身的损失，保险公司不负赔偿责任

C. 因原材料缺陷引起的保险财产本身的损失，保险公司应负赔偿责任
D. 安装工程一切险对考核期的保险责任一般不超过 1 个月

【答案】B

三、意外险和工伤险

见 2Z206000 建设工程安全生产法律制度

2Z201090 建设工程法律责任制度

核心考点提纲

1	2Z201092 建设工程民事责任的种类及承担方式
2	2Z201093 建设工程行政责任的种类及承担方式
3	2Z201094 建设工程刑事责任的种类及承担方式

2Z201092/3/4 建设工程民事/行政/刑事责任的种类及承担方式

核心考点及重点提示

	考点	重点提示
1	民事责任的种类	★★★
2	行政处罚和行政处分的种类	★★★
3	刑法的种类	★★★
4	4 个罪名	★★★

★不大；★★一般；★★★重要

核心考点及考法

一、法律责任的种类

民事责任	违约责任 侵权责任	停止侵害、排除妨碍、消除危险、返还财产、恢复原状 修理/重作、更换、继续履行、赔偿损失、支付违约金 消除影响、恢复名誉、赔礼道歉
行政责任	行政处罚	①警告、通报批评；②罚款、没收违法所得、没收非法财物；③暂扣许可证件、降低资质等级、吊销许可证件；④限制开展生产经营活动、责令停产停业、责令关闭、限制从业
	行政处分	警告、记过、记大过、降级、撤职、开除
刑事责任	主刑	管制、拘役、有期徒刑、无期徒刑、死刑
	附加刑	罚金、剥夺政治权利、没收财产、驱逐出境

◆**考法 1：民事责任的种类及与其他责任的区分**

【例题】（2018 年真题）下列法律后果中，属于民事责任承担方式的是（　　）。

A. 解除合同　　　　　　　　　B. 继续履行
C. 罚款　　　　　　　　　　　D. 合同无效

【答案】B

◆**考法 2：行政责任的种类及与其他责任的区分**

【例题】下列法律后果中，属于行政处罚方式的有（　　）。

A. 没收财产　　　　　　　　　B. 通报批评
C. 记过　　　　　　　　　　　D. 降低资质等级
E. 罚款

【答案】B、D、E

【例题】下列行政责任的承担方式中，属于行政处分的有（　　）。

A. 警告　　　　　　　　　　　B. 记过
C. 降级　　　　　　　　　　　D. 撤职
E. 罚款

【答案】A、B、C、D

◆**考法 3：刑事责任的种类及与其他责任的区分**

【例题】刑罚中附加刑的种类有（　　）。

A. 有期徒刑　　　　　　　　　B. 管制
C. 拘役　　　　　　　　　　　D. 剥夺政治权利
E. 没收财产

【答案】D、E

二、四个罪名

重大安全事故罪	降低工程质量标准 重大安全事故认定：死亡 1 人以上的，或重伤 3 人以上的，或经济损失 100 万元以上的
重大责任事故罪	违反安全管理规定、强令他人违章冒险作业、明知存在重大事故隐患而不排除
重大劳动安全事故罪	安全生产设施、安全生产条件不符合国家规定
串通投标罪	

◆**考法：4 个罪名的区分**

【例题】（2017 年真题）施工企业发生的下列事故中，可构成工程重大安全事故罪的是（　　）。

A. 劳务作业人员王某在施工中不慎从楼上坠亡
B. 施工企业对裸露地面的钢筋未采取防护和警示措施，造成路人李某摔成重伤
C. 施工企业工程施工质量不符合标准，造成建筑倒塌，砸死砸伤多人
D. 劳务作业人员张某在工地食堂下毒，致使劳务作业人员中毒

【答案】C

【例题】在施工过程中，某施工企业的安全生产条件不符合国家规定，致使多人重伤，死亡。该施工企业的行为构成（　　）。
　　A. 重大责任事故罪　　　　　　　　B. 强令违章冒险作业罪
　　C. 重大劳动安全事故罪　　　　　　D. 工程重大安全事故罪
【答案】C

本章模拟强化练习

1. 根据《立法法》，住房和城乡建设部可以在本部门的权限范围内制定（　　）。
　　A. 法律　　　　　　　　　　　　　B. 行政法规
　　C. 规章　　　　　　　　　　　　　D. 地方法规
【答案】C

2. 《民法典》属于法的形式中的（　　）。
　　A. 法律　　　　　　　　　　　　　B. 行政法规
　　C. 部门规章　　　　　　　　　　　D. 司法解释
【答案】A

3. 根据《立法法》，（　　）之间对同一事项的规定不一致时，由国务院裁决。
　　A. 部门规章　　　　　　　　　　　B. 地方政府规章与部门规章
　　C. 部门规章与地方性法规　　　　　D. 地方性法规与地方政府规章
　　E. 行政法规旧的一般规定与新的特别规定
【答案】A、B

4. 关于上位法优于下位法的说法，正确的是（　　）。
　　A. 部门规章的效力高于地方规章
　　B. 地方性法规的效力高于本级地方政府规章
　　C. 省级政府制定的规章效力与设区的市的政府制定的规章的效力相同
　　D. 行政法规的法律地位仅次于宪法
【答案】B

5. 下列条件中，属于法人应当具备条件的是（　　）。
　　A. 须经有关机关批准　　　　　　　B. 有股东大会
　　C. 独立承担民事责任　　　　　　　D. 应当有自己所有的办公场所
【答案】C

6. 下列法人中，属于营利性法人的是（　　）。
　　A. 居委会　　　　　　　　　　　　B. 公司法人
　　C. 机关法人　　　　　　　　　　　D. 事业单位法人
【答案】B

7. 关于施工企业法人与项目经理部的法律关系，下列说法不正确的有（　　）。
　　A. 项目经理的权利来自于企业法人的授权

B. 施工项目可以没有项目经理

C. 建设单位应当具有法人资格并独立承担民事责任

D. 由项目经理签字的材料款项未及时支付,材料供应商应以项目经理为被告进行起诉

E. 施工企业必须设立项目经理部

【答案】B、C、D、E

8. 甲企业经乙建材供应商法定代表人王某同意,以乙建材供应商名义与丙建设单位签订了建材供应合同。甲企业遂将自己生产的建材交付给丙建设单位。后经检验证明部分建材不合格,则丙建设单位应向( )追究违约责任。

A. 甲企业　　　　　　　　　　B. 乙建材供应商
C. 甲企业和乙建材供应商　　　D. 甲企业和王某

【答案】B

9. 下列代理行为中,不属于委托代理的是( )。

A. 招标代理机构为委托人进行招标投标活动
B. 业务员以所属法人公司的名义对外进行采购活动
C. 律师接受当事人委托进行民事诉讼活动
D. 监护人为被监护人的利益进行民事活动

【答案】D

10. 以下属于委托代理权终止的情形的有( )。

A. 代理人死亡　　　　　　　　B. 被代理人解除委托
C. 委托事物完成　　　　　　　D. 代理人辞去委托
E. 被代理人恢复民事行为能力

【答案】A、B、C、D

11. 关于建设工程中代理的说法,正确的有( )。

A. 建设工程诉讼只能委托律师代理
B. 建设工程中的代理主要是法定代理
C. 建设工程中应由本人从事的民事法律行为,不得代理
D. 委托代理应当采取书面委托方式
E. 数人代理同一事项的,共同行使代理权

【答案】C、E

12. 根据《民法典》,委托代理人为了被代理人的利益需要转托他人代理的,应当事先取得( )的同意。

A. 代理人　　　　　　　　　　B. 当事人
C. 第三人　　　　　　　　　　D. 被代理人

【答案】D

13. 关于承担代理责任的说法,正确的是( )。

A. 代理行为的法律后果由被代理人和代理人共同承担

B. 被代理人应当知道代理人的代理行为违法未作反对表示的，由被代理人承担责任

C. 代理人不完全履行职责，造成被代理人损害的，应当承担民事责任

D. 代理人和相对人恶意串通，损害被代理人合法权益的，代理人和相对人应当承担按份责任

【答案】C

14. 下列关于土地所有权的说法，正确的有（　　）。

A. 城市的土地属于国家所有

B. 宅基地属于国家所有

C. 无居民海岛属于国家所有

D. 属于国家所有的自然资源，所有权无需登记

E. 耕地承包期为30年

【答案】A、C、D、E

15. 下列关于建设用地使用权转让，说法正确的有（　　）。

A. 建设用地使用权应当在地上、地下、地表一并设立

B. 建设用地使用权人有权将建设用地使用权转让、互换、出资、赠与、抵押

C. 建设用地使用权自登记时设立

D. 附着于该土地上的建筑物可以单独转移

E. 建设用地使用权期间届满的，自动续期

【答案】B、C

16. 甲从自己承包的土地上出入不便，遂与乙书面约定在乙承包的土地上开辟一条道路供甲通行，但没有进行登记。关于该约定性质和效力的说法，正确的是（　　）。

A. 该约定属于相邻权的约定

B. 该约定属于地役权合同

C. 地役权因未登记而不能设立

D. 如果甲将其承包的土地使用权转移给他人，受让人无权在乙承包的土地上通行

【答案】B

17. 甲与乙签订房屋买卖合同，将自有的一幢房屋卖给乙。但在交房前，甲又与丙签订合同，将该房屋卖给丙，并与丙办理了过户登记手续。则下列说法中正确的是（　　）。

A. 乙取得房屋所有权

B. 甲乙合同无效，但甲丙合同有效

C. 丙取得该房屋的所有权

D. 乙未办理物权登记，所以买卖合同无效

【答案】C

18. 甲施工企业与乙签订了设备买卖合同，该设备所有权自（　　）时发生移转。

A. 交付　　　　　　　　　　B. 合同成立

C. 合同生效　　　　　　　　D. 塔式起重机完成登记

【答案】A

19. 对于物权的保护的说法，正确的是（   ）。

A. 因物权的归属、内容发生争议的，利害关系人可以请求确认权利

B. 无权占有不动产或者动产的，权利人可以请求排除妨害

C. 造成不动产或者动产损毁的，权利人应当请求损害赔偿

D. 妨害物权或者可能妨害物权的，权利人应当请求恢复原状

【答案】A

20. 关于债的说法，正确的是（   ）。

A. 债是特定当事人之间的法律关系

B. 债务人需向享有该项权利的不特定人履行义务

C. 债权和物权都是相对权

D. 债权和物权都是绝对权

【答案】A

21. 下列情形能够引发合同之债的有（   ）。

A. 建设单位拖欠工程进度款

B. 噪声污染使周边居民无法正常休息

C. 施工单位违反强制性标准施工造成建设单位损失

D. 建设单位向施工单位多支付了20万元进度款

E. 对失火的他人仓库积极采取灭火措施，而导致自己损伤的

【答案】A、C

22. 建筑物、构筑物或者其他设施倒塌造成他人损害的，由（   ）。

A. 建设单位承担法律责任

B. 施工单位承担法律责任

C. 第三人原因造成的，仍由建设单位与施工单位承担连带责任

D. 因质量缺陷造成的损害，由建设单位与施工单位承担连带责任

【答案】D

23. 根据《专利法》，下列属于专利法保护对象的有（   ）。

A. 发明　　　　　　　　　　B. 商品商标

C. 实用新型　　　　　　　　D. 计算机软件

E. 外观设计

【答案】A、C、E

24. 关于知识产权保护期限的说法，正确的是（   ）。

A. 外观设计的保护期限为10年，从申请日开始计算

B. 商标的保护期限是10年，自申请之日起计算

C. 著作权的保护期限是50年

D. 商标有效期届满前12个月，商标权人可以申请续展注册商标

【答案】D

25. 某隧道工程项目，招标人委托招标代理公司组织公开招标，招标代理公司指定工

作人员李某编制招标文件。则该招标文件的著作权归（　　）享有。

A. 招标人
B. 招标代理公司
C. 李某
D. 招标代理公司和李某

【答案】B

26. 甲建设单位委托乙设计单位编制工程设计图纸，但未约定该设计著作权归属。乙设计单位注册建筑师王某被指派负责该工程设计，该工程设计图纸的署名权归（　　）享有。

A. 王某
B. 甲建设单位
C. 乙设计单位
D. 甲、乙两单位

【答案】A

27. 关于计算机软件著作权的说法，正确的有（　　）。

A. 软件著作权的保护期为自然人终生及死后 50 年
B. 软件著作权一般属于软件开发者
C. 两个以上法人合作开发的软件，其著作权的归属由合作各方签订书面合同约定
D. 单位必须对开发软件的自然人进行奖励
E. 软件著作权也有合理使用的规定

【答案】B、C、E

28. 我国《民法典》规定的担保物权形式有（　　）。

A. 保证
B. 抵押
C. 质押
D. 留置
E. 预付款

【答案】B、C、D

29. 保证合同是由（　　）订立的合同。

A. 债权人和债务人
B. 债务人和保证人
C. 债权人和保证人
D. 债权人、债务人和保证人

【答案】C

30. 当事人没有约定或约定不明时，关于保证合同及保证期间的说法，错误的是（　　）。

A. 保证方式推定为连带责任保证
B. 保证期间为主债务履行期届满之日起 6 个月内
C. 如果甲在保证期间内未要求丙承担保证责任，则丙免除保证责任
D. 保证期间的约定可以早于主债务履行期限

【答案】B

31. 根据《物权法》，下列各项财产抵押的，抵押权自登记时设立的有（　　）。

A. 交通运输工具
B. 在建工程
C. 生产设备、原材料
D. 海域使用权
E. 建设用地使用权

【答案】B、D、E

32. 甲公司以其所有的一处房产做抵押,分别从乙银行和丙银行各贷款 100 万元。甲公司和乙银行于 6 月 5 日签订抵押合同,6 月 10 日办理抵押登记;与丙银行于 6 月 8 日签订抵押合同,同日办理抵押登记。后因甲公司无力还贷,乙银行、丙银行行使抵押权,对甲公司的房产依法拍卖,拍卖获得价款 150 万元。则拍卖款的分配方案应该为( )。

A. 乙银行分得 75 万元,丙银行分得 75 万元

B. 乙银行分得 100 万元,丙银行分得 50 万元

C. 丙银行分得 100 万元,乙银行分得 50 万元

D. 丙银行分得 80 万元,乙银行分得 70 万元

【答案】C

33. 下列财产中,不能作为抵押财产的是( )。

A. 在建工程项目　　　　　　B. 国有土地使用权

C. 宅基地使用权　　　　　　D. 被法院查封的车辆

E. 医院的设备

【答案】C、D

34. 关于抵押的效力,下列说法正确的有( )。

A. 抵押人不得转让抵押物

B. 抵押人转让抵押物,未通知抵押权人的,该转让行为无效

C. 抵押人转让抵押物的,不影响抵押权的效力

D. 变卖抵押物所得价款不足清偿债权数额的部分,由抵押人清偿

E. 不动产抵押物拍卖所得价款按照抵押登记的先后顺序向各债权人清偿

【答案】C、E

35. 下列不能作为质押财产的是( )。

A. 银行存单　　　　　　　　B. 应收账款

C. 债券　　　　　　　　　　D. 建设用地使用权

【答案】D

36. 关于留置的说法,正确的是( )。

A. 留置权属于债权

B. 留置权人给予债务人履行债务的期限,有约定按照约定,没有约定的为 60 日以上

C. 债务人不按约定期限履行合同的,债权人可以立刻就留置物拍卖、变卖、折价

D. 留置的财产可以是动产和不动产

【答案】B

37. 6 月 1 日,甲乙双方签订建材买卖合同,总价款为 100 万元,约定由买方支付定金 30 万元。由于资金周转困难,买方于 6 月 10 日交付了 25 万元,卖方予以签收。下列说法正确的有( )。

A. 买卖合同是主合同,定金合同是从合同

B. 定金合同自 6 月 10 日生效

C. 定金合同自 6 月 1 日生效

D. 若卖方不能交付货物，应返还 45 万元

E. 若买方不履行购买义务，仍可以要求卖方返还 5 万元

【答案】A、C、E

38. 下列损失和费用中，属于建筑工程一切险的保险责任范围的是（　　）。

　　A. 爆炸造成的施工企业经济损失

　　B. 设计错误引起的损失和费用

　　C. 自燃造成的保险财产自身的损失和费用

　　D. 因原材料缺陷引起的保险财产本身的损失

【答案】A

39. 某建设单位与某施工企业签订的施工合同约定开工日期为 2020 年 5 月 1 日，竣工日期为开工日后一年。同年 2 月 10 日，该建设单位与保险公司签订了建筑工程一切险保险合同。施工企业为保证工期，于同年 4 月 20 日将建筑材料运至工地。后因设备原因，工程实际开工日为同年 5 月 10 日。该建筑工程一切险保险责任的终止日期为（　　）。

　　A. 2021 年 5 月 1 日　　　　　　　　B. 2021 年 2 月 10 日

　　C. 2021 年 4 月 20 日　　　　　　　　D. 2021 年 5 月 10 日

【答案】C

40. 下列责任中，属于民事责任的有（　　）。

　　A. 责令停产停业　　　　　　　　　B. 罚金

　　C. 支付违约金　　　　　　　　　　D. 赔偿损失

　　E. 降低资质

【答案】C、D

41. 下列责任中，属于行政处罚的有（　　）。

　　A. 罚金　　　　　　　　　　　　　B. 责令停产停业

　　C. 撤职　　　　　　　　　　　　　D. 降低资质

　　E. 通报批评

【答案】B、D、E

42. 某建设单位暗示施工单位使用不合格的建筑材料，降低工程质量，因而导致建筑工程坍塌，致使 5 人死亡。该建设单位的行为已经构成（　　）。

　　A. 串通投标罪　　　　　　　　　　B. 工程重大安全事故罪

　　C. 重大责任事故罪　　　　　　　　D. 重大劳动安全事故罪

【答案】B

2Z202000 施工许可法律制度

近三年真题考点分值表

章节		2021年(分)	2020年(分)	2019年(分)
2Z202010	建设工程施工许可制度	1	1	1
2Z202020	施工企业从业资格制度	1	1	1
2Z202030	建造师注册执业制度	2	4	2

2Z202010 建设工程施工许可制度

核心考点提纲

1	2Z202011 施工许可证和开工报告的适用范围
2	2Z202012 申请主体和法定批准条件
3	2Z202013 延期开工、核验和重新办理批准的规定

2Z202011 施工许可证和开工报告的适用范围

核心考点及重点提示

	考点	重点提示
1	不需要办理施工许可证的工程	★★★

★不大；★★一般；★★★重要

核心考点及考法

3个不需要办理施工许可证的工程

1. 小	国务院建设行政主管部门确定的限额以下的小型工程：投资额30万元以下或建筑面积300m²以下
2. 临时	抢险救灾工程、临时建筑、农民自建低层住宅
3. 不重复	批准的开工报告的——不重复办理

◆考法：不需办证的工程范围

【例题】（2020年真题）关于施工许可证适用范围的说法，正确的是（　　）。

A. 实行开工报告批准制度的建设工程，不再领取施工许可证

B. 工程投资额在 50 万元以下的建筑工程，可以不申请办理施工许可证

C. 房屋建筑配套的线路、管道、设备的安装工程，无需申请办理施工许可证

D. 建筑面积超过 300 平方米的临时性房屋建筑需办理施工许可证

【答案】A

2Z202012　申请主体和法定批准条件

核心考点及重点提示

	考点	重点提示
1	申领主体	★
2	申领的法定批准条件	★★★

★不大；★★一般；★★★重要

核心考点及考法

一、申领主体

建设单位——向工程所在地的县以上建设主管部门申请——7 日内发证

二、申领施工许可证的法定批准 6 条件

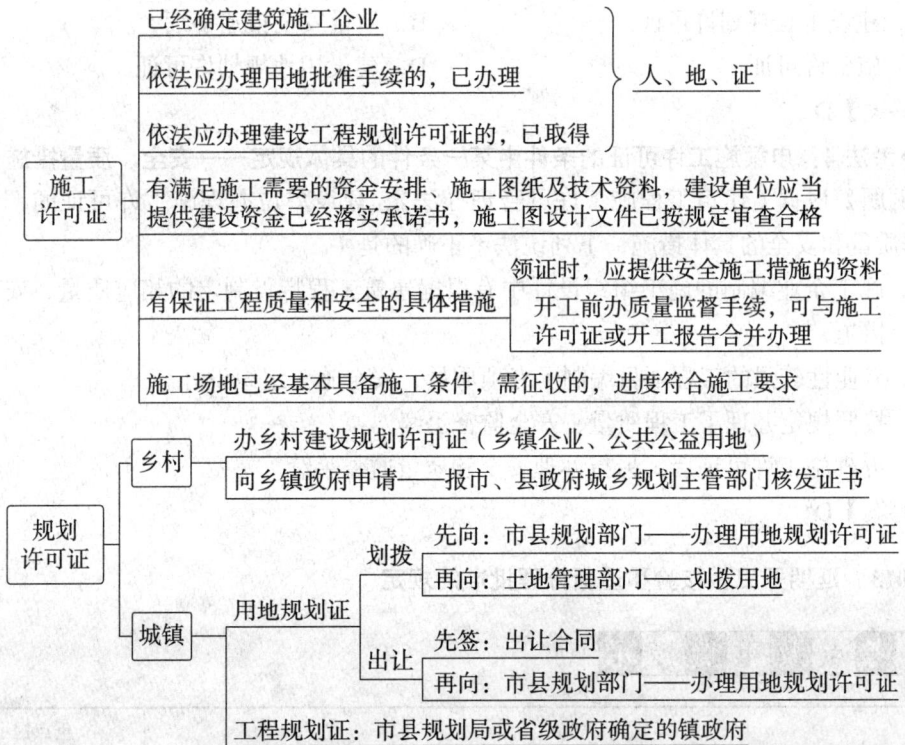

注：施工图设计文件审查机构应当对施工图设计文件中涉及公共利益、公众安全、工程建设强制性标准的内容审查，未经审查批准的，不得使用。

◆ 考法1：申领施工许可证的条件

【例题】关于建筑工程项目申请领取施工许可证条件的说法，正确的是（　　）。

A. 有保证工程安全的总体部署
B. 全部资金应当到位
C. 有保证工程安全的具体措施
D. 有施工图设计文件

【答案】C

◆ 考法2：申领施工许可证的条件中某一条件的具体规定——施工图设计文件

【例题】（2021年真题）在申请领取施工许可证应当具备的条件中，关于施工图纸及技术资料的说法，正确的是（　　）。

A. 有施工方案设计即可
B. 有经审查合格的施工图设计文件
C. 有初步设计图纸并通过初步设计审查
D. 有注册执业人员签章的施工图

【答案】B

◆ 考法3：申领施工许可证的条件中某一条件的具体规定——规划证

【例题】（2016年真题）在城市规划区内以划拨方式提供国有土地使用权的建设工程，建设单位用地批准手续前，必须先取得该工程的（　　）。

A. 建设工程规划许可证　　　　B. 质量安全报建手续
C. 施工许可证　　　　　　　　D. 建设用地规划许可证

【答案】D

◆ 考法4：申领施工许可证的条件中某一条件的具体规定——安全、质量措施

【例题】根据《建筑工程施工许可管理办法》，建设单位办理施工许可证的，应有保证工程质量和安全的具体措施，下列说法不正确的是（　　）。

A. 施工企业编制的施工组织设计中有根据建筑工程特点制定的相应质量、安全技术措施
B. 专业性较强的工程项目编制了专项质量、安全施工组织设计
C. 按照规定办理了工程质量、安全监督手续
D. 办理施工许可证后，另行办理安全和质量监督手续

【答案】D

2Z202013　延期开工、核验和重新办理批准的规定

核心考点及重点提示

	考点	重点提示
1	开工、停工、复工、延期的规定	★★★
★不大；★★一般；★★★重要		

核心考点及考法

开工、停工、复工、延期的规定

	开工	延期	停工	复工
施工许可证	3个月	以2次为限,每次不超过3个月	停工需1个月内报告,并做好工程维护管理工作	中止施工满1年,复工前报发证机关核验施工许可证
开工报告	6个月		停工需及时报告	

★不按时开工,重办:
  施工许可证:既不按时开工,又不申请延期或延期申请超时——证书自行废止
  开工报告:因故不能按期开工超过6个月的——应重新办理开工报告的批准手续
★不按时开工、停工、复工——均要报告(向发证机关或开工报告的批准机关)
★施工许可证核验不符合条件的——收回许可证,不允许恢复施工,待条件具备后,重新办理许可证
  施工许可证经核验符合条件的——应允许恢复施工,施工许可证继续有效

◆考法:两个证书的开工、延期、停工、复工

【例题】(2017年真题)根据《建筑法》,下列情形中,符合施工许可证办理和报告制度的是( )。
A. 某工程因故延期开工,向发证机关报告后施工许可证自动延期
B. 某工程因地震中止施工,1年后向发证机关报告
C. 某工程因洪水中止施工,1个月内向发证机关报告,2个月后自行恢复施工
D. 某工程因政府宏观调控停建,1个月内向发证机关报告,1年后恢复施工前报发证机关核验施工许可证
【答案】D

【例题】关于开工报告制度的说法,不正确的是( )。
A. 实行开工报告批准制度的工程,必须符合国务院的有关规定
B. 实行开工报告批准制度的工程,其开工报告主要反映的是施工企业应具备的开工条件
C. 建设工程不按时开工、中止施工的,应及时报告批准机关
D. 实行开工报告批准制度的工程,因故不能按期开工超过6个月的工程,应当重新办理开工报告审批手续
【答案】B

2Z202020 施工企业从业资格制度

核心考点提纲

1	2Z202021	企业资质的法定条件和等级
2	2Z202022	禁止无资质或越级承揽工程的规定
3	2Z202023	禁止以他企业或他企业以本企业名义承揽工程的规定

2Z202021　企业资质的法定条件和等级

核心考点及重点提示

	考点	重点提示
1	企业资质序列、类别和等级	★
2	证书管理：告知承诺制、申请、延续和变更	★★★

★不大；★★一般；★★★重要

核心考点及考法

一、企业资质序列、类别和等级

序列	类别	等级	
综合资质		不分	
施工总承包资质	13 个		
专业承包资质	18		
专业作业资质		不分	由审批制改为备案制

◆ 考法：法的形式的含义

【例题】建筑业企业资质分为（　　）。

A. 特级、一级、二级

B. 工程总承包、施工总承包、施工分包承包资质

C. 综合资质、施工总承包资质、专业承包资质、专业作业资质

D. 施工总承包、专业承包、施工劳务资质

【答案】C

二、企业资质证书管理——申请、变更、消灭

1.

企业资质——企业可以申请一项或多项资质

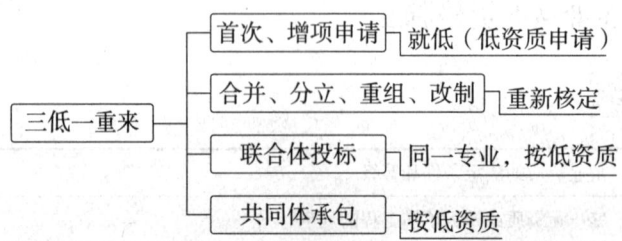

注意：上图为本节及第三章（建设工程发承包法律制度）相关内容的归纳

2.

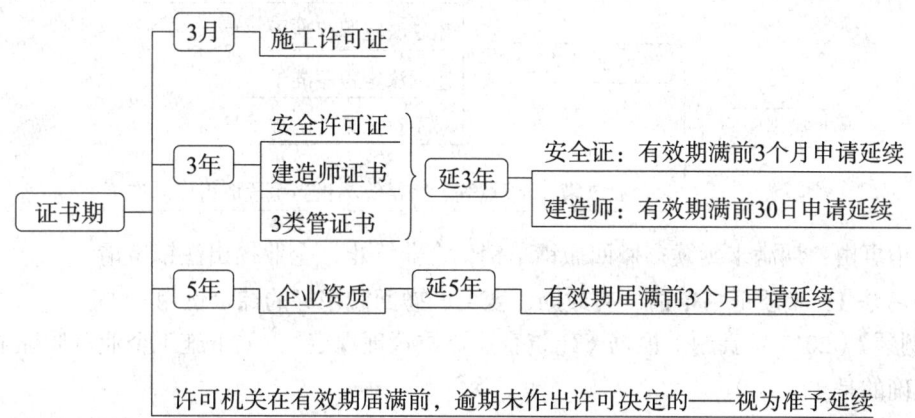

说明：上图为本节及第六章（建设工程安全生产法律制度）相关内容的总结

3. 复印件：不得要求提供资质证书原件，可通过扫描资质证书复印件的二维码查询。
4. 遗失资质——申请人告知资质许可机关，在官网发布信息。
5. 资质证书变更——涉及企业名称、地址、注册资本、法定代表人等发生变更。
（1）先到工商局办理营业执照变更。
（2）1个月内到住建部门办理企业资质证书变更。
住房城乡建设部颁发的证书——住房城乡建设部办理变更手续。
其他——在资质证书变更后15日内，由省级住房城乡建设部门报住房城乡建设部备案。
6. 申请日前1年——许可决定作出前，不批企业申请资质升级、增项的11种情形：

资质、承揽、证书、质保违法	（1）超越资质、借用名义资质；（2）串通投标、行贿中标；（3）未取得施工许可证擅自施工；（4）转包、违法分包；（5）违反强制性标准施工；（6）恶意拖欠工程款或劳务人员工资；（7）隐瞒或谎报、拖延报告工程质量安全事故，破坏事故现场，阻碍对事故调查；（8）需持证上岗的现场管理人员和技术工种作业人员未取得证书上岗；（9）不履行、拖延履行质保义务；（10）伪造、变造、倒卖、出租、出借或以其他形式非法转让企业资质证书
事故	发生过较大以上质量安全事故，或发生过2起以上一般质量安全事故

7. 撤回、撤销和注销：

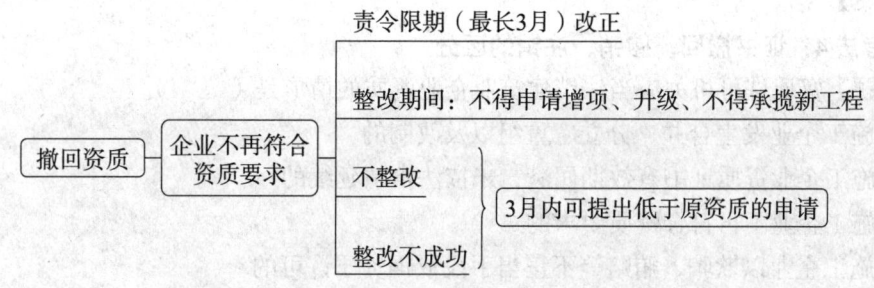

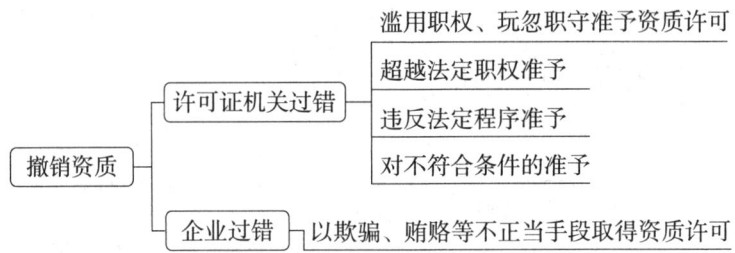

注销事由：期满未延续；撤回撤销吊销；企业终止；企业提出注销申请

◆**考法1：资质证书申请、有效期、变更、撤回撤销等的综合运用**

【例题】（2017年真题）根据《建筑企业资质管理规定》，关于施工企业资质证书的说法，正确的是（　　）。

A. 资质许可机关未在企业资质证书有效期届满前作出是否准予延续资质证书决定的，视为不准予延续

B. 企业发生合并、分立、重组以及改制等事项，可以直接承继原施工企业资质

C. 资质证书有效期届满，未依法申请延续的，资质许可机关应当撤回其资质证书

D. 项目未取得施工许可证，施工企业擅自施工的，资质许可机关不予批准该施工企业的资质升级申请和增项申请

【答案】D

◆**考法2：申请日前1年到许可决定作出前，不批企业申请资质升级、增项的情形**

【例题】根据《建筑业企业资质管理规定》，在申请之日前1年至资质许可决定作出前，出现下列情况的，资质机关可以批准其建筑企业资质升级和增项申请的是（　　）。

A. 与建设单位之间相互串通投标　　B. 将承包的工程转包或违法分包

C. 发生过一起一般质量安全事故　　D. 非法转让建筑业企业资质证书

【答案】C

◆**考法3：证书管理中的某一项内容，比如：变更或证书有效期等**

【例题】（2021年真题）关于建筑业企业资质证书使用与延续的说法，正确的是（　　）。

A. 企业资质情况可以通过扫描建筑企业资质证书复印件的二维码查询

B. 企业跨地区参加招标投标活动，应当提供建筑业企业资质证书原件

C. 建筑业企业资质证书有效期为3年

D. 延续申请应当于建筑企业资质证书有效期届满1个月前提出

【答案】A

◆**考法4：证书撤回、撤销、注销的区分**

【例题】资质许可机关应当注销建筑业企业资质的情形是（　　）。

A. 施工企业发生合并、分立、重组以及改制的

B. 施工企业资质证书有效期届满，未依法申请延续的

C. 施工企业不再符合资质要求的

D. 施工企业以欺骗、贿赂等不正当手段取得资质许可的

【答案】B

2Z202022 禁止无资质或越级承揽工程的规定

2Z202023 禁止以他企业或他企业以本企业名义承揽工程的规定

核心考点及重点提示

	考点	重点提示
1	3个禁止：无、超越、借用名义	★★★
★不大；★★一般；★★★重要		

核心考点及考法

一、3个禁止

1	禁止无资质承揽	禁止个人承揽工程
2	禁止超越资质承揽	承包单位应有相应资质
3	禁止借用名义	没分包，但项目负责人、技术负责人、核算负责人、质量管理人、安全管理人不是本单位——视同允许他人以自己名义承揽工程（不得借用：资质证书、营业执照等）。 工程质量损失——由借用人与被借用人承担连带责任

二、实际施工人（包工头）工程款支付的理解

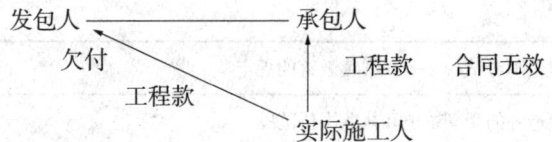

注：承包人＝（转包或违法分包人、合同相对人）实际施工人（包工头、无资质单位）

1. 合同无效——承包人与实际施工人签订的合同（专业、劳务）无效。
2. 工程款——实际施工人可以承包人或发包人为被告起诉索要工程款。
3. 起诉发包人——发包人只在欠付工程款范围内对实际施工人承担责任
　　　　　　　　法院应当追加承包人为本案第三人

◆ **考法1：实际施工人的工程款支付**

【例题】关于实际施工人利益受到侵害时，其以发包人为被告主张权利的说法，正确的是（　　）。

A. 实际施工人只能以发包人为被告主张权利
B. 发包人应当在欠付建设工程价款范围内对实际施工人承担责任
C. 人民法院应当追加转包人或者违法分包人为共同被告
D. 发包人应当对实际施工人承担全部责任

【答案】B

◆考法2：借用名义资质的行为和责任理解

【例题】（2016年真题）某工程由甲施工企业承包，施工现场检查发现项目部的项目经理、技术负责人、质量管理人员和安全管理人员都是乙施工企业职员。则甲的行为视同（　　）。

A. 违法分包
B. 使用其他企业名义承揽工程
C. 允许他人使用本企业名义承揽工程
D. 与他人联合承揽

【答案】C

【例题】（2014年真题）某建设工程项目公开招标，甲公司借用乙公司资质证书承揽工程，获得中标，但甲承揽工程不符合质量标准，给建设单位造成了损失。关于该合同关系的说法，正确的是（　　）。

A. 甲、乙应承担连带责任
B. 甲与乙属于联合投标
C. 实际施工并非造成损失的是甲，与乙无关
D. 投标人是乙，只能由乙承担赔偿责任

【答案】A

2Z202030　建造师注册执业制度

核心考点提纲

1	2Z202032	建造师考试、注册和继续教育的规定
2	2Z202033	建造师的受聘单位和执业岗位范围
3	2Z202034	建造师的基本权利和义务
4	2Z202035	违法行为应承担的法律责任

2Z202032　建造师考试、注册和继续教育的规定

核心考点及重点提示

	考点	重点提示
1	初始注册的条件和程序	★
2	证书的有效期和变更注册	★★
3	不予注册	★★★

★不大；★★一般；★★★重要

> 核心考点及考法

一、初始注册的条件和程序

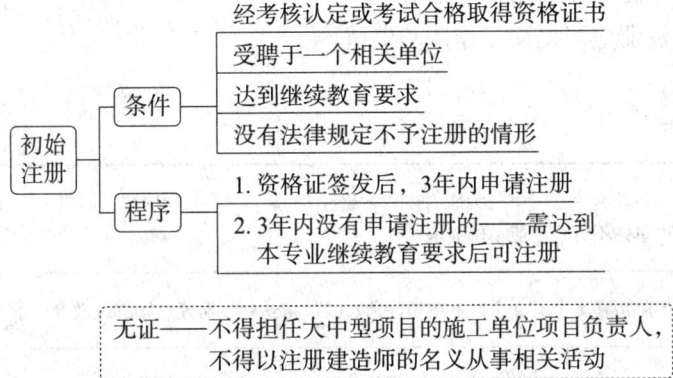

◆ **考法：初始注册**

【例题】根据《注册建造师管理规定》，关于初始注册说法，正确的是（　　）。

A. 受聘在两家单位注册

B. 领取资格证书后3年内没有注册的，不得再进行注册

C. 取得资格证书后可以以建造师名义执业

D. 未取得注册证书和执业印章的，不得担任大中型建设工程项目的施工单位项目负责人

【答案】D

二、证书有效期和变更注册

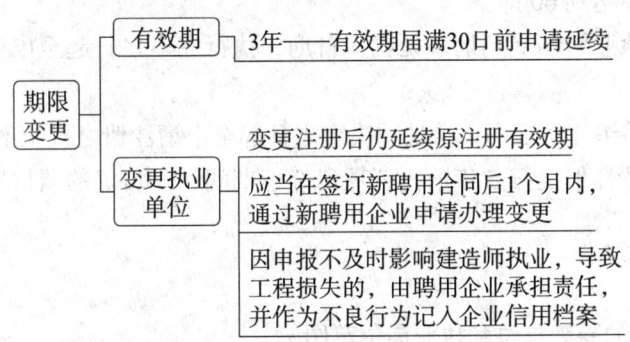

◆ **考法：建造师证书有效期和延续、变更注册的综合运用**

【例题】（2019年真题）关于注册建造师延续注册的说法，正确的是（　　）。

A. 延续注册申请应当在注册有效期满前3个月内提出

B. 申请延续注册只需要提供原注册证书

C. 延续注册执业期间不能申请变更注册

D. 延续注册有效期为3年

【答案】D

【例题】（2017年真题）关于二级建造师变更注册的说法，正确的是（　　）。
A. 变更注册后，注册有效期重新计算
B. 因变更注册申报不及时导致工程项目出现损失的，由注册建造师承担责任
C. 变更注册只能由原聘用企业申请
D. 申请变更注册应当提交工作调动申请
【答案】D

三、不予注册

人	（1）不具有完全民事行为能力；（2）超过65岁；（3）受到刑罚，刑罚未执行完毕；（4）申请人的聘用单位不符合注册单位要求	
注册	（1）申请在2个或2个以上单位注册；（2）未达到注册建造师继续教育要求	
考验期	5年	执业犯罪——自刑罚执行完毕之日起至申请注册之日止不满5年
	3年	非执业犯罪——自处罚决定之日起至申请注册之日止不满3年；执业违法——在申请注册之日前3年内担任项目经理期间，所负责项目发生过重大质量和安全事故的
	2年	被吊销注册证书，自处罚决定之日起至申请注册之日止不满2年

注意：执业违法应导致重大事故，易错词是重大；执业犯罪和其他的起算时间不一致。

◆考法：不予注册的情形

【例题】（2018年真题）根据《注册建造师管理规定》，不予注册的情形是（　　）。
A. 申请人年龄达到60周岁
B. 申请人因执业活动受到刑事处罚，自刑罚执行完毕之日起至申请注册之日止不满5年
C. 申请人被吊销注册证书，自处罚决定之日起至申请注册之日止不满5年
D. 申请人申请注册之日5年前担任项目经理期间，所负责的项目发生过重大质量和安全事故
【答案】B

2Z202033　建造师的受聘单位和执业岗位范围

核心考点及重点提示

	考点	重点提示
1	执业岗位范围	★★★

★不大；★★一般；★★★重要

核心考点及考法

执业岗位范围

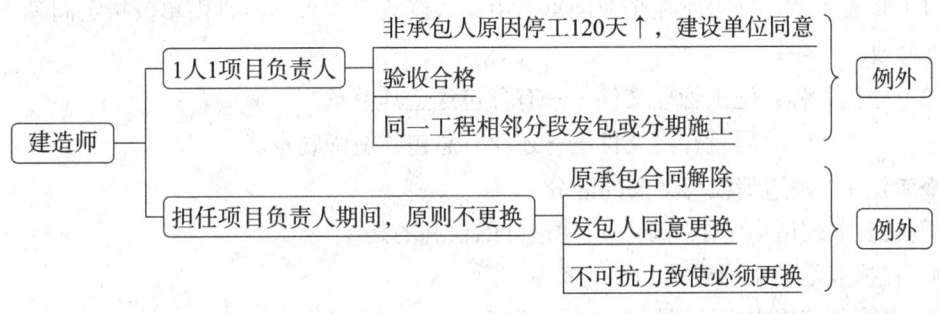

◆考法：建造师执业岗位范围

【例题】（2021年真题）关于二级建造师执业的说法，正确的是（ ）。

A. 二级建造师可以在造价咨询企业执业

B. 建造师未受聘于施工企业也可以担任该企业施工项目负责人

C. 注册建造师担任施工项目负责人期间一律不得更换

D. 注册建造师担任施工项目负责人期间一律不得变更注册到另一企业

【答案】A

【例题】（2018年真题）担任施工项目负责人的注册建造师，在所负责的工程项目竣工验收手续办结前，不得变更注册到另一施工企业，除非（ ）。

A. 施工企业同意更换项目负责人
B. 建设单位与施工企业产生了合同纠纷

C. 因不可抗力暂停施工
D. 建设单位同意更换项目负责人

【答案】D

2Z202034 建造师的基本权利和义务

核心考点及重点提示

	考点	重点提示
1	建造师权利义务、签章	★
2	建造师"挂证"	★★★

★不大；★★一般；★★★重要

核心考点及考法

一、建造师权利义务、签章

1. 建造师的权利义务：（按常识常理答题）

63

注意：权利和义务——继续教育
权利——保管和使用本人注册证书、执业印章；在执业活动文件上签章

2. 签章（签字并加盖执业印章）：
（1）修改签章：征得所在企业同意后由本人修改，本人不能则由单位指定同等资格的建造师修改。
（2）分包工程：施工管理文件——有分包建造师签章。
　　　　　　　质量合格文件——还应有总包建造师签章。

◆考法1：建造师权利义务的区分

【例题】下列情形中不属于注册建造师的权利的是（　　）。

A. 在执业活动中形成的文件上签章
B. 保管和使用本人注册证书、执业印章
C. 接受教育培训
D. 执行技术标准、规范和规程

【答案】D

◆考法2：建造师权利义务和签章的理解

【例题】关于注册建造师的权利和义务的说法，正确的是（　　）。

A. 修改注册建造师已签字并加盖执业印章的工程施工管理文件，只能由注册建造师本人修改
B. 注册建造师享有保管和使用本人注册证书、执业印章的权利
C. 继续教育是建造师的义务，不是权利
D. 分包单位的质量合格文件无需总包单位的建造师签章

【答案】B

二、建造师"挂证"的认定和罚则

严禁	挂证：注册单位与实际工作单位不符、买卖租借资格（注册）证书等； 违法：提供虚假就业信息、以职业介绍为名提供"挂证"信息服务
不是挂证	实际工作单位与注册单位一致，但社会保险缴纳单位与注册单位不一致的下列情况，不认定为挂证： （1）正式退休或依法提前退休的； （2）因事业单位改制等原因保留事业单位身份，实际工作单位为所在事业单位下属企业，社会保险由该事业单位缴纳的； （3）属于大专院校所属勘察设计、工程监理、工程造价单位聘请的本校在职教师或科研人员，社会保险由所在院校缴纳的； （4）属于军队自主择业人员的； （5）因企业改制、征地拆迁等买断社会保险的。 （记忆总结：军队／退休／老师／买断保险）
挂证责任	撤销注册，自撤销之日起3年内不得再次申请注册，记入不良行为记录并列入"黑名单"，向社会公布

◆考法1：挂证的认定

【例题】（2020年真题）下列二级建造师受聘和注册的情形中，属于"挂证"的有（　　）。

A. 属于军队自主择业人员，受聘并注册在丙施工企业
B. 在丁施工企业工作，受聘并注册在丁施工企业
C. 某大学教师，受聘并注册在该大学所属的监理单位
D. 在某事业单位工作，受聘并注册在甲施工企业
E. 在某监理单位工作，受聘并注册在乙施工企业

【答案】D、E

◆ **考法 2：挂证的认定和法律责任的综合运用**

【例题】根据《住房城乡建设部办公厅等关于开展工程建设领域专业技术人员职业资格"挂证"等违法违规行为专项整治的通知》，下列说法正确的有（　　）。

A. 建造师可以买卖、租借注册证书
B. 建造师注册单位与实际单位不一致的属于"挂证"
C. 人力资源服务机构可以提供建造师租借信息服务
D. 违规使用"挂证"人员的单位，将被予以通报，记入不良行为记录，并列入建筑市场主体"黑名单"
E. 人力资源服务机构因工作需要扣押建造师注册证书属于"挂证"

【答案】B、D

2Z202035　违法行为应承担的法律责任

核心考点及重点提示

	考点	重点提示
1	建造师违法的法律责任	★★

★不大；★★一般；★★★重要

核心考点及考法

建造师违法的法律责任

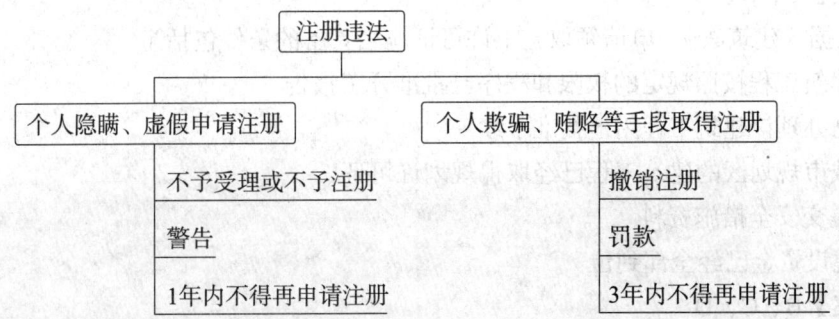

罚款——无违法所得的，处 1 万元罚款；
有违法所得的，处违法所得 3 倍以下，不超过 3 万元罚款。

弄虚作假	聘用单位为申请人提供虚假注册材料	警告，责令限期改正；逾期未改正，处1万~3万元罚款
弄虚作假	取得《继续教育证书》	取消其继续教育记录，记入不良信用记录，对社会公布
质量事故	造成质量事故的	责令停止执业1年
质量事故	造成重大质量事故的	吊销执业资格证书，5年以内不予注册
质量事故	情节特别恶劣的	终身不予注册

◆ 考法：建造师违法的法律责任

【例题】（2021年真题）下列情形中，注册建造师将被处以吊销执业资格证书的情况是（ ）。

A. 在执业过程中实施商业贿赂的

B. 允许他人以自己的名义从事执业活动的

C. 因过错造成重大质量事故的

D. 未办理变更注册而继续执业的

【答案】C

【例题】施工企业为建造师提供虚假申报材料申请注册的，可能承担的行政责任是（ ）。

A. 取消投标资格　　　　　　　B. 降低资质等级

C. 责令限期改正　　　　　　　D. 吊销企业资质证书

【答案】C

本章模拟强化练习

1. 根据《建筑工程施工许可管理办法》，不需要办理施工许可证的建筑工程有（ ）。

A. 乡镇企业用地建设工程　　　B. 建筑面积500平方米的建筑工程

C. 抢险救灾工程　　　　　　　D. 实行开工报告审批制度的建筑工程

E. 临时性建筑工程

【答案】C、D、E

2. 根据《建筑法》，申请领取施工许可证应当具备的条件包括（ ）。

A. 建筑工程按照规定的权限和程序已批准开工报告

B. 已办理该建筑工程用地批准手续

C. 城市规划区的建筑工程已经取得规划许可证

D. 提交安全措施资料

E. 建设资金已经全部到位

【答案】B、C、D

3. 下列关于施工许可证法定批准条件的说法，正确的是（ ）。

A. 建设单位领取施工许可证后，应及时办理工程质量监督手续

B. 没有安全施工措施，但有质量监督手续的，可以颁发施工许可证

C. 专业性较强的工程项目编制有专项质量、安全施工组织设计并办理了质量监督手续

D. 有技术资料和施工图设计文件

【答案】C

4. 关于建筑工程中止和恢复施工的说法，正确的是（　　）。

A. 施工单位可以任意中止施工

B. 建筑工程中止施工的，应当提前1个月向发证机关报告

C. 建筑工程中止施工后，应当做好建筑工程的维护管理工作

D. 建筑工程恢复施工之日起1个月内，应当向发证机关报告

【答案】C

5. 关于施工许可制度和开工报告制度的说法，不正确的是（　　）。

A. 实行开工报告批准制度的工程，必须符合国务院的有关规定

B. 建设单位领取施工许可证后因故不能按期开工的，最多可申请延期2次

C. 建设工程因故中止施工满一年的，恢复施工前应报发证机关核验施工许可证

D. 实行开工报告批准制度的工程，因故不能按期开工超过3个月的工程，应当重新办理开工报告审批手续

【答案】D

6. 根据《建筑业企业资质管理规定》，属于建筑业企业资质序列的有（　　）。

A. 施工总承包资质　　　　　　B. 专业承包资质

C. 专业分包资质　　　　　　　D. 劳务作业资质

E. 综合资质

【答案】A、B、D、E

7. 关于建筑企业资质证书的申请和延续的说法，正确的有（　　）。

A. 企业首次申请或增项申请资质，应当申请最低等级资质

B. 企业合并、分立的，需承继原建筑业企业资质的，应当按照最低等级资质申请

C. 建筑企业只能申请一项建筑企业资质

D. 建筑企业资质证书有效期届满前6个月，企业应当向原资质许可机关提出延续申请

E. 企业按规定提出延续申请后，资质许可机关在资质证书有效期届满前作出是否准予延续决定的，视为准予延续

【答案】A、E

8. 建筑业企业申请资质升级、资质增项，在申请之日起的前一年内出现下列情形，资质许可机关对其申请不予批准的有（　　）。

A. 未取得施工许可证擅自施工的

B. 违反工程建设标准的

C. 将承包的工程转包或者违反分包的

D. 发生过安全事故的

E. 恶意拖欠分包企业工程款或者劳务人员工资的

【答案】A、C、E

9. 资质许可机关的上级机关，根据利害关系人的请求或者依据职权，可以撤销建筑业企业资质的情形有（　　）。

A. 企业未取得施工许可证擅自施工的

B. 资质许可机关超越法定职权作出准予建筑业企业资质许可的

C. 企业将承包工程转包或违法分包的

D. 企业以欺骗、贿赂等不正当手段取得资质的

E. 企业不再符合建筑业企业资质要求的

【答案】B、D

10. 根据《注册建造师管理规定》，下列情形中，不予注册的有（　　）。

A. 钱某取得资格证书3年后申请注册

B. 赵某因工伤丧失了民事行为能力

C. 孙某与原单位解除劳动关系后申请变更注册

D. 周某申请在两个单位分别注册

E. 李某已满60岁但仍担任单位的咨询顾问

【答案】B、D

11. 关于二级注册建造师执业的说法，正确的是（　　）。

A. 不得同时担任同一工程相邻分段发包的施工项目负责人

B. 可以担任二级及以下建筑业企业资质的建设工程项目施工的项目经理

C. 可以同时在一个施工企业和一个设计单位执业

D. 不得在一级建筑业企业执业

【答案】B

12. 以下关于注册建造师在其执业活动中形成的施工管理文件上签字盖章的行为，表述不正确的是（　　）。

A. 注册建造师有权在施工管理文件上签章

B. 注册建造师签章的施工管理文件有错误的，只能由本人修改

C. 分包工程的质量合格文件，应当有总包企业注册建造师签章

D. 分包工程的施工管理文件，应当由分包企业注册建造师签章

【答案】B

13. 以欺骗、贿赂等不正当手段取得建造师注册证书的，由注册机关（　　）。

A. 给予警告，一年内不准再申请注册

B. 撤销注册，处以罚款，三年内不准再次申请注册

C. 撤销注册，没收非法所得

D. 责令改正，处以违法所得3倍以下且不超过3万元的罚款

【答案】B

14. 下列实际工作单位与注册单位一致，但社会保险缴纳单位与注册单位不一致的人员，说法不正确的是（　　）。

A. 某国有企业改制，按该企业政策内退，但仍由该企业缴纳社会保险的职工，应认定为"挂证"

B. 在某造价咨询公司注册并实际工作，但由某商贸公司缴纳社会保险的军队转业人员，应认定为"挂证"

C. 某城建大学所属设计院聘用的该校在职教师，应认定为"挂证"

D. 在某监理公司注册并实际工作，但由某劳务公司缴纳社会保险的因征地拆迁暂无居所的人员，应认定为"挂证"

【答案】C

2Z203000 建设工程发承包法律制度

近三年真题考点分值表

章节		2021年（分）	2020年（分）	2019年（分）
2Z203010	建设工程招标投标制度	14	14	14
2Z203020	建设工程承包制度	2	2	2
2Z203030	建筑市场信用体系建设	2	2	2

2Z203010 建设工程招标投标制度

核心考点提纲

1	2Z203011	建设工程法定招标的范围、招标方式和交易场所
2	2Z203012	招标基本程序和禁止肢解发包、限制排斥投标人的规定
3	2Z203013	投标人、投标文件和投标保证金
4	2Z203014	禁止串通投标和其他不正当竞争行为的规定

2Z203011 建设工程法定招标的范围、招标方式和交易场所

核心考点及重点提示

	考点	重点提示
1	必须招标的范围	★★★
2	不招标的范围	★★★
3	邀请招标和公开招标	★★
4	总包招标和两阶段招标	★★
5	招标交易场所	★

★不大；★★一般；★★★重要

核心考点及考法

一、必须招标的范围

范围		
范围	1. 大型基础设施、公用事业等关系公共利益、公共安全的项目	国有资金投资或国家融资项目： ① 使用预算资金 200 万元↑＋该资金占投资额 10% 以上的项目； ② 使用国有企事业单位资金＋该资金占控股或者主导地位的项目
	2. 全部或部分利用国有资金投资或国家融资项目	
	3. 使用国际组织或外国政府贷款、援助资金项目	

工程建设项目包括：工程、与工程建设有关的货物、服务

规模		单项合同估算价
规模	施工	400 万元以上
	重要设备材料等货物的采购	200 万元以上
	勘察、设计、监理等服务的采购	100 万元以上

记忆总结：范围——公共、国有、国际；

规模——400 万、200 万、100 万——施工、货物、服务

说明：全部所涉"以上""以下"表达的，均包含本数。

◆ **考法 1：必须招标的规模标准**

【例题】（2020 年真题）下列全部使用国有资金投资的项目中，依法必须进行招标的项目是（   ）。

A. 施工单项合同估算价在 400 万元以上

B. 重要设备、材料等货物的采购，单项合同估算价在 200 万元以下

C. 勘察单项合同估算价在 100 万元以下

D. 监理单项合同估算价在 50 万元以上

【答案】A

◆ **考法 2：必须招标的工程范围**

【例题】（2019 年真题）根据《必须招标的工程项目规定》，下列项目属于必须进行招标的有（   ）。

A. 使用国有企业资金，并且该资金占控股或者主导地位的项目

B. 使用有限公司资金的项目

C. 使用世界银行、亚洲开发银行等国际组织贷款、援助资金的项目

D. 使用外国政府及其机构贷款、援助资金的项目

E. 使用财政预算资金 200 万元以上，并且该资金占投资额 10% 以上的项目

【答案】A、C、D、E

二、不招标的范围

1	需要采用不可替代的专利或者专有技术
2	采购人依法能够自行建设、生产或者提供
3	已通过招标方式选定的特许经营项目投资人依法能够自行建设、生产或者提供
4	需要向原中标人采购工程、货物或者服务,否则将影响施工或者功能配套要求
5	涉及国家安全、国家秘密、抢险救灾或属于利用扶贫资金实行以工代赈、需要使用农民工等特殊情况,不适宜进行招标的项目

政府采购工程依法不招标的——应采取竞争性谈判或者单一来源采购方式

关键词:不可替代的、自行的、找原中标人的、涉密的。

◆考法1:不招标的工程

【例题】下列情形中,依法可以不招标的项目有( )。
A. 需要使用不可替代的施工专有技术的项目
B. 采购人的全资子公司能够自行建设的
C. 需要向原中标人采购工程,否则将影响施工或者功能配套要求的
D. 只有少量潜在投标人可供选择的项目
E. 涉及国家秘密的工程项目

【答案】A、C、E

◆考法2:政府采购工程的采购方式

【例题】(2018年真题)根据《政府采购法实施条例》,政府采购工程依法不进行招标的,可以采用的采购方式是( )。
A. 询价
B. 单一来源采购
C. 直接确定
D. 框架协议

【答案】B

三、公开招标、邀请招标

	公开招标	邀请招标
概念	以招标公告的方式,邀请不特定的人	以投标邀请书的方式,邀请特定的人
工程范围	国有资金占控股或主导地位的依法必须进行招标的项目	应公开招标项目,有下列情形之一可邀请招标: (1)技术复杂或有特殊要求或受自然环境限制,只有少量潜在投标人可选择; (2)采用公开招标方式费用占项目经费比例过大; (3)国家重点、省级地方重点项目不宜公开招标:经国务院计划发展部门或省级政府批准
		从符合相应资格的供应商中随机抽取3家以上

◆考法1：公开招标的范围

【例题】下列工程属于应当公开招标的是（　　）。

A．技术复杂，只有少量潜在投标人可供选择的项目

B．国务院发展改革部门确定的国家重点项目

C．国有资金占控股或主导地位的依法必须进行招标的项目

D．省、自治区、直辖市人民政府确定的地方重点项目

【答案】C

◆考法2：邀请招标的范围

【例题】（2015年真题）依法必须进行施工招标的工程建设项目，可以采用邀请招标的情形有（　　）。

A．项目受自然地域环境限制，只有少数潜在投标人可供选择

B．施工主要技术采用不可替代的专利或者专有技术

C．在建工程追加附属小型工程或者主体加层工作

D．采用公开招标方式的费用占项目合同金额的比例过大

E．涉及国家安全、国家秘密或者抢险救灾，适宜招标但不宜公开招标

【答案】A、D、E

◆考法3：公开招标和邀请招标的区别

【例题】（2015年真题）关于招标方式的说法，正确的是（　　）。

A．公开招标是招标人以招标公告的方式邀请特定的法人或者其他组织投标

B．邀请招标是指招标人以投标邀请书的方式要求五个以上特定的法人或者其他组织投标

C．省级人民政府确定的地方重点项目不适宜公开招标的，经省级人民政府批准可以进行邀请招标的

D．国有资金占控股或者主导地位的依法必须进行招标的项目一律公开招标

【答案】C

四、总包招标和两阶段招标

1．总承包招标：

（1）以暂估价形式包括在总承包范围内的工程、货物、服务，属于依法必须招标的项目范围，且达到国家规定规模标准的，应当依法进行招标。

（2）暂估价：招标时不能确定价格，招标人在招标文件中暂估的工程、货物服务金额。

2．两阶段招标：

（1）招标范围：对技术复杂或者无法精确拟定技术规格的项目，可以两阶段招标。

（2）第一阶段：投标人按照招标公告或投标邀请书的要求提交不带报价的技术建议，招标人根据该技术建议编制招标文件。

（3）第二阶段：招标人要求提交投标保证金的，应在第二阶段提出。

◆考法1：暂估价

【例题】（2020年真题）关于建设工程暂估价的说法，正确的是（　　）。

A. 暂估价由投标人在投标文件中自主确定

B. 暂估价的适用范围仅包括工程和货物

C. 暂估价在招标文件中体现的是不确定的项目

D. 工程总承包依法招标后，不免除暂估价项目的招标要求

【答案】D

◆考法2：两阶段招标

【例题】（2021年真题）关于两阶段招标的说法，正确的是（　　）。

A. 对技术复杂或者无法精确拟定技术规格的项目，招标人必须分两阶段进行招标

B. 第二阶段，投标人按照招标文件的要求提交包括最终技术方案和投标报价的投标文件

C. 第一阶段，投标人按照招标公告或者投标邀请书的要求提交带报价的技术建议

D. 招标人要求投标人提交投标保证金的，应当在第一阶段提出

【答案】B

2Z203012　招标基本程序和禁止肢解发包、限制排斥投标人的规定

核 心 考 点 及 重 点 提 示

	考点	重点提示
1	招标	★★★
2	开标	★★
3	评标	★★★
4	中标和签合同	★★
5	终止招标	★

★不大；★★一般；★★★重要

核 心 考 点 及 考 法

一、招标

1. 招标审批：（1）需要履行审批、核准手续的必须招标项目，应报批。

（2）报批内容——招标范围、招标方式、招标组织形式。

2. 招标代理：（1）自愿：招标项目可以委托代理，任何单位个人不得干涉。

（2）回避：招标代理机构不得在所代理的招标项目中投标或代理投标，也不得为所代理的招标项目的投标人提供咨询。

（3）代理机构条件：钱——有从事招标代理业务的营业场所和相应资金；

　　　　　　　　　　人——有能够编招标文件和组织评标的相应专业力量。

3. 招标文件：

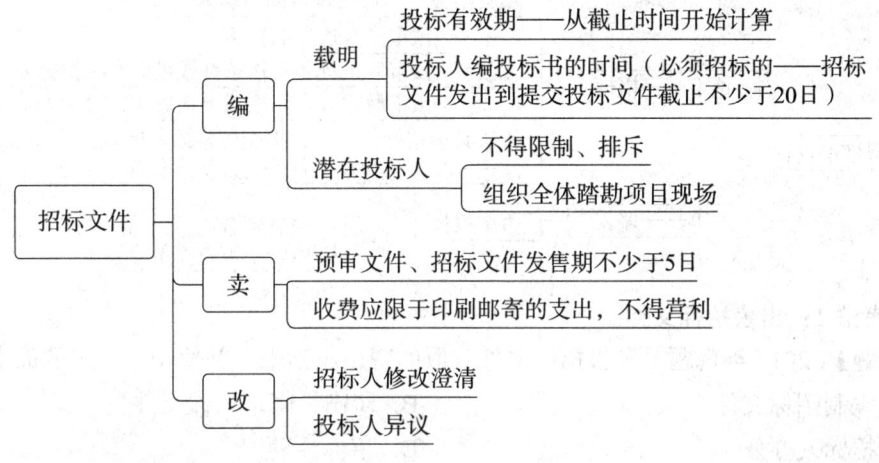

招标人修改澄清	预审文件	招标文件	
	提交资格预审申请文件截止时间至少3日前	投标截止至少15日前	不足3日或15日的，招标人应顺延截止时间
	书面通知		
投标人异议	提交预审文件截止时间2日前提出	投标截止时间10日前提出	招标人应当自收到异议之日起3日内作出答复。答复前暂停招标

对潜在投标人的不合理限制（不公平）

（1）就同一招标项目向潜在投标人或者投标人提供有差别的项目信息；
（2）设定的资格、技术、商务条件与招标项目的具体特点和实际需要不相适应或者与合同履行无关；
（3）依法必须招标的项目，以特定行政区域或特定行业的业绩、奖项作为加分条件或者中标条件；
（4）对潜在投标人或者投标人采取不同的资格审查或者评标标准；
（5）限定或者指定特定的专利、商标、品牌、原产地或者供应商；
（6）依法必须招标的项目，非法限定潜在投标人或投标人的所有制形式或组织形式

4. 标底和限价：

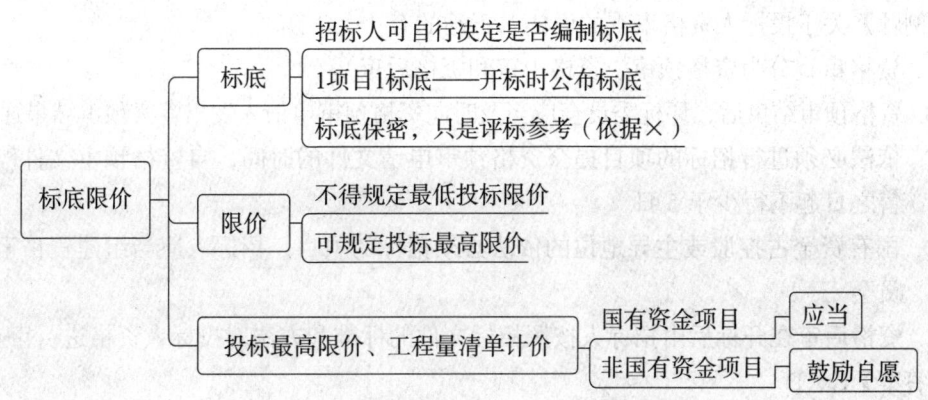

5. 资格审查：

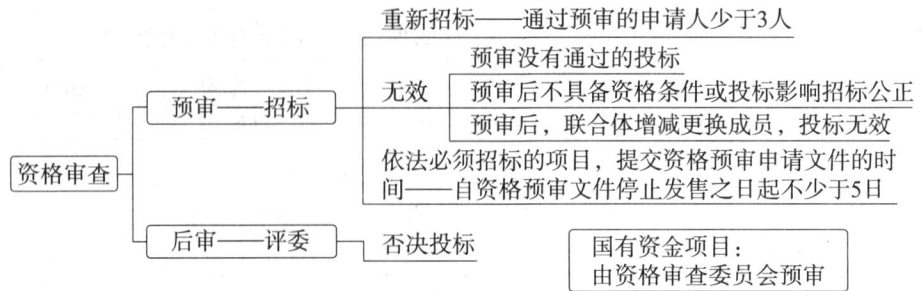

◆ **考法 1：出售招标文件**

【例题】（2018 年真题）发售招标文件收取的费用应当限于补偿（　　）的成本支出。

A. 编制招标文件　　　　　　　　B. 印刷、邮寄招标文件

C. 招标人办公　　　　　　　　　D. 招标活动

【答案】B

◆ **考法 2：对潜在投标人的不合理限制的情形**

【例题】（2021 年真题）招标人的下列行为中，属于以不合理的条件限制、排斥潜在投标人或者投标人的有（　　）。

A. 设定与合同履行有关的资格条件

B. 以投标人的业绩、奖项作为加分条件

C. 就同一招标项目向投标人提供有差别的项目信息

D. 对潜在投标人采取不同的资格审查标准

E. 指定特定的专利、商标、品牌、原产地或者供应商

【答案】C、D、E

◆ **考法 3：标底和限价**

【例题】（2018 年真题）关于招标价格的说法，正确的是（　　）。

A. 招标时可以设定最低投标限价　　　B. 招标时应当编制标底

C. 招标的项目应当采用工程量清单计价　D. 招标时可以设定最高投标限价

【答案】D

◆ **考法 4：资格预审和后审**

【例题】关于投标人资格审查的说法，正确的有（　　）。

A. 资格审查分为资格预审、资格中审和资格后审

B. 资格预审结束后，评标委员会应当及时向资格预审申请人发出资格预审结果通知书

C. 依法必须进行招标的项目提交资格预审申请文件的时间，自资格预审文件停止发售之日起不得少于 5 日

D. 国有资金占控股或主导地位的依法必须招标的项目，招标人应当组建资格审查委员会

E. 资格后审在开标后由招标人按照招标文件的标准和方法对投标人资格进行审查

【答案】C、D

◆考法 5：招标文件的澄清说明

【例题】（2017 年真题）关于招标文件澄清或者修改的说法，正确的是（　　）。

A. 招标文件的效力高于其澄清或修改文件
B. 澄清或者修改的内容可能影响投标文件编制的，招标人应在投标截止时间至少 15 日前澄清或者修改
C. 澄清或者修改可以以口头形式通知所有获取招标文件的潜在投标人
D. 澄清或者修改通知至投标截止时间不足 15 日的，在征得全部投标人同意后，可按原投标截止时间开标

【答案】B

◆考法 6：招标代理机构

【例题】关于招标代理机构，说法正确的是（　　）。

A. 招标代理机构可以在所代理的招标项目中投标或者代理投标
B. 招标人应当委托代理机构进行招标
C. 委托招标代理机构应当采用口头委托形式，不得采取招标方式进行，招标人与被委托的招标代理机构之间的委托合同可以是口头形式
D. 招标代理机构应当拥有一定数量的具备编制招标文件、组织评标等相应能力的专业人员

【答案】D

◆考法 7：招标其他考点的综合运用

【例题】关于招标基本程序的说法，正确的有（　　）。

A. 招标项目按照国家有关规定需要履行项目审批手续的，可以先行办理招标事宜，再履行审批手续
B. 必须招标的项目，投标人编投标书的时间不少于 15 日
C. 投标人对招标文件有异议的，应在投标截止时间 10 日前提出
D. 招标人对投标人的异议答复期间，招标投标活动不停止

【答案】C

二、开标

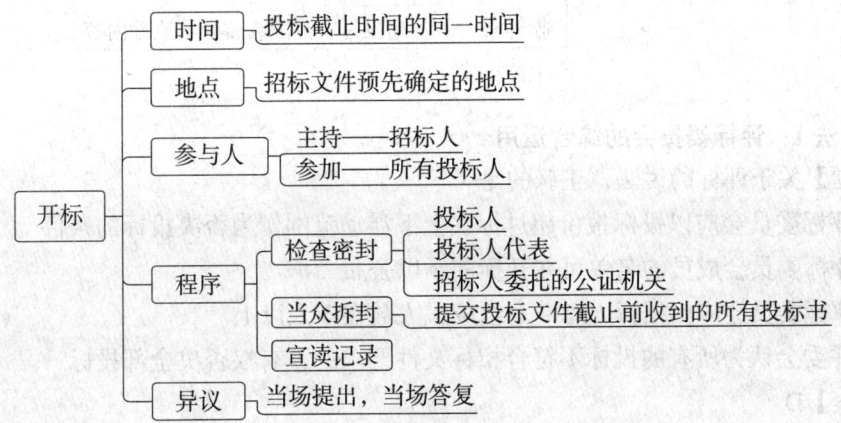

◆ 考法：开标的综合运用

【例题】关于开标的说法，正确的有（　　）。

A. 投标人少于3个的，不得开标

B. 投标人对开标有异议的，应当在开标结束后另行提出

C. 开标应当由招标代理机构主持，邀请所投标人参加

D. 对收到的无效投标书，招标人有权决定不予拆封

E. 投标人对开标有异议的，应当场向招标人提出

【答案】A、E

三、评标

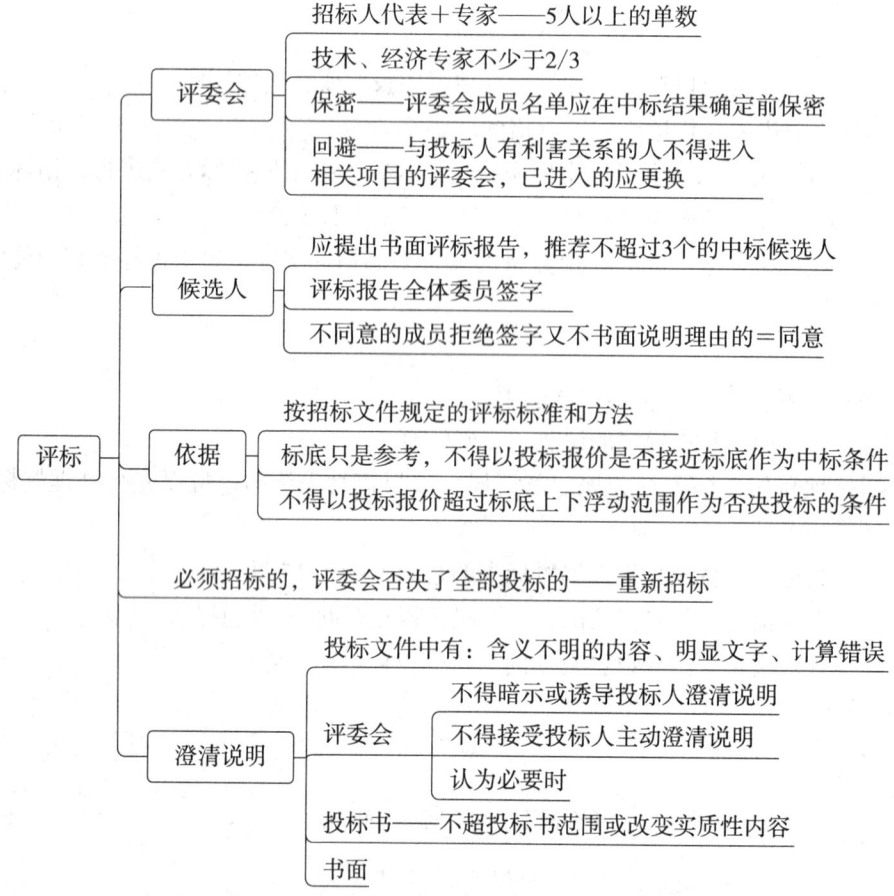

◆ 考法1：评标委员会的综合运用

【例题】关于评标的说法，正确的是（　　）。

A. 评标委员会应以投标报价超过标底上下浮动范围作为否决投标的条件

B. 评标委员会成员的名单可在开标前予以公布

C. 评标委员会应由招标人和专家组成，人数在5人以上

D. 评委会认为所有的投标不符合招标文件要求的，有权否决全部投标

【答案】D

◆ 考法2：评标中的澄清、修改

【例题】（2017年真题）关于招标文件澄清或者修改的说法，正确的是（　　）。

A. 招标文件的效力高于其澄清或修改文件
B. 澄清或修改的内容可能影响投标文件编制的，招标人应在投标截止时间至少15日前澄清或修改
C. 澄清或者修改可以以口头形式通知所有获取招标文件的潜在投标人
D. 澄清或者修改通知至投标截止时间不足15日的，在征得全部投标人同意后，可按原投标截止时间开标

【答案】B

四、中标和签合同

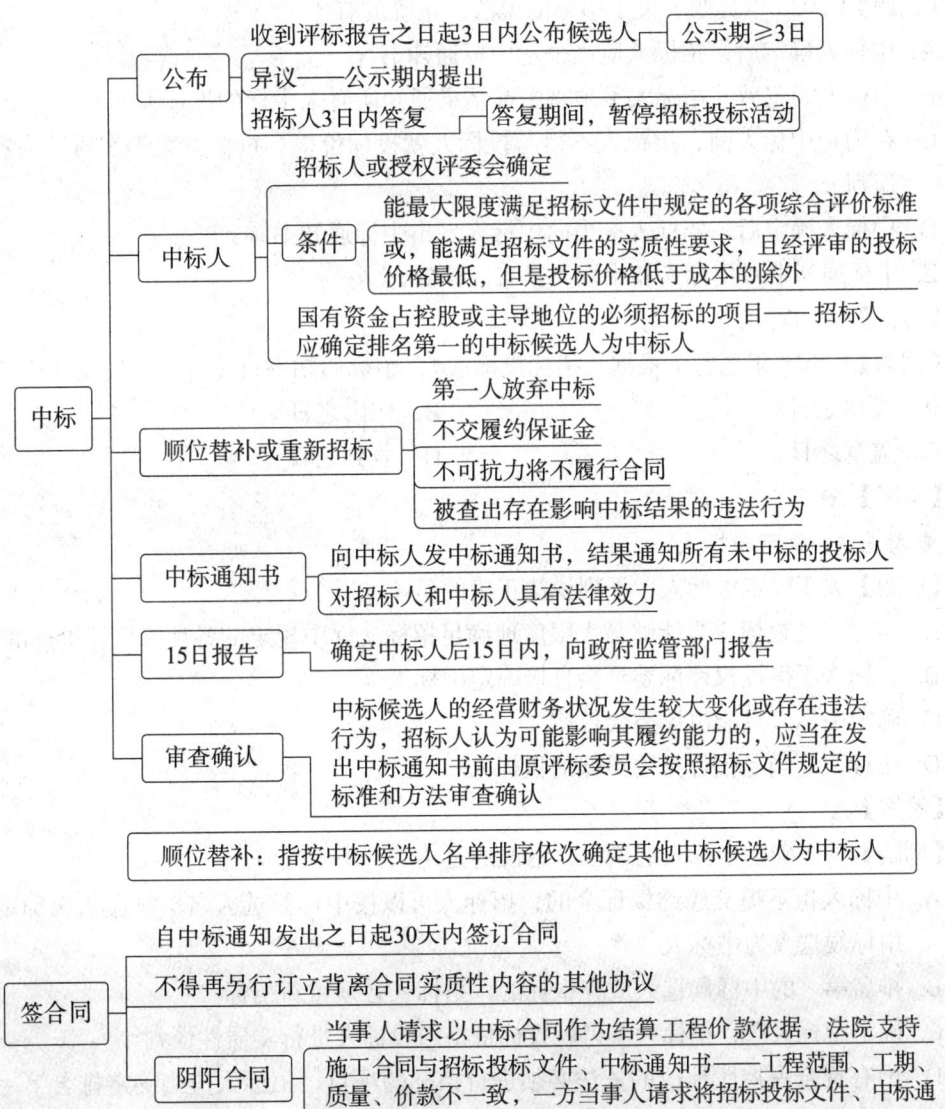

说明：本考点是将2Z203012与2Z203015归纳总结的内容

◆ 考法 1：中标公告的相关期限

【例题】（2021 年真题）关于依法必须招标的项目公示中标候选人的说法，正确的有（   ）。

A. 招标人应当自收到评标报告之日起 5 日内公示中标候选人

B. 中标候选人公示期不得少于 3 日

C. 招标人应当自收到对评标结果的异议之日起 5 日内作出答复

D. 投标人对评标结果有异议的，应当在中标候选人公示期间提出

E. 招标人在对评标结果的异议作出答复前，可以暂停招标投标活动

【答案】B、D

◆ 考法 2：中标通知书

【例题】（2020 年真题）关于中标的说法，正确的有（   ）。

A. 中标人确定后，招标人应当公示中标通知书

B. 中标人确定后，招标人无须将中标结果通知所有未中标的投标人

C. 在确定中标人前，招标人不得与投标人就投标价格、投标方案等实质性内容进行谈判

D. 中标人确定后，招标人应当向中标人发出中标通知书

E. 中标通知书对招标人和中标人具有法律效力

【答案】C、D、E

【例题】（2018 年真题）根据《招标投标法》，中标通知书自（   ）发生法律效力。

A. 发出之日
B. 作出之日
C. 盖章之日
D. 收到之日

【答案】A

◆ 考法 3：确定中标人

【例题】关于确定中标人，下列说法正确的是（   ）。

A. 中标人的投标应当能够最大限度地满足招标文件中规定的各项综合评价标准

B. 招标人不得授权评标委员会直接确定中标人

C. 确定中标人只能由评委会行使

D. 中标人应当是投标报价最低的投标人

【答案】A

【例题】关于确定中标人的说法，错误的是（   ）。

A. 中标人拒不提交履约保证金的，招标人可以按中标候选人名单排序依次确定其他中标候选人为中标人

B. 排名第一的中标候选人放弃中标的，招标人必须重新招标

C. 确定中标人选，招标人不得就投标价格与投标人进行实质性谈判

D. 国有资金占控股地位的依法必须进行招标的项目，招标人应当确定排名第一的中标候选人为中标人

【答案】B

◆考法4：审查确认中标人

【例题】（2015年真题）招标人在发出中标通知书前，由原评标委员会对中标候选人进行再次审查确认的情况有（   ）。

A. 中标候选人财务状况发生较大变化，可能影响其履约能力

B. 中标候选人未缴纳履约保证金

C. 中标候选人放弃中标

D. 中标候选人存在违法行为，可能影响其履约能力

E. 中标候选人经营发生较大变化，可能影响其履约能力

【答案】A、D、E

◆考法5：签订中标合同

【例题】（2016年真题）关于中标后订立建设工程施工合同的说法，正确的是（   ）。

A. 合同的主要条款应当与招标文件和中标人投标文件的内容一致

B. 对备案的中标合同不得进行协商变更

C. 人工、材料价格行情发生变化，双方应当就合同价款订立新的协议

D. 招标人和中标人应自中标通知书收到之日起30日内订立书面合同

【答案】A

【例题】有关招标人与中标人另行订立背离合同实质性内容的，说法正确的是（   ）。

A. 招标人可以与中标人另行订立背离合同实质性内容的其他协议

B. 施工合同与招标投标文件、中标通知书不一致的，一方当事人请求将招标投标文件、中标通知书作为结算工程价款的依据的，法院应支持

C. 当事人请求以中标合同作为结算工程价款依据的，法院应支持，但因客观情况发生了在招标投标时难以预见的变化而另行订立施工合同的除外

D. 另行订立的合同是当事人的真实意思表示，应当有效

【答案】C

五、终止招标

1. 公告或书面通知义务：应及时发布公告或书面通知获得投标文件和被邀请的潜在投标人。

2. 退文件——预审文件、投标文件。

3. 退钱——预审文件费用、投标文件费用、投标保证金（本金＋存款利息）。

◆考法：终止招标

【例题】（2019年真题）关于招标人终止招标要求的说法，正确的是（   ）。

A. 以口头形式通知被邀请的或者已经获取资格预审文件、招标文件的潜在投标人

B. 已经发售的资格预审文件、招标文件、招标人无须退还所收取的资格预审文件、招标文件的费用

C. 已经收取投标保证金的，应当及时退还投标保证金，但不必退还银行同期存放利息

D. 应当及时发布公告

【答案】D

2Z203013　投标人、投标文件和投标保证金

核心考点及重点提示

	考点	重点提示
1	投标人	★★
2	联合体投标	★★★
3	投标文件	★★★
4	投标保证金	★★★
5	3个标书的归纳	★★★

★不大；★★一般；★★★重要

核心考点及考法

一、投标人

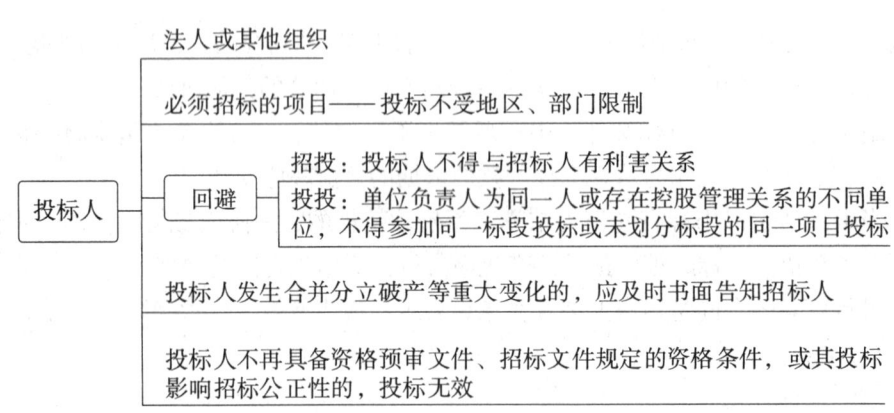

◆**考法：投标人**

【例题】（2021年真题）关于投标人的说法，正确的是（　　）。

A. 存在管理关系的不同单位，可以参加未划分标段的同一招标项目的投标

B. 投标人发生合并、分立、破产等重大变化的，其投标无效

C. 单位负责人为同一人的不同单位，可以参加同一标段投标

D. 投标人不再具备资格预审文件、招标文件规定的资格条件的，其投标无效

【答案】D

二、联合体投标

对象	一般适用于大型或结构复杂的项目
专一	联合体各方在同一项目中，以自己名义单独投标或参加其他联合体投标的，投标无效
	资格预审后，联合体增减、更换成员，投标无效

续表

资质	同一专业的单位组成联合体，按资质等级较低的单位确定资质等级
	联合体各方具有相应资质
责任	中标后，联合体各方共同签订1个合同
	联合体投标应附共同投标协议
	向招标人承担连带责任

◆考法1：联合体投标综合运用

【例题】（2021年真题）关于联合体投标的说法，正确的有（　　）。

A. 联合体至少一方应当具备承担招标项目的相应能力
B. 联合体投标一般适用于大型的或者结构复杂的建设项目
C. 由同一专业的单位组成的联合体，按照资质等级较高的单位确定资质等级
D. 联合体中标的，联合体各方就中标项目向招标人承担按份责任
E. 联合体中标的，联合体各方应当共同与招标人订立合同

【答案】B、E

◆考法2：联合体投标的连带责任

【例题】某建筑公司与某安装公司组成联合体承包工程，并约定质量缺陷引起的赔偿责任由双方各自承担50%。施工中由于安装公司技术问题导致质量缺陷，造成工程50万元损失，则以下说法正确的是（　　）。

A. 建设单位可以向建筑公司索赔50万元
B. 建设单位只能向安装公司索赔50万元
C. 建设单位只能向建筑公司和安装公司分别索赔25万元
D. 建设单位只能向建筑公司索赔25万元

【答案】A

三、投标文件

投标文件的补充、修改、替代、撤回：

补充、修改、替代、撤回 { 投标截止前 √ / 投标截止后 ×

◆考法：投标文件的补充、撤回等

【例题】（2016年真题）关于投标文件的补充、修改与撤回的说法，正确的是（　　）。

A. 撤回已提交的投标文件，应当经过招标人的同意
B. 补充、修改已提交的投标文件，应当在提交投标保证金之前进行
C. 撤回已提交的投标文件，应当以书面形式通知其他投标人
D. 撤回已提交的投标文件，应当在投标截止时间前进行

【答案】D

【例题】（2020年真题）关于投标文件修改的说法，正确的是（   ）。

A. 投标人在招标文件要求提交投标文件的截止时间前，可以修改已提交的投标文件

B. 投标人不得修改已提交投标文件的实质性内容

C. 投标人对已提交的投标文件，仅能修改一次

D. 投标人修改已提交的投标文件，修改的内容应当作为一个独立文件

【答案】A

四、投标保证金

1. 投标保证金和履约保证金的比较：

	必须	提交时间	金额	目的
投标保证金	否	开标前	不超过估算价的2%，且不超过80万元	担保投标有效期内的行为
履约保证金	否	签合同时	不超过中标合同价的10%	担保合同履行

2. 投标保证金：

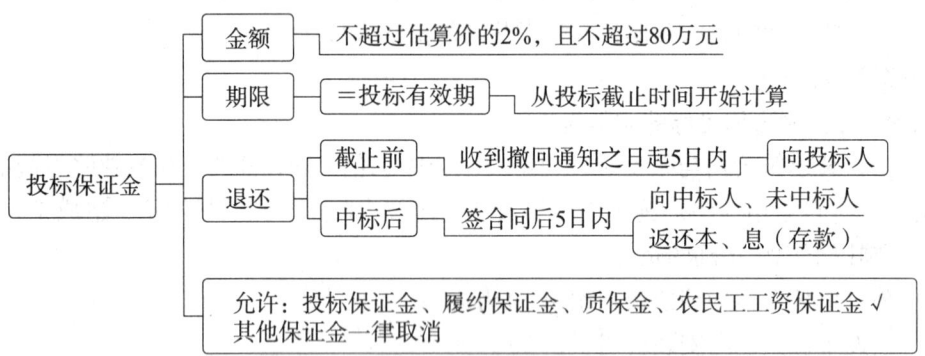

◆考法1：投标保证金的金额、期限等综合运用

【例题】（2020年真题）关于投标保证金的说法，正确的有（   ）。

A. 退还投标保证金时，无须退还保证金利息

B. 招标人在招标文件中可以要求投标人提交投标保证金

C. 投标保证金不得超过招标项目结算价的2%

D. 投标保证金有效期应当与投标有效期一致

E. 中标人无正当理由不与招标人订立合同，取消其中标资格，投标保证金不予退还

【答案】B、D、E

◆考法2：投标保证金的退回

【例题】（2017年真题）关于投标文件撤回和撤销的说法，正确的是（   ）。

A. 投标人可以选择电话或书面方式通知招标人撤回投标文件

B. 招标人收取的投标保证金，应当自收到投标人撤回通知之日起10日内退还

C. 投标截止时间后投标人撤销投标文件的，招标人应当退还投标保证金

D. 投标人撤回已提交的投标文件，应当在投标截止时间前通知招标人

【答案】D

◆ **考法 3：履约保证金的运用**

【例题】（2019 年真题）关于履约保证金的说法，正确的是（   ）。

A. 履约保证金不得低于中标合同金额的 10%

B. 中标人不履行与招标人订立的合同的，履约保证金不予退还，给招标人造成的损失超过履约保证金数额的，对超过部分不予赔偿

C. 招标文件要求中标人提交履约保证金的，中标人应当提交

D. 施工企业不得以银行保函或担保公司保函的形式，向建设单位提供履约担保

【答案】C

五、3 个标书——拒收、重新招标、否决投标

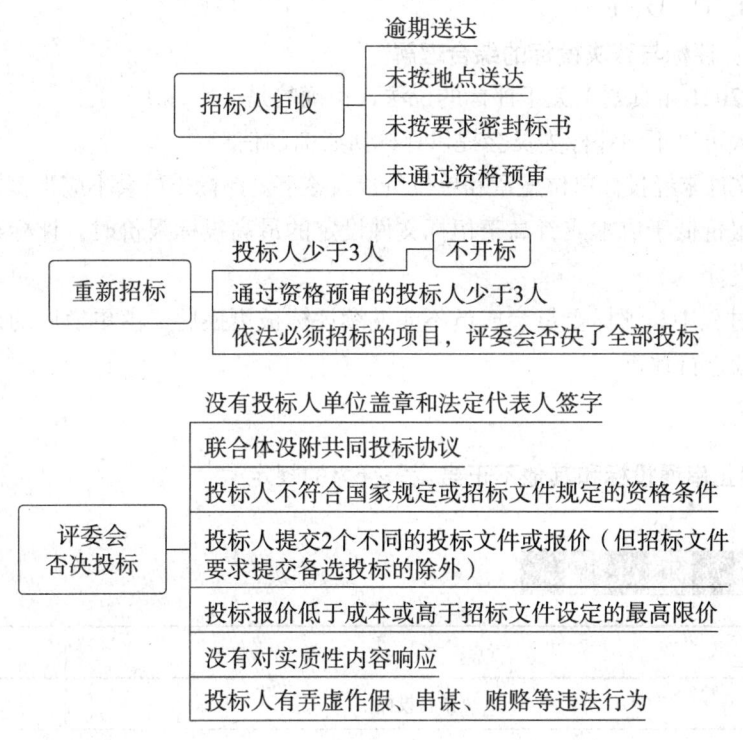

◆ **考法 1：拒收投标**

【例题】（2021 年真题）下列投标文件中，应当拒收的是（   ）。

A. 提前送达的投标文件

B. 投标联合体提交的未附共同投标协议的投标文件

C. 未通过资格预审的申请人提交的投标文件

D. 未提交投标保证金的投标文件

【答案】C

【例题】（2017 年真题）关于投标文件的送达与签收的说法，正确的是（   ）。

A. 投标人应当在投标截止时间前，将投标文件送达投标地点

B. 招标人签收投标文件后，可以开启投标文件

C. 投标截止时间后送达的投标文件，招标人不得拒收

D. 未按招标文件要求密封的投标文件，招标人不得拒收

【答案】A

◆ 考法 2：否决投标

【例题】（2017 年真题）下列投标人投标的情形中，评标委员会应当否决的有（   ）。

A. 投标人主动提出了对投标文件的澄清、修改

B. 联合体未提交共同投标协议

C. 投标报价高于招标文件设定的最高投标限价

D. 投标文件未经投标人盖章和单位负责人签字

E. 投标文件未对招标文件的实质性要求和条件作出响应

【答案】B、C、D、E

◆ 考法 3：评标与否决投标的综合理解

【例题】（2021 年真题）关于评标的说法，正确的是（   ）。

A. 招标人可以不向评标委员会提供评标所必需的信息

B. 投标文件未经投标单位盖章和单位负责人签字，评标委员会不应当直接否决其投标

C. 投标报价低于成本或者高于招标文件设定的最高投标限价时，评标委员会应当否决其投标

D. 评标过程中，评标委员会成员不能继续评标被更换后，由更换后的评标委员会成员继续进行评审

【答案】C

2Z203014　禁止串通投标和其他不正当竞争行为的规定

核心考点及重点提示

	考点	重点提示
1	5 个禁止投标	★★★

★不大；★★一般；★★★重要

核心考点及考法

5 个禁止投标

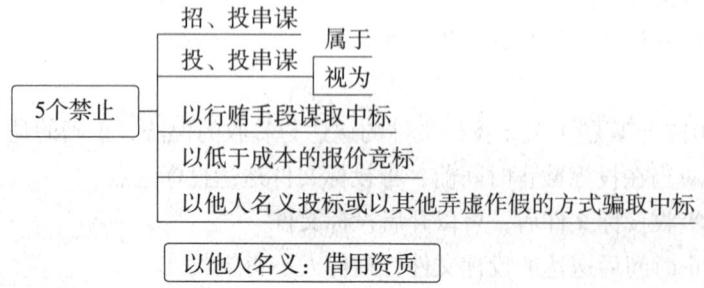

	投标人之间串通投标
属于串谋	① 投标人之间协商投标报价等投标文件的实质性内容； ② 投标人之间约定中标人； ③ 投标人之间约定部分投标人放弃投标或者中标； ④ 属于同一集团、协会、商会等组织成员的投标人按照该组织要求协同投标； ⑤ 投标人之间为谋取中标或者排斥特定投标人而采取的其他联合行动
视为串谋	① 不同投标人的投标文件由同一单位或者个人编制； ② 不同投标人委托同一单位或者个人办理投标事宜； ③ 不同投标人的投标文件载明的项目管理成员为同一人； ④ 不同投标人的投标文件相互混装； ⑤ 不同投标人的投标保证金从同一单位或者个人的账户转出； ⑥ 不同投标人的投标文件异常一致或者投标报价呈规律性差异

注：注意属于和视为的区分；视为的记忆规律：来源表现为一、规律性差异

其他禁止的具体内容见教材，考试按常识常理和关联性答题

◆考法1：招标人与投标人串通投标的情形认定

【例题】（2021年真题）属于招标人与投标人串通投标的情形是（　　）。

A. 招标人仅将招标文件的澄清内容通知了提问的投标人

B. 招标人接收了未按照招标文件要求密封的投标文件

C. 与招标人存在利害关系的法人投标

D. 招标人间接向投标人透露评标委员会的成员信息

【答案】D

◆考法2：投标人之间相互串通投标的认定

【例题】（2020年真题）下列情形中，属于投标人相互串通投标的是（　　）。

A. 两个以上投标人的投标文件具有特殊标记

B. 不同投标人的投标文件在同一文印店装订

C. 投标人之间协商投标报价等投标文件的实质性内容

D. 不同投标人的投标保函由同一银行开具

【答案】C

【例题】（2018年真题）下列情形中，视为投标人相互串通投标的有（　　）。

A. 不同投标人的投标文件由同一人编制

B. 不同投标人的投标文件的报价呈规律性差异

C. 不同投标人的投标文件相互混装

D. 属于同一组织的成员按照该组织要求协同投标

E. 投标人之间约定部分投标人放弃投标

【答案】A、B、C

◆考法3：以他人名义投标或以其他方式弄虚作假投标

【例题】（2018年真题）下列情形中，属于弄虚作假、骗取中标的情形是（　　）。

A．共同抬高投标报价

B．借用他人资质证书

C．行贿评标专家谋取高分

D．低价中标、高价索赔

【答案】B

【例题】（2020年真题）下列投标人的情形中，属于以他人名义投标的是（　　）。

A．使用通过受让或者租借的方式获取的资质证书投标

B．使用伪造、变造的许可证件投标

C．提供虚假的财务状况或者业绩投标

D．提供虚假的信用状况投标

【答案】A

◆考法4：行贿谋取中标的认定

【例题】（2015年真题）下列情形中，投标人中标有效的是（　　）。

A．投标人给予招标人金钱获取中标

B．投标人在投标书中表明给予招标人折扣获取中标

C．投标人在账外给予招标人回扣获取中标

D．投标人在账外给予评标委员会财物获取中标

【答案】B

2Z203020　建设工程承包制度

核心考点提纲

1	2Z203021	建设工程总承包的规定
2	2Z203022	建设工程共同承包的规定
3	2Z203023	建设工程分包的规定

2Z203021　建设工程总承包的规定

核心考点及重点提示

	考点	重点提示
1	工程总承包规定	★
2	工程总承包企业责任	★★★

★不大；★★一般；★★★重要

核心考点及考法

一、工程总承包规定

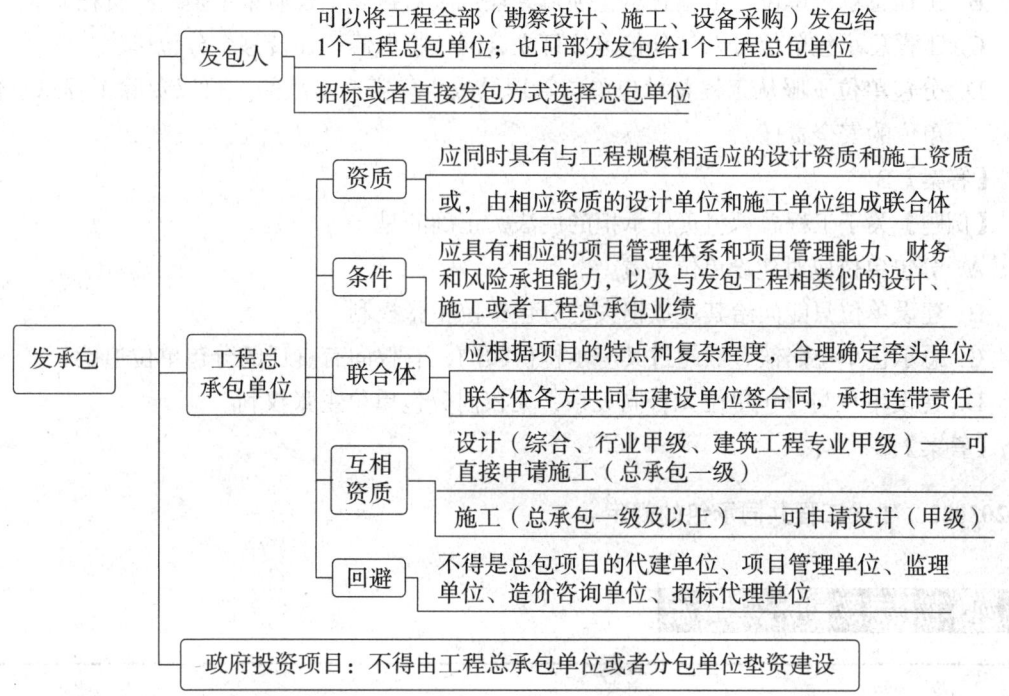

◆ 考法：总承包规定

【例题】（2021年真题）根据《房屋建筑和市政基础设施项目工程总承包管理办法》，关于工程总承包单位的说法正确的有（　　）。

A. 工程总承包单位应当同时具有与工程规模相适应的工程设计资质和施工资质

B. 工程总承包单位可以由具有相应资质的设计单位和施工企业组成联合体

C. 工程总承包单位应当具有相应的项目管理体系和项目管理能力、财务和风险承担能力

D. 工程总承包单位可以是工程总承包项目的代建单位或者造价咨询单位

E. 工程总承包单位应当具有与发包工程相类似的设计、施工或者工程总承包业绩

【答案】A、B、C、E

二、工程总承包企业责任

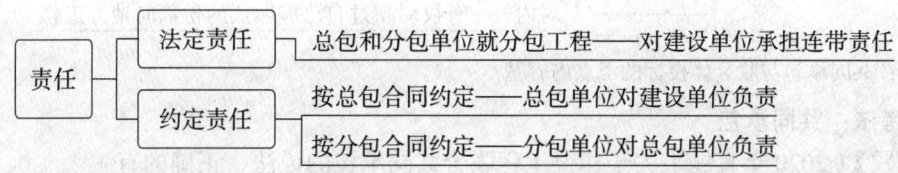

注意：承担了连带责任的一方，可向另一方追偿。

关于总分包责任，需认真读懂教材内容，结合下面例题理解。

◆ 考法：总、分包责任的理解

【例题】关于工程总承包责任承担的说法，正确的是（　　）。

A. 分包单位应当向建设单位承担全部责任

B. 工程总承包单位、工程总承包项目经理依法对建设工程质量承担终身责任

C. 工程总承包单位可以与分包单位订立合同，将保修责任转移至分包单位

D. 分包单位不服从工程总承包单位管理导致生产安全事故的，可以免除工程总承包单位的安全责任

【答案】B

【例题】关于工程总承包责任承担的说法，正确的是（　　）。

A. 分包单位应对建设单位负责

B. 建设单位只能向给其造成损失的分包单位主张权利

C. 总承包单位赔偿金额超过其应承担份额的，有权向有责任的分包单位追偿

D. 建设单位与分包单位无合同关系，无权向分包单位主张权利

【答案】C

2Z203022　建设工程共同承包的规定

核心考点及重点提示

	考点	重点提示
1	共同承包	★★

★不大；★★一般；★★★重要

核心考点及考法

共同承包

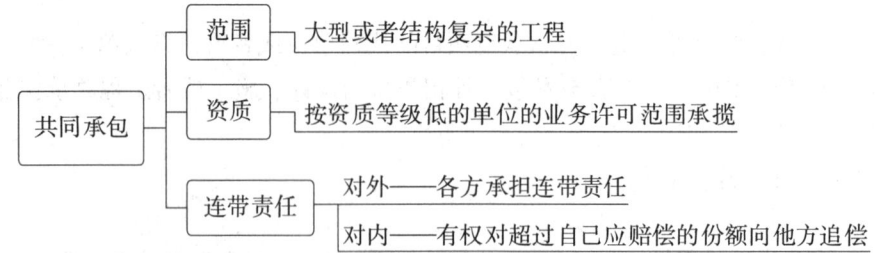

说明：共同承包与联合体投标的考点内容基本一致。

◆ 考法：共同承包

【例题】（2020年真题）关于建设工程联合共同承包的说法，正确的有（　　）。

A. 两个以上不同资质等级的单位实行联合共同承包的，可以按照资质等级高的单位的业务许可范围承揽工程

B. 对于中小型或者结构不复杂的工程，无须采用联合共同承包方式
C. 联合共同承包的各方应当与建设单位分别订立合同
D. 两个以上具备承包资格的单位共同组成的联合体不具有法人资格
E. 联合共同承包的各方对承包合同的履行承担连带责任
【答案】D、E

2Z203023 建设工程分包的规定

核心考点及重点提示

	考点	重点提示
1	分包方式	★★
2	违法分包、转包、挂靠的界分	★★★

★不大；★★一般；★★★重要

核心考点及考法

一、分包方式

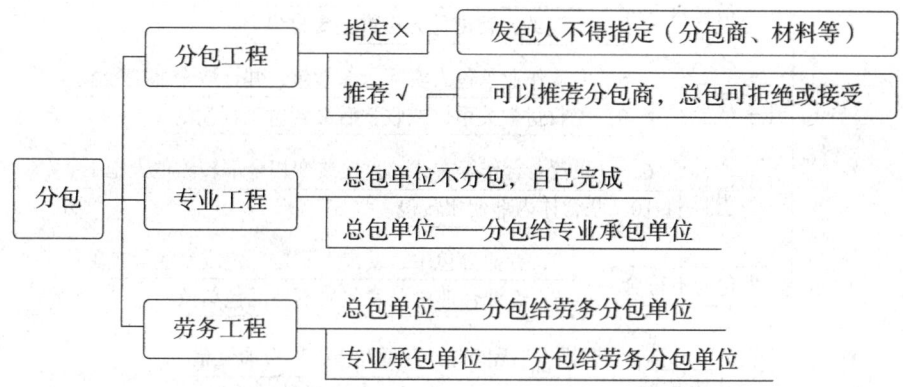

◆考法：分包方式的理解运用

【例题】（2015年真题）下列关于分包的说法中，正确的有（　　）。
A. 招标人可以直接指定分包人
B. 经招标人同意，中标人将中标项目的非关键性工作分包给他人完成
C. 中标人和招标人可以在合同中约定将中标项目的部分非主体工作分包给他人完成
D. 中标人为节约成本可以自行决定将中标项目的部分关键性工作分包给他人完成
E. 经招标人同意，接受分包的人可将项目再次分包给他人
【答案】B、C

【例题】（2018年真题）关于承揽工程业务的说法，正确的是（　　）。
A. 企业承揽分包工程，应当取得相应的建筑业企业资质

B. 不具有相应资质等级的施工企业，可采取同一专业联合承包的方式满足承揽工程业务要求
C. 施工企业与项目经理签订内部承包协议，属于允许他人以本企业名义承揽工程
D. 自然人可以成为承揽分包工程业务的主体

【答案】A

二、违法分包、转包、挂靠的界分

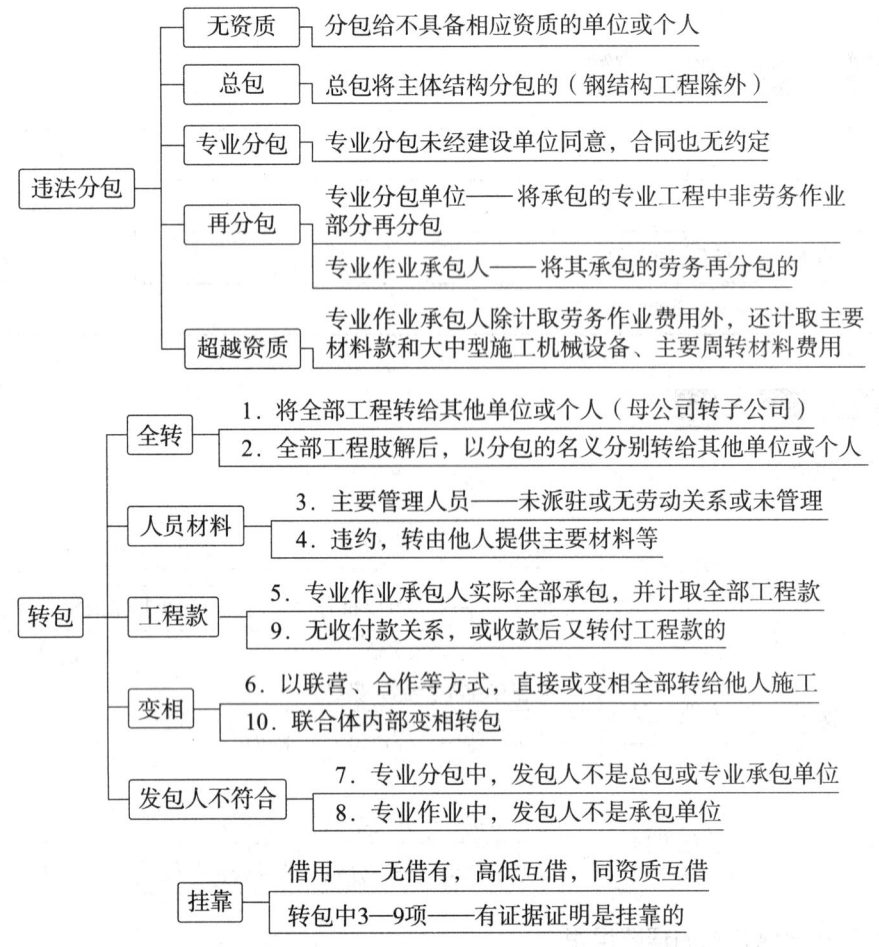

注意：转包和挂靠的内容，需结合教材的详细表达进行理解记忆。转包界定的核心要义：不施工、不管理。

◆ **考法 1：违法分包的情形**

【例题】（2018 年真题）根据《建筑工程施工转包违法分包等违法行为认定查处管理办法（试行）》，下列情形中，属于违法分包的有（　　）。

A. 将工程分包给不具有相应资质条件单位的
B. 未经建设单位同意将工程分包的
C. 分包单位将分包工程再分包的
D. 将钢结构工程分包的

E. 分包单位将劳务作业分包的

【答案】A、B、C

◆ **考法 2：违法分包、转包、挂靠的界分**

【例题】（2014 年真题）关于建筑工程施工分包行为的说法，正确的是（　　）。

A. 个人可以承揽分包工程业务

B. 建设单位有权直接指定分包工程承包人

C. 建设单位推荐的分包单位，承包单位无权拒绝

D. 承包人并未对该工程的施工活动进行组织管理的，视同转包

【答案】D

◆ **考法 3：违法分包、转包的连带责任**

【例题】（2017 年真题）某建设工程施工招标，甲公司中招后将其转包给不具有相应资质等级的乙公司，乙施工过程不符合规定的质量标准，给建设单位造成损失。关于向建设单位承担赔偿责任的说法，正确的是（　　）。

A. 甲、乙承担连带赔偿责任

B. 建设单位与甲有合同关系，应由乙承担赔偿责任

C. 乙为实际施工人，应由乙承担赔偿责任

D. 甲和乙承担按份赔偿责任

【答案】A

2Z203030　建筑市场信用体系建设

核心考点提纲

1	2Z203031	建筑市场诚信行为信息的分类
2	2Z203032	建筑市场施工单位不良行为记录认定标准
3	2Z203033	建筑市场诚信行为的公布和奖惩机制

2Z203031　建筑市场诚信行为信息的分类

核心考点及重点提示

	考点	重点提示
1	诚信信息分类	★

★不大；★★一般；★★★重要

核心考点及考法

诚信信息分类

1. 分类：基本信息、优良信用信息、不良信用信息。

2. 优良信用信息：指获得的县级以上行政机关或群团组织表彰奖励等信息。

3. 不良信用信息：指受到县级以上住房城乡建设主管部门行政处罚的信息，以及经有关部门认定的其他不良信用信息。

◆考法：诚信信息分类

【例题】(2018年真题)施工企业能够形成建筑市场诚信行为良好行为记录的是(　　)。
A．合同正常履约　　　　　　　B．未发生违约行为
C．获得发包人奖励　　　　　　D．获得建设行政主管部门表彰
【答案】D

2Z203032　建筑市场施工单位不良行为记录认定标准

核心考点及重点提示

	考点	重点提示
1	施工单位5个不良认定的区分	★★★

★不大；★★一般；★★★重要

核心考点及考法

施工单位5个不良认定的区分

1.资质不良	（1）未取得资质证书或超越本资质等级承揽工程的； （2）以欺骗手段取得资质证书承揽工程的； （3）允许其他单位或个人以本单位名义承揽工程的； （4）未在规定期限内办理资质变更手续的； （5）涂改、伪造、出借、转让《建筑业企业资质证书》的； （6）需持证上岗的技术工种的作业人员未经培训、考核，未取得证书上岗，情节严重的	
2.承揽不良	招标投标违法	（1）向发包人行贿、回扣等不正当手段承揽业务的； （2）串通投标或与招标人串通投标的，以向招标人或评标委员会成员行贿的手段谋取中标的； （3）以他人名义投标或以其他方式弄虚作假，骗取中标的
	承包违法	转包、违法分包
	履行违法	不按照与招标人订立的合同履行义务，情节严重的
3.安全不良		
4.质量不良	未按照节能设计进行施工的；偷工减料、保修违法等	
5.拖欠工程款或工人工资不良		

记忆总结：资质不良：利用资质违法——无、超越、欺骗取得、涂改伪造、变更期限、无证上岗；

承揽不良：在招标投标（行贿、串谋、借用名义作假）、承包（违法分包、转包）、履行合同中违法；

安全不良：违反安全法律规定；

质量不良：未按照节能设计进行施工的；偷工减料、保修违法等。

◆ 考法：5个不良情形的界分

【例题】（2019年真题）下列不良行为中，属于施工企业资质不良行为的是（ ）。

A. 不按照与招标人订立的合同履行义务，情节严重的

B. 将承包的工程转包或违法分包的

C. 未按照节能设计进行施工的

D. 允许其他单位或个人以本企业名义承揽工程的

【答案】D

【例题】（2020年真题）根据《全国建筑市场各方主体不良行为记录认定标准》，以他人名义投标骗取中标的，属于（ ）行为。

A. 资质不良   B. 工程质量不良

C. 承揽业务不良   D. 工程安全不良

【答案】C

2Z203033　建筑市场诚信行为的公布和奖惩机制

核心考点及重点提示

	考点	重点提示
1	诚信行为公布期限	★★★
2	公布内容及范围	★

★不大；★★一般；★★★重要

核心考点及考法

一、诚信行为公布期限

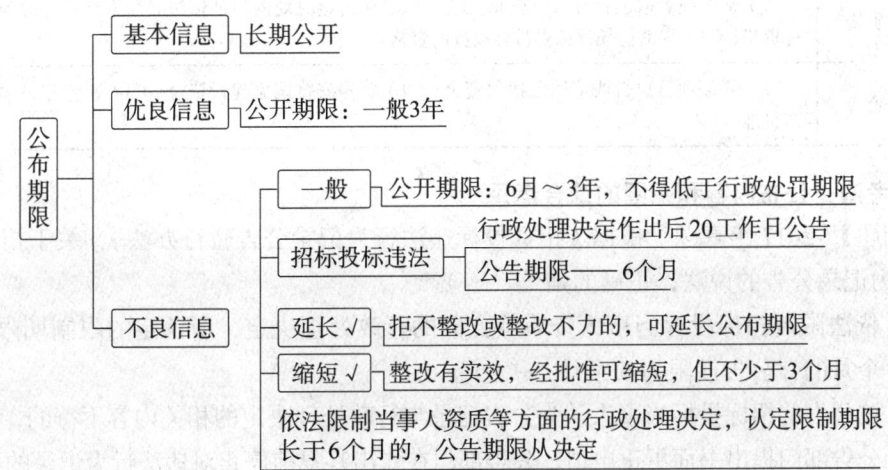

◆ 考法：公布期限的综合运用

【例题】（2019 年真题）根据《建筑市场诚信行为信息管理办法》，关于建筑市场诚信行为记录信息的公布期限的说法，正确的是（　　）。

A. 对整改确有实效的，经企业申请、审批，可缩短其不良记录信息公布期限，但公布期限最短不得少于 6 个月

B. 建筑市场诚信行为记录的公布期限一般为 6 个月至 3 年

C. 对招标投标违法行为记录公告期限为 1 年

D. 行政处理决定认定对招标投标当事人资质限制期限短于 6 个月的，公告期限从其决定

【答案】B

二、公布内容及范围

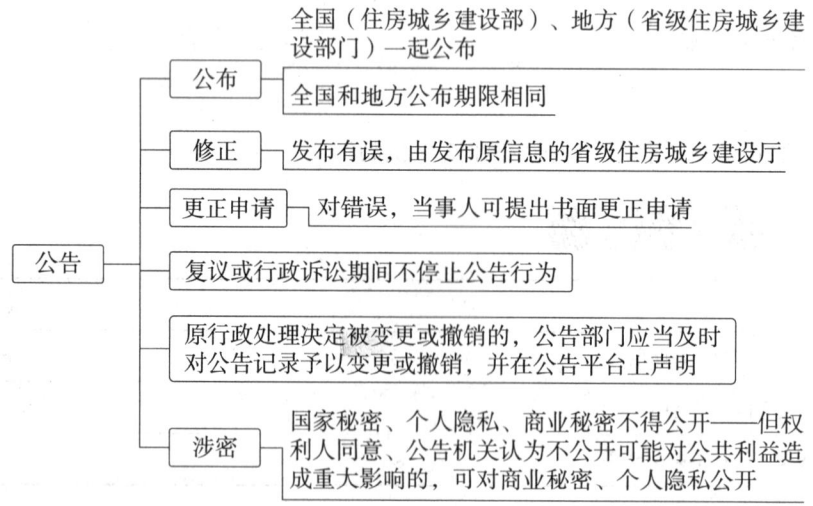

应公布的行政处理决定：

3 处罚	（1）警告；（2）罚款；（3）没收违法所得
3 取消资格	（1）暂停或者取消招标代理资格；（2）取消在一定时期内参加依法必须进行招标的项目的投标资格；（3）取消担任评标委员会成员的资格
3 暂停资金	（1）暂停项目执行或追回已拨付资金；（2）暂停安排国家建设资金；（3）暂停建设项目的审查批准

◆ 考法：公布内容和范围的综合运用

【例题】（2017 年真题）根据《招标投标违法行为记录公告暂行办法》，关于招标投标违法行为记录公告的说法，正确的是（　　）。

A. 依法限制招标投标当事人资质等方面的行政处理决定，所认定的限制期限长于 6 个月的，公告期限为 6 个月

B. 被公告的招标投标当事人认为公告记录与行政处理决定的相关内容不符的，可以向公告部门提出书面更正申请，公告部门在作出答复前停止对违法行为记录的公告

C. 行政处理决定在被行政复议或行政诉讼期间，公告部门应当停止对违法行为记录的公告

D. 原行政处理决定被依法变更或撤销的，公告部门应当及时对公告记录予以变更或撤销，并在公告平台上予以声明

【答案】D

【例题】（2016年真题）招标投标违法行为记录公告，绝对禁止公开涉及（　　）的记录。

A. 国家秘密　　　　　　　　B. 个人隐私
C. 商业秘密　　　　　　　　D. 政府信息

【答案】A

三、诚信评价

省级住房城乡建设部门制定建筑市场信用评价标准，开展建筑市场信用评价工作。
鼓励第三方机构开展建筑市场信用评价。
省级建筑市场监管一体化工作平台应公布本地区的建筑市场信用评价办法。

◆考法：诚信评价

【例题】以下关于建筑市场诚信评价的说法，正确的是（　　）。

A. 省级住房城乡建设主管部门制定建筑市场信用评价标准
B. 县以上住房城乡建设主管部门制定建筑市场信用评价标准
C. 各级政府应要求第三方机构开展建筑市场信用评价
D. 县以上建筑市场监管一体化工作平台应公布本地区的建筑市场信用评价办法

【答案】A

本章模拟强化练习

1. 下列工程建设项目中，依法必须招标的项目是（　　）。
A. 使用国家预算资金200万元的项目　　B. 使用国有资金的项目
C. 使用国际组织或外国政府贷款的项目　D. 基础设施项目

【答案】C

2. 下列建设项目中，符合必须招标规模标准的是（　　）。
A. 合同估算价为50万元的监理合同　　B. 合同估算价为500万元的施工合同
C. 合同估算价为80万元的材料采购合同 D. 合同估算价为50万元的设计服务合同

【答案】B

3. 依法应当招标的项目，在下列情形中，可以不进行施工招标的是（　　）。
A. 技术复杂，有特殊要求的项目
B. 涉及国家安全、国家秘密的项目
C. 采购人能够与他人合作建设、生产的项目
D. 需要向原中标人采购工程、货物或者服务，否则所需费用将大幅增加

【答案】B

4. 依法必须进行施工招标的工程建设项目，可以采用邀请招标的情形有（   ）。
   A. 项目受自然地域环境限制，只有少数潜在投标人可供选择
   B. 施工主要技术采用不可替代的专利或者专有技术
   C. 采用公开招标方式的费用占项目合同金额的比例过大
   D. 国务院发展改革部门确定的国家重点项目
   E. 在建工程追加附属小型工程或者主体加层工作

【答案】A、C

5. 关于招标程序和要求的说法，正确的是（   ）。
   A. 依法必须进行招标的项目，招标人必须委托有资质的招标代理机构办理招标事宜
   B. 招标项目按照国家有关规定需要履行项目审批手续的，应当先履行审批手续，获得批准
   C. 以暂估价形式包括在总承包范围内的工程，可以不招标
   D. 两阶段招标程序的第一阶段中，投标人可以提出附带报价的技术建议

【答案】B

6. 下列关于招标方式的说法，正确的是（   ）。
   A. 公开招标是向特定人发出招标文件
   B. 国有资金占控股地位的依法必须招标的项目应当采用公开招标
   C. 依法必须进行招标的项目的招标公告，可以通过新闻媒介发布
   D. 采用邀请招标方式的，应当向5个以上的法人或其他组织发出投标邀请书

【答案】B

7. 根据《招标投标法实施条例》，招标人以不合理条件限制投标人的情况有（   ）。
   A. 依法必须进行招标的项目以特定行业的业绩作为中标条件
   B. 就同一招标项目向潜在投标人提供有差别的项目信息
   C. 招标人组织所有投标人踏勘项目现场
   D. 招标人指定特定的产品供应商
   E. 对依法必须招标的项目非法限定潜在投标人的组织形式

【答案】A、B、D、E

8. 潜在投标人或其他利害关系人对招标文件有异议的，应当在投标截止时间（   ）前提出，招标人应当自收到异议日起（   ）内作出答复。
   A. 3日，10日   B. 10日，3日
   C. 15日，5日   D. 15日，30日

【答案】B

9. 某施工项目招标，招标文件开始出售的时间为3月20日，停止出售的时间为3月30日，提交招标文件的截止时间为4月25日，评标结束的时间为4月30日，则投标有效期开始的时间为（   ）。
   A. 3月20日   B. 3月30日

C. 4月25日 D. 4月30日

【答案】C

10. 根据《招标投标法》，依法必须进行招标的项目，自招标文件开始发出之日起至投标提交投标文件截止之日止，最短为（　　）日。

A. 5 B. 20
C. 10 D. 15

【答案】B

11. 关于标底和限价的说法，正确的是（　　）。

A. 招标时可以设定最低投标限价 B. 招标时可以编制标底
C. 招标的项目应当采用工程量清单计价 D. 标底是评标时的依据

【答案】B

12. 关于投标人资格审查的说法，正确的有（　　）。

A. 资格审查分为资格预审、资格中审和资格后审
B. 依法必须进行招标的项目提交资格预审申请文件的时间，自资格预审文件停止发售之日起不得少于5日
C. 联合体资格预审后增减、更换成员的，投标无效
D. 国有资金占控股或主导地位的依法必须招标的项目，招标人应当组建资格审查委员会
E. 资格后审在开标后由招标人按照招标文件的标准和方法对投标人资格进行审查

【答案】B、C、D

13. 关于开标程序的说法，不正确的有（　　）。

A. 开标时间和地点应由各投标人协商决定
B. 开标时由招标人检查投标文件的密封情况
C. 标底不应在开标时公布
D. 对无效的投标书不予拆封
E. 对开标有异议的，应当当场提出

【答案】A、B、C、D

14. 关于评标委员会组成及其行为的说法，正确的是（　　）。

A. 评标委员会成员由招标人和专家组成，应当为5人以上
B. 评委会应当按照招标文件的要求进行评标
C. 评标委员会对投标报价超过标底10%的投标，予以否决
D. 评标委员否决所有的投标后，该项目必须重新招标

【答案】B

15. 对于依法公开招标的项目，投标截止时投标人少于3个的，应（　　）。

A. 重新公开招标
B. 经主管部门同意后改为邀请招标
C. 书面通知推迟投标截止时间

99

D. 修改招标文件降低投标人资格要求后重新招标

【答案】A

16. 下列情形评标委员会应当否决其投标的有（   ）。

A. 投标人未通过资格预审

B. 投标文件逾期送达的

C. 投标报价低于成本

D. 投标文件只有单位盖章，但无单位负责人签字

E. 未附联合体各方共同投标协议的联合体投标

【答案】C、E

17. 投标文件中应包含的内容有（   ）。

A. 投标函及投标函附录　　　　　B. 已标价工程量清单

C. 招标文件的有关摘要　　　　　D. 拟分包项目情况表

E. 施工组织设计

【答案】A、B、D、E

18. 投标有效期应从（   ）之日起计算。

A. 招标文件规定的提交投标文件截止　　B. 提交投标文件

C. 提交投标保证金　　　　　　　　　　D. 确定中标结果

【答案】A

19. 关于联合体投标，说法正确的有（   ）。

A. 结构复杂的工程可以实施联合体投标，联合体各方均应具备相应资质

B. 联合体投标的，按低资质确定联合体资质

C. 联合体投标时给建设单位造成损失的，由联合体各方共同向建设单位承担连带责任

D. 联合体资格预审后，不得改变、更换联合体成员

E. 联合体投标后，联合体成员甲又与他人组成新的联合体对该项目投标，原联合体投标有效，新投标无效

【答案】A、C、D

20. 某建设项目开标时间为2015年3月1日上午9点，某投标人由于交通拥堵于2015年3月1日上午9点5分将投标文件送达，招标人的正确做法是（   ）。

A. 应当拒收

B. 经招标办审查批准后，该投标可以进入开标程序

C. 经其他全部投标人过半数同意，该投标可以进入开标程序

D. 由评标委员会按废标处理

【答案】A

21. 关于投标保证金说法正确的有（   ）。

A. 投标保证金最高不得超过50万元

B. 投标保证金的有效期从投标有效期结束后开始

C. 投标保证金不得采用银行保函方式

D. 两阶段招标中,招标人应在第二阶段要求投标人提交投标保证金

E. 投标截止后投标人撤销投标文件的,招标人可以不予退还投标保证金

【答案】D、E

22. 下列投标行为中,属于弄虚作假骗取中标的有( )。

A. 使用伪造、变造的许可证件
B. 提供虚假的财务状况或者业绩
C. 提供虚假的信用状况
D. 提供虚假的项目负责人劳动关系证明
E. 不同投标人的投标文件相互混装

【答案】A、B、C、D

23. 某工程项目招标投标出现的下列情形中,应当视为投标人相互串通投标的有( )。

A. 两份投标文件载明的项目经理均为李某
B. 两份投标文件的投标报价呈规律性差异
C. 投标人之间约定部分投标人放弃投标
D. 两个投标人均委托某咨询单位办理投标事宜
E. 投标人提供虚假的财务状况或业绩

【答案】A、B、D

24. 根据《招标投标法实施条例》,国有资金占控股或主导地位的依法必须进行招标的项目,关于确定中标人的说法,正确的是( )。

A. 评标委员会应当确定投标价格最低的投标人为中标人
B. 招标人应该确定排名第一的中标候选人为中标人
C. 招标人可以从评标委员会推荐的中标候选人之外确定中标人
D. 中标人的确定只能由评标委员会作出

【答案】B

25. 关于确定中标人,说法正确的是( )。

A. 中标人应当是能够最大限度满足招标文件规定的各项综合评价标准,并且经评审的投标价格最低的人
B. 第一中标候选人违法行为影响中标结果的,招标人应当重新招标
C. 第一中标候选人财务状况有较大变化,可能影响履约能力的,招标人可以在发出中标通知后重做审查确认
D. 在确定中标人前,招标人不得与投标人就投标价格、投标方案等实质性内容进行谈判

【答案】D

26. 关于履约保证金的表述,正确的是( )。

A. 履约保证金不能高于项目估算价的10%
B. 履约保证金不能低于中标合同价的10%
C. 中标人应当交纳履约保证金

D. 收取了履约保证金的，不得再预留质保金

【答案】D

27. 下列选项中，符合中标及签订合同法定要求的是（ ）。

A. 招标人应自收到评标报告之日起 3 日内公示中标候选人，公示期为 3 天
B. 中标通知书只对中标人具有法律效力
C. 当事人应在中标通知书生效后 30 日内签订合同
D. 招标人与中标人可在中标合同外再签订价格相背离的协议

【答案】A

28. 投标人或利害关系人认为中标人串通投标的，可以从知道或应当知道之日起（ ）内向监管部门投诉。

A. 5 日 B. 10 日
C. 30 日 D. 1 年

【答案】B

29. 下列关于建设工程总承包的说法，正确的是（ ）。

A. 工程总承包单位可以是总承包项目的代建单位或项目管理单位、监理单位
B. 工程总承包单位应同时具有与工程规模相适应的设计和施工资质
C. 政府投资项目，不得由工程总承包单位或者分包单位垫资建设
D. 仅具有设计或施工资质的企业，可在其资质等级许可的范围内进行工程总承包

【答案】C

30. 当分包工程发生安全事故给建设单位造成损失时，关于责任承担的说法，正确的是（ ）。

A. 建设单位可以要求分包单位和总承包单位承担无限连带责任
B. 建设单位与分包单位无合同关系，无权向分包单位主张权利
C. 总承包单位承担责任超过其应承担份额的，有权向有责任的分包单位追偿
D. 分包单位只对总承包单位承担责任

【答案】C

31. 关于建设单位工程发包的做法，正确的是（ ）。

A. 建设单位有权直接指定分包工程承包人
B. 将工程勘察、设计、施工、设备采购一并发包给一家总承包单位
C. 建设单位推荐的分包单位，总承包单位无权拒绝
D. 将合同中约定由施工企业自行购买的装饰材料进行指定购买

【答案】B

32. 根据《建筑法》，关于建筑工程分包的说法，正确的有（ ）。

A. 建筑工程的分包单位必须在其资质等级许可的业务范围内承揽工程
B. 资质等级较低的分包单位可以超越资质等级承接分包工程
C. 专业工程分包可不经建设单位认可
D. 严禁个人承揽分包工程业务

E. 总承包单位可以将建设工程主体结构中技术较为复杂的部分分包给其他企业

【答案】A、D

33. 下列情形中，不属于违法分包的是（   ）。

   A. 施工单位将工程分包给个人的
   B. 专业作业承包人将其承包的劳务再分包的
   C. 施工总承包单位将房屋建筑工程主体结构中的钢结构施工分包给了其他单位
   D. 合同中没有约定且建设单位也未同意，总包单位将专业工程进行了分包

【答案】C

34. 下列情形中，属于转包行为的是（   ）。

   A. 资质等级高的单位借用资质等级低的单位资质承揽工程的
   B. 施工总承包单位以合作、联营名义直接将其承包的全部工程交给他人完成的
   C. 专业作业承包人除计取劳务作业费用外，还计取主要材料款和大中型施工机械设备、主要周转材料费用
   D. 分包单位将承包的工程再分包的

【答案】B

35. 某建设工程项目公开招标，甲公司借用乙公司资质证书承揽工程，获得中标，但甲承揽工程不符合质量标准给建设单位造成了损失。关于该合同关系的说法，正确的是（   ）。

   A. 甲、乙应承担连带赔偿责任
   B. 甲与乙属于联合体投标
   C. 实际施工并造成损失的是甲，与乙无关
   D. 投标人是乙，只能由乙承担赔偿责任

【答案】A

36. 根据《全国建筑市场各主体不良行为记录认定标准》，属于工程承揽不良行为的是（   ）。

   A. 允许其他单位或个人以本单位名义承揽工程
   B. 将承揽的工程转包或违法分包
   C. 施工前未对有关安全施工的技术要求作出详细说明的
   D. 未按照节能设计进行施工

【答案】B

37. 关于建筑市场诚信行为公布的说法，正确的是（   ）。

   A. 不良行为记录的公布期限为6个月，并且不得低于行政处罚期限
   B. 行政复议或行政诉讼期间不停止公告行为
   C. 国务院建设行政主管部门负责审查整改结果，对整改确有实效的，可撤销公告
   D. 不良行为记录在地方的公布期限应当长于在全国公布的期限

【答案】B

2Z204000　建设工程合同和劳动合同法律制度

近三年真题考点分值表

章节		2021年（分）	2020年（分）	2019年（分）
2Z204010	建设工程合同制度	9	12	10
2Z204020	劳动合同及劳动者权益保护制度	10	10	10
2Z204030	相关合同制度	5	5	5

2Z204010　建设工程合同制度

核心考点提纲

1	2Z204011	建设工程施工合同的法定形式和内容
2	2Z204012	建设工程工期和价款的规定
3	2Z204013	建设工程赔偿损失的规定
4	2Z204014	无效合同和效力待定合同的规定
5	2Z204015	合同的履行、变更、转让、撤销和终止
6	2Z204016	违约责任及违约责任的免除
7	2Z204017	建设工程合同示范文本的性质与作用

2Z204011　建设工程施工合同的法定形式和内容

核心考点及重点提示

	考点	重点提示
1	合同的法定形式	★★★

★不大；★★一般；★★★重要

核心考点及考法

合同的法定形式

1. 合同形式：可以采用书面形式、口头形式或者其他形式。
2. 书面形式：包括合同书、信件、电报、电传、传真、数据电文。

3. 其他形式：根据当事人的行为或者特定情形推定合同的成立，也叫默示合同。
4. 建设工程合同——应当采用书面形式。

◆考法：合同订立形式的理解

【例题】（2021年真题）关于合同形式的说法，正确的是（   ）。
A. 合同可以采用书面形式、口头形式或者其他形式
B. 电子邮件不能视为书面形式
C. 书面形式仅指合同书形式
D. 默示合同是指当事人默认的合同
【答案】A

2Z204012 建设工程工期和价款的规定

核心考点及重点提示

	考点	重点提示
1	开工日	★★
2	竣工日	★★
3	合同未约定或约定不明的履行规则	★
4	黑白合同——2个合同不一致的处理	★★
5	中小企业工程价款支付	★
6	合同价款的调整	★
7	竣工结算文件	★
8	工程量、工程价款争议的认定	★★★
9	欠付工程款的利息	★★★
10	工程垫资的处理	★★★
11	工程款优先权	★★★

★不大；★★一般；★★★重要

核心考点及考法

一、开工日

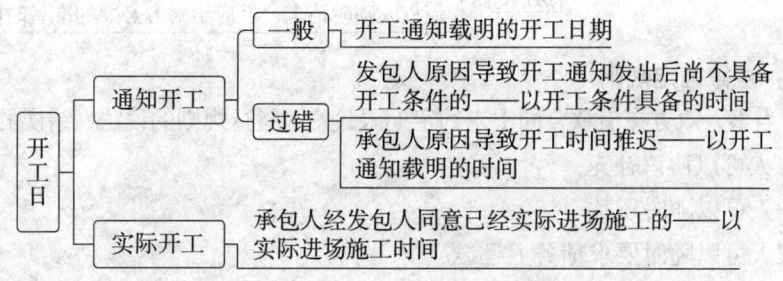

◆ **考法：开工日的认定**

【例题】（2020年真题）某建设工程施工合同约定的开工日期为3月1日，发包人于3月10日向承包人发出开工通知，开工通知载明的开工日期为3月20日接到开工通知后，承包人由于人员、设备未能及时到位，3月3日才正式进场施工。根据《最高人民法院关于审理建设工程施工合同纠纷案件适用法律问题的解释》，该项目开工日期应当为（　　）。

A. 3月1日　　　　　　　　　　B. 3月3日
C. 3月10日　　　　　　　　　 D. 3月20日

【答案】D

二、竣工日

有争议情况下的竣工日认定：

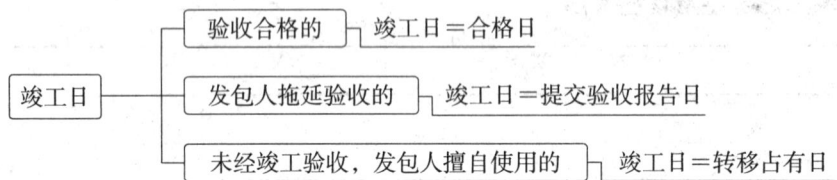

◆ **考法：竣工日的认定**

【例题】项目建设完工后，施工企业已提交竣工验收报告，但建设单位未按期组织竣工验收，当事人对实际竣工日期存在争议的，该项目的竣工日期（　　）。

A. 相应顺延
B. 以施工企业提交竣工验收报告之日为准
C. 以合同约定的计划竣工日期为准
D. 以实际通过竣工验收之日为准

【答案】B

三、合同条款未约定或约定不明的履行规则

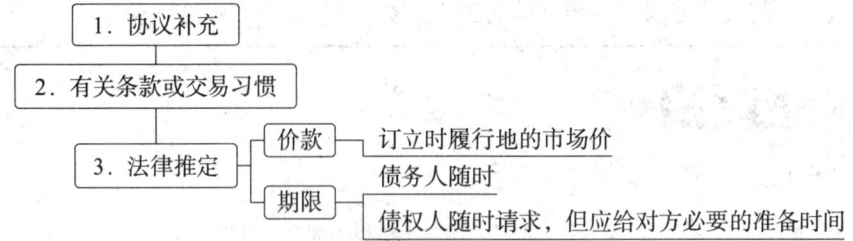

◆ **考法：法律推定规则**

【例题】当事人双方在借款合同中未约定期限，关于履行规则的说法，错误的是（　　）。

A. 当事人可以协议补充
B. 债务人可以随时还款
C. 债权人可以随时要求债务人还款

D. 不能协议补充时，按照合同有关条款或交易习惯履行

【答案】C

四、黑白合同——2个合同不一致的处理

实质条款不一致	变相降价
施工合同与招标投标文件、中标通知书就工程范围、工期、质量、价款不一致——一方当事人请求按中标合同确定权利义务的，法院支持	在中标合同之外另行签订合同（就明显高于市场价格购买承建房产、无偿建设住房配套设施、让利、向建设单位捐赠财物等），变相降低工程价款，一方当事人以该合同背离中标合同实质内容为由请求确认无效的，法院支持

◆考法：合同不一致的处理

【例题】下列关于合同价款争议，法院应予支持的是（　　）。

A. 施工合同与中标合同不一致的，一方当事人请求按照中标合同确定合同权利义务关系
B. 施工合同与中标合同不一致的，一方当事人请求按照施工合同确定合同权利义务关系
C. 当事人在中标合同外另行订立了一份高价承建该工程的合同，一方当事人请求确认中标合同无效
D. 当事人在中标合同外另行订立的合同变相降低工程价款的，一方当事人以该合同背离中标合同实质内容为由请求确认无效

【答案】D

五、中小企业工程价款支付

机关、事业单位从中小企业采购货物、工程、服务——有约按约，无约30日。

应当自货物、工程、服务交付之日起30日内支付款项；合同另有约定的，付款期限最长不得超过60日。

◆考法：中小企业工程款支付时间

【例题】机关、事业单位与中小企业订立施工合同，合同中未约定付款期限的，则机关、事业单位应当自货物、工程、服务交付之日起（　　）内向中小企业支付款项。

A. 30日　　　　　　　　　　B. 60日
C. 90日　　　　　　　　　　D. 1年

【答案】A

六、合同价款的调整

发承包双方应当在合同中约定，发生下列情形时合同价款的调整方法：
（1）法律、法规、规章或者国家有关政策变化影响合同价款的；
（2）工程造价管理机构发布价格调整信息的；
（3）经批准变更设计的；
（4）发包方更改经审定批准的施工组织设计造成费用增加的。

记忆思路：以上情形均是：非双方过错，属合理调整

◆ **考法：合同价款调整的约定情形**

【例题】（2021年真题）根据《建筑工程施工发包与承包计价管理办法》，下列情形中，属于发承包双方应当在合同中约定合同价款调整方法的有（　　）。

A. 施工企业根据施工现场实际情况更改施工组织设计造成费用增加的
B. 工程造价管理机构发布价格调整信息的
C. 国家有关政策变化影响合同价款的
D. 经批准变更设计的
E. 市场价格发生变化的

【答案】B、C、D

七、竣工结算文件

双方签字	有约按约
竣工结算文件经发承包双方签字确认的，应当作为工程决算的依据。 未经对方同意，另一方不得就已生效的竣工结算文件委托工程造价咨询企业重复审核	当事人约定，发包人收到竣工结算文件后，在约定期限内不予答复，视为认可竣工结算文件的

◆ **考法：竣工结算文件相关问题**

【例题】下列关于工程竣工结算文件的说法，正确的是（　　）。

A. 竣工结算文件经发承包双方签字确认后，应当作为工程决算的依据
B. 一方当事人对经发承包双方签字确认竣工结算文件有异议的，应当重新审核
C. 发包人收到竣工结算文件后，一直未予答复的，视为认可竣工结算文件
D. 当事人在合同中约定，发包人在竣工结算答复期限内不予答复的视为认可竣工结算文件的，该约定无效

【答案】A

八、工程量、工程价款争议的认定

1. 工程量争议认定——按签证文件——无则，据实认定：

对工程量有争议的，按施工过程中形成的签证等书面文件确认。承包人能够证明发包人同意其施工，但没有签证文件的，可按其他证据确认实际发生的工程量。

2. 无效合同的工程价款认定——参照实际合同——无则，参照最后合同折价补偿：

当事人就同一建设工程订立的数份工程施工合同均无效，但工程质量合格，一方请求参照实际履行的合同关于工程价款的约定折价补偿承包人的，法院应支持。实际履行的合同难以确定，请求参照最后签订的合同关于工程价款的约定折价补偿承包人的，法院应予支持。

◆ **考法1：无效合同的工程价款的认定**

【例题】（2020年真题）根据《最高人民法院关于审理建设工程施工合同纠纷案件适用法律问题的解释（二）》，关于工程价款结算的说法，正确的是（　　）。

A. 当事人就同一建设工程订立的数份建设工程施工合同均无效，建设工程质量合格，可以直接参照最后订立的合同结算建设工程价款

B. 当事人就同一建设工程订立的数份建设工程施工合同均无效，建设工程质量不合格，可以参照实际履行的合同结算建设工程价款

C. 当事人就同一建设工程订立的数份建设工程施工合同均无效，建设工程质量合格，可以请求参照实际履行的合同结算建设工程价款

D. 当事人签订的建设工程施工合同与招标文件、投标文件、中标通知书载明的工程范围、建设工期、工程质量、工程价款不一致的，应当将建设工程施工合同作为结算建设工程价款的依据

【答案】C

◆考法2：工程量、工程价款认定的综合理解运用

【例题】（2021年真题）关于建设工程款结算的说法，正确的是（　　）。

A. 对争议的工程量，承包人能够证明发包人同意其施工，但未能提供签证文件证明工程量发生的，不得按照当事人提供的其他证据确认实际发生的工程量结算工程款

B. 当事人就同一建设工程订立的数份施工合同均无效，但建设工程质量合格的，当事人可以请求参照最后订立的合同约定折价补偿承包人

C. 当事人在诉讼前已经对建设工程价款结算达成协议，诉讼中一方当事人申请对工程造价进行鉴定的，人民法院不予准许

D. 当事人就同一建设工程订立的数份施工合同均无效，建设工程质量不合格的，当事人可以请求参照实际履行的合同约定折价补偿承包人

【答案】C

九、欠付工程款的利息

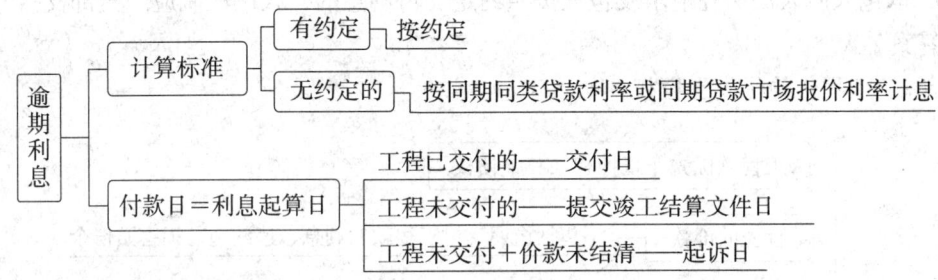

注意：这里的"利息"并非本金产生的利息，而是指建设单位未支付工程款应承担的违约责任，即应赔偿相对方资金占用利息损失，即违约罚息。

◆考法：欠款利息的计算

【例题】（2019年真题）某建设工程承包人在工程完工后于2月1日提交了竣工验收报告，发包人未组织验收，3月1日工程由发包人接收；4月1日承包人提交了结算文件，发包人迟迟未予结算；6月1日，承包人起诉至人民法院，该工程应付款时间为（　　）。

A. 2月1日　　　　　　　　B. 4月1日
C. 3月1日　　　　　　　　D. 6月1日

【答案】C

【例题】（2018年真题）施工合同中对应付款时间约定不明时，关于付款起算时间的

说法，正确的有（   ）。

A. 工程已实际交付的，为交付之日

B. 工程未交付的，为提交竣工结算文件之日

C. 工程已交付，施工企业主张工程款的，为提出主张之日

D. 工程未交付的，为提交竣工验收报告之日

E. 工程未交付，工程价款也未结算的，为当事人起诉之日

【答案】A、B、E

十、垫资的处理

1. 垫资本金——有约依约，无约按工程欠款处理。

垫资利息——有约依约，无约按无息处理。但，约定利息不得高于贷款利率

（即：垫资时的同类贷款利率或者同期贷款市场报价利率）

2. 政府投资项目——应当按照国家有关规定确保落实到位，不得由施工单位垫资建设

◆考法：垫资本金、利息的认定

【例题】（2020年真题）建设工程施工合同约定承包人垫资至基础工程完工，约定垫资利率为全国银行间同业拆借中心公布的贷款市场报价利率的2倍，基础工程完工后，发包人未能按约定支付垫资款项及其利息，双方发生争议。关于该项目垫资及其利息的说法，正确的是（   ）。

A. 承包人主张该项目垫资应当按照工程欠款进行处理的，人民法院不支持

B. 关于垫资的约定无效

C. 约定的资金额过高，导致建设工程施工合同无效

D. 承包人向人民法院请求发包人按照约定支付利息的，人民法院应当全部支持

【答案】A

十一、工程价款优先受偿权

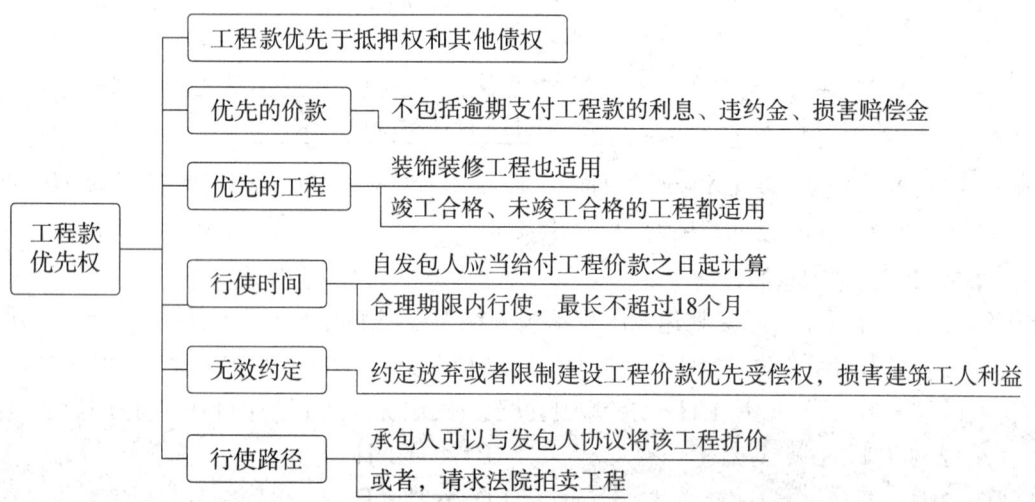

◆考法：工程价款优先受偿权的综合理解运用

【例题】（2021年真题）关于建设工程价款优先受偿权的说法，正确的是（   ）。

A. 建设工程价款优先受偿权与抵押权效力相当，优于其他债权
B. 装饰装修工程的承包人，无权主张建设工程价款优先受偿权
C. 承包人就逾期支付建设工程价款的利息、违约金、损害赔偿金等主张优先受偿的，人民法院不予支持
D. 建设工程价款优先受偿权的起算日为建设工程竣工验收之日

【答案】C

【例题】关于建设工程合同承包人工程价款优先受偿权的说法，正确的是（　　）。
A. 未竣工的建设工程质量合格，承包人请求其承建工程的价款就其承建工程部分折价或者拍卖的价款优先受偿的，人民法院不予支持
B. 装饰装修工程的承包人就该装饰装修工程折价或者拍卖的价款享有优先受偿权
C. 承包人行使建设工程价款优先受偿权的期限最长为6个月
D. 承包人工程价款优先受偿权不得放弃

【答案】B

【例题】某商品房开发工程因故停建，承包人及时起诉要求结算工程款并胜诉。法院在对该项目进行拍卖执行中，有许多债权人主张权利。各债权人的清偿顺序依法应为（　　）。
A. 承包人的工程款、抵押权、普通债权
B. 承包人的损失、抵押权、普通债权
C. 抵押权、承包人的工程款、普通债权
D. 抵押权、承包人的工程款与普通债权同一顺位

【答案】A

2Z204013　建设工程赔偿损失的规定

核心考点及重点提示

	考点	重点提示
1	赔偿损失的4个构成要件	★
2	赔偿损失的范围和限制	★

★不大；★★一般；★★★重要

核心考点及考法

一、赔偿损失的4个构成要件

违法行为、损害结果、主观过错（或虽无过错，但法律规定应当赔偿）、行为与结果有因果关系

◆ 考法：赔偿损失的4个构成要件

【例题】（2015年真题）根据《合同法》，违约方承担赔偿损失的构成要件包括（　　）。

A. 具有违约行为

B. 具有惩罚目的

C. 造成损失后果

D. 违约方有过错，或虽无过错，但法律规定应当赔偿

E. 违约行为与损失后果之间具有因果关系

【答案】A、C、D、E

二、赔偿损失的范围和限制

1. 全赔原则：赔偿损失具有补偿性，以赔偿对方的全部实际损失为原则。

2. 赔偿损失的范围：包括直接损失和间接损失。

直接损失是指财产上的直接减少。间接损失是指失去的可以预期取得的利益，指利润而不是营业额。

比如：甲将设备租赁给乙，租期内乙将设备损坏，则该设备的损失属于直接损失；

甲将设备卖与乙，乙准备将该设备再卖与丙，若甲不能按约交付设备，导致乙不能从丙处获得的利润，则该利润为间接损失，但该损失的赔偿应当以甲在缔约时能够预见到的损失为限。

3. 赔偿损失限制：

（1）预见损失：赔偿不得超过违约方订立合同时预见到或者应当预见到的因违约可能造成的损失。

（2）减损规则：一方违约后，对方应当采取适当措施防止损失扩大；没有采取适当措施致使损失扩大的，不得就扩大的损失请求赔偿。当事人因防止损失扩大而支出的合理费用，由违约方承担。

◆ 考法1：减损规则的理解

【例题】（2017年真题）关于建设工程合同一方违约后，另一方采取措施防止损失扩大的说法，正确的是（　　）。

A. 接到违约方的通知后，守约方应当及时采取措施防止损失扩大

B. 守约方没有采取适当措施致使损失扩大的，可以就扩大的损失要求赔偿

C. 当事人因防止损失扩大而支出的合理费用，由自己承担

D. 未接到违约方的通知，守约方无需采取措施防止损失扩大

【答案】A

◆ 考法2：赔偿损失的范围和限制的理解

【例题】关于施工合同违约赔偿损失范围的说法，正确的是（　　）。

A. 损失赔偿额可以明显高于违约所造成的损失

B. 订立合同时对因违约造成的损害不可预见，违约方也应承担赔偿责任

C. 守约方采取的措施不适当致使损失扩大的，仍可以就扩大的损失部分请求赔偿

D. 当事人在订立合同时预见到的可获得利益应当在损失赔偿范围之内

【答案】D

2Z204014 无效合同和效力待定合同的规定

核心考点及重点提示

	考点	重点提示
1	有效合同（民事法律行为）	★
2	无效合同	★★★
3	效力待定合同	★★★
4	可撤销合同	★★★

★不大；★★一般；★★★重要

核心考点及考法

一、有效法律行为构成3要件

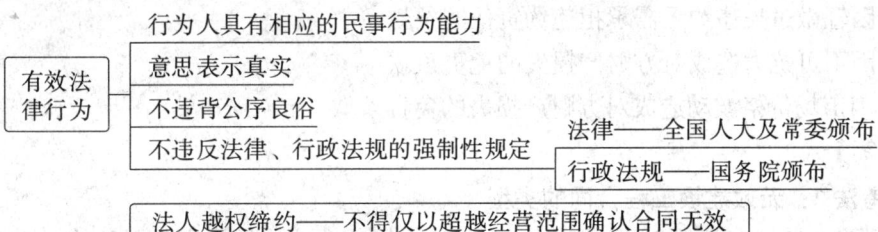

◆考法：法的形式的含义

【例题】有效的民事法律行为具备的条件有（　　）。

A. 行为人具有相应的民事行为能力　　B. 行为人意思表示真实

C. 不违反法律、法规的强制性规定　　D. 行为人获得行政许可

E. 不违背公序良俗

【答案】A、B、E

二、无效合同

（一）无效合同种类

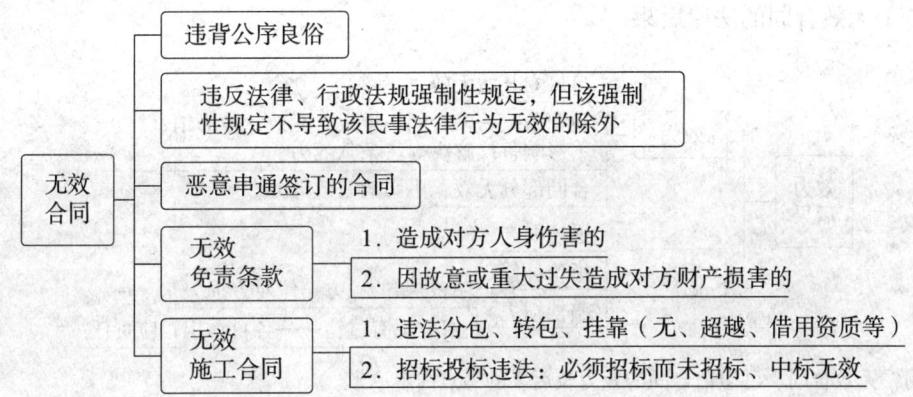

◆考法1：无效合同、可撤销合同、效力待定合同的种类区分

【例题】下列情形中，导致建设工程施工合同无效的是（　　）。

A. 代理人超越代理权限，与第三人签订的合同

B. 发包人对投标文件有重大误解订立的

C. 承包人之间恶意串通以损害发包人利益而签订的合同

D. 违反法律、行政法规签订的合同

【答案】C

【例题】承包人将建设工程主体结构的施工分包，分包合同（　　）。

A. 效力待定　　　　　　　　　B. 经发包人确认有效

C. 无效　　　　　　　　　　　D. 可撤销

【答案】C

◆考法2：免责条款

【例题】（2021年真题）根据《民法典》，下列合同的免责条款中，无效的是（　　）。

A. 因重大过失造成对方财产损失的免责条款

B. 因轻微过失违约无需承担违约责任的条款

C. 因不可抗力造成对方财产损失的免责条款

D. 因市场价格波动造成对方财产损失的免责条款

【答案】A

◆考法3：无效建设工程合同的类型

【例题】（2020年真题）下列建设工程施工合同中，应当被认定为无效的有（　　）。

A. 某劳务分包企业借用某建筑施工企业的施工总承包一级资质承揽工程订立的合同

B. 某使用世界银行援助资金的项目，发包人未经招标与承包人订立的合同

C. 某建筑施工企业，未取得施工总承包资质证书，承揽施工总承包工程订立的合同

D. 某建设工程项目，发包人未取得建设工程规划许可证与承包人订立的合同但发包人在一院辩论终结前取得了建设工程规划许可证

E. 某建设工程项目，施工总承包单位将主体结构的劳务分包给具有劳务资质的企业订立的合同

【答案】A、C

（二）无效合同的法律后果

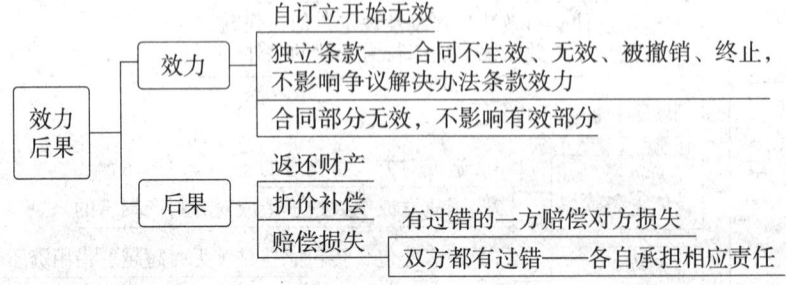

说明：无效合同、可撤销合同的效力及后果的考点内容一致。

◆ **考法：无效合同效力和法律后果中综合理解**

【例题】(2021年真题)关于无效合同法律后果的说法，正确的是（　　）。

A. 无效合同自被确认为无效时起没有法律约束力
B. 无效合同的当事人因该合同取得的财产、应当折价补偿
C. 无效合同中双方都有过错的，仅需承担各自的损失
D. 合同无效的，不影响合同中有关解决争议方法的条款的效力

【答案】D

【例题】建设工程施工合同无效，将会产生的法律后果有（　　）。

A. 折价补偿　　　　　　　　B. 赔偿损失
C. 合同解除　　　　　　　　D. 继续履行
E. 支付违约金

【答案】A、B

（三）无效合同的工程结算

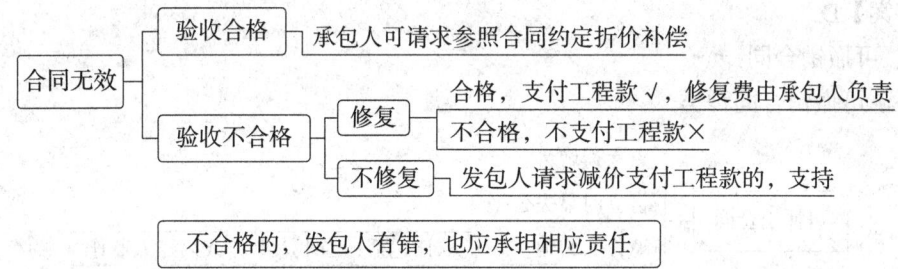

◆ **考法：无效合同下的工程款结算**

【例题】关于无效施工合同工程款结算的说法，正确的是（　　）。

A. 建设工程经竣工验收不合格的，修复后的建设工程经验收合格，发包人不得请求承包人承担修复费用的
B. 建设工程经竣工验收合格的，承包人不得请求参照合同约定支付工价款的
C. 建设工程经验收合格的，发包人可以参照合同关于工程价款的约定折价补偿承包人
D. 建设工程经验收合格的，发包人应当按照合同约定进行工程款结算

【答案】C

三、效力待定合同

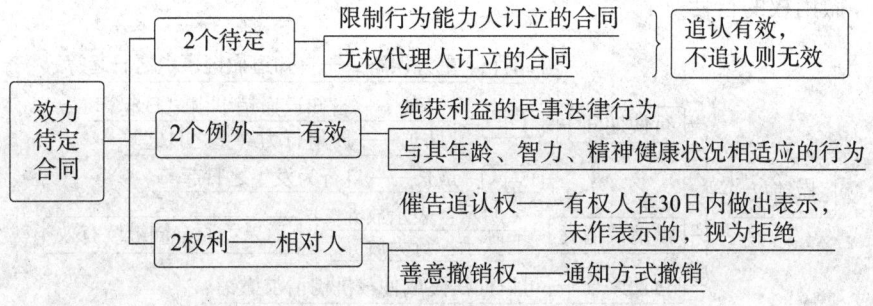

上表中的有权人指：法定代理人、被代理人；相对人指：第三人。

◆ **考法 1：效力待定合同的种类**

【例题】甲公司将施工设备租赁给乙公司使用，乙公司在甲公司不知情的情况下将该施工机械卖给知悉上述情况的丙公司，关于乙、丙公司之间施工机械买卖合同效力的说法，正确的是（   ）。

A. 有效
B. 可变更或撤销
C. 无效
D. 效力待定

【答案】D

◆ **考法 2：相对人的 2 个权利**

【例题】(2019 年真题) 关于效力待定合同的说法，正确的是（   ）。

A. 善意相对人对合同有追认权
B. 权利人有撤销的权利
C. 撤销应当向人民法院或仲裁机构申请
D. 限制民事行为能力人签订的纯获利益的合同，无需追认

【答案】D

四、可撤销合同

（一）可撤销合同种类

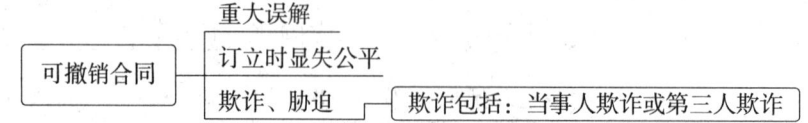

说明：本考点详见 2Z204015 中的内容

◆ **考法：可撤销合同种类**

【例题】下列合同中，属于可撤销合同的有（   ）。

A. 重大误解签订的合同
B. 施工企业中未获得相应授权的人员订立的合同
C. 一采取欺诈手段与他人订立的合同
D. 订立时显失公平的合同
E. 违反公序良俗签订的合同

【答案】A、C、D

（二）撤销权的行使

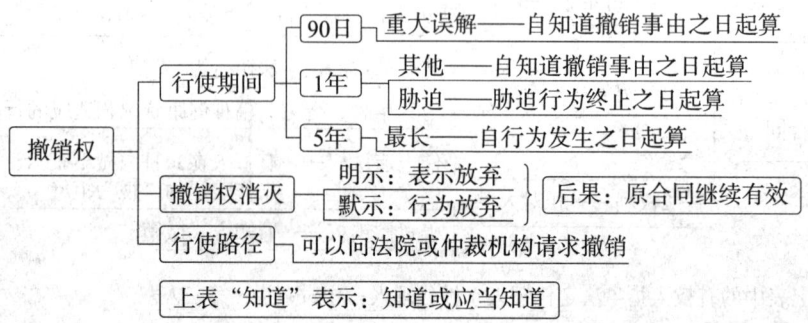

◆ 考法：撤销权行使

【例题】（2021年真题）关于可撤销合同的说法，正确的是（　　）。

A. 代理权终止后代理人以被代理人的名义订立的合同，可以撤销

B. 当事人可以放弃撤销权

C. 当事人只能以提起诉讼的方式行使撤销权

D. 被撤销的合同自法院判决生效之日起失去法律约束力

【答案】B

【例题】某施工合同因承包人重大误解而属于可撤销合同时，则下列表述正确的有（　　）。

A. 撤销权的行使应当以通知的方式作出

B. 承包人可放弃撤销权继续认可该合同

C. 承包人放弃撤销权后发包人享有该权利

D. 承包人自知道重大误解事由之日起 90 日内不主张撤销权，则撤销权归为无效

E. 承包人自知道重大误解事由之日起 5 年内不主张撤销权，则撤销权归为无效

【答案】B、D

2Z204015　合同的履行、变更、转让、撤销和终止

核心考点及重点提示

	考点	重点提示
1	合同变更、转让	★★★
2	合同终止	★
3	合同解除	★★★

★不大；★★一般；★★★重要

核心考点及考法

一、合同变更、转让

总结	债权转让——需通知对方； 其他任何变动——需经得对方同意
合同变更	① 合同变更——需对方同意； ② 当事人对变更内容约定不明的＝推定为未变更
债权转让	① 债权转让——通知。 ② 未通知的后果：未通知的，该转让对债务人不发生效力，但债权转让无需征得债务人同意。 ③ 转让的后果：债权转让后，抗辩权、从权利一并转让。 ④ 不得转让的情形： 法律规定（如：最高额抵押）、约定、根据债权性质不得转让的

续表

债务转让	① 债务转让——同意； ② 债务人或第三人可以催告债权人在合理期限内予以同意，债权人未作表示的，视为不同意； ③ 分类：全部转——新债人取代旧债务人； 　　　　部分转——债务加入，新旧债务人一起履行义务（债权内容相同）
权利义务一并转让	① 合同权利义务的一并转让——同意； ② 转让后果：原合同关系消灭，第三人取代转让方地位产生新合同关系
当事人不得因名称、法人代表等改变而不履行合同	

◆ **考法 1：合同变更**

【例题】（2016 年真题）关于建设工程施工合同变更的说法，正确的是（　　）。

A. 发包人可依据其单方意思变更合同

B. 合同变更内容约定不明确，推定为未变更

C. 合同变更与工程变更范围一致

D. 合同变更协议自签字之日起生效

【答案】B

【例题】关于建设工程合同变更，说法错误的是（　　）。

A. 一方当事人可以根据约定变更合同内容

B. 双方当事人协商变更合同，变更后的内容取代原合同的内容

C. 一方当事人未经对方同意而改变合同内容的，其行为构成违约

D. 合同订立时的市场环境发生变化后，一方当事人可以直接变更原合同约定

【答案】D

考法 2：合同转让的综合理解

【例题】（2018 年真题）根据《合同法》，下列合同转让产生法律效力的是（　　）。

A. 施工企业将施工合同中主体结构的施工转让给第三人

B. 施工企业将其对建设单位的债权转让给了水泥厂，并通知了建设单位

C. 建设单位到期不能支付工程款，书面通知施工企业将债务转让给第三人

D. 监理单位将监理合同一并转让给其他具有相应监理资质的监理单位

【答案】B

【例题】根据《民法典》，下列关于合同转让的说法，正确的是（　　）。

A. 合同权利义务一并转移后，原合同关系并不消灭

B. 债务人转让到期债务的，可以催告债权人在合理期限内予以同意，债权人未作表示的，视为同意

C. 债务转让后，债务人主体资格随之转移

D. 第三人加入债务的，债权人可要求债务人和第三人一起承担连带清偿责任

【答案】D

【例题】（2019 年真题）合同权利转让未通知债务人，则（　　）。

A. 对债务人不发生效力　　　　　B. 转让合同无效
C. 推定为未转让　　　　　　　　D. 抗辩权发生转移

【答案】A

◆考法3：不得转让债权的情形

【例题】（2019年真题）最高额抵押的主合同债权不得转让，这属于（　　）。
A. 法规规定不得转让　　　　　　B. 因未办理相应手续而不发生法律效力
C. 从权利随同主权利转让　　　　D. 抗辩权的行使

【答案】A

◆考法4：债权债务转让后，抗辩权、从权利一并转让

【例题】乙施工企业向甲建设单位主张支付工程款，甲以工程质量不合格为由拒绝支付，乙将其工程款的债权转让给丙并通知了甲。丙向甲主张该债权时，甲仍以质量原因拒绝支付。关于该案中债权转让的说法，正确的是（　　）。
A. 乙的债权属于法定不得转让的债权
B. 甲可以向丙行使因质量原因拒绝支付的抗辩
C. 乙转让债权应当经过甲同意
D. 乙转让债权的通知可以不用通知甲

【答案】B

二、合同终止

1. 债权债务终止的情形——履行、抵消、提存、免除、混同、解除：
（1）债务已经履行；（2）债务相互抵销；（3）债务人依法将标的物提存；（4）债权人免除债务；（5）债权债务同归于一人。

2. 合同解除的，该合同的权利义务关系终止

◆考法：合同终止的情形

【例题】（2019年真题）合同债权人免除对方的债务，可以导致合同（　　）。
A. 权利义务终止　　　　　　　　B. 解除
C. 被追认　　　　　　　　　　　D. 未成立

【答案】A

【例题】（2015年真题）根据《合同法》，合同权利义务终止的情形有（　　）。
A. 债务人依法将标的物抵押　　　B. 合同解除
C. 债务相互抵消　　　　　　　　D. 债权人依法将标的物提存
E. 债权人免除债务

【答案】B、C、D、E

三、合同解除

（一）解除特征、程序

| 特征 | （1）适用于有效合同：无效、可撤销等合同不适用；
（2）有解除行为；
（3）具备法定条件：非依法律规定，当事人不得任意解除合同； |

续表

特征		（4）解除使合同关系自始消灭或向将来消灭，可视为当事人之间未发生合同关系或合同尚存的权利义务不再履行
程序	解除方式	① 通知解除：解除应通知对方——合同自通知到达时解除； ② 司法解除：未通知而直接起诉或仲裁——合同自起诉状副本或仲裁申请书副本送达对方时解除
	解除异议	任何一方均可请求法院或仲裁委确认解除合同的效力； 异议期——有约按约，无约最长 3 个月

◆考法：解除的特征、程序的运用

【例题】（2019 年真题）关于合同解除的说法，正确的有（   ）。

A. 合同解除适用于可撤销合同

B. 当事人对合同解除的异议期限有约定的依照约定，没有约定的，最长期 3 个月

C. 对解除有异议的，可以申请人民法院确认解除的效力

D. 合同解除须有解除的行为

E. 合同解除仅使合同关系自始消灭

【答案】B、C、D

【例题】（2020 年真题）关于合同解除的说法，正确的是（   ）。

A. 无效合同、可撤销合同可以导致合同解除

B. 合同当事人不得根据自己的意愿解除合同

C. 合同解除可以视为当事人之间未发生合同关系或者合同尚存的权利义务不再履行

D. 享有合同解除权的一方无需向对方提出解除合同的意思表示，合同可以自动解除

【答案】C

（二）解除分类

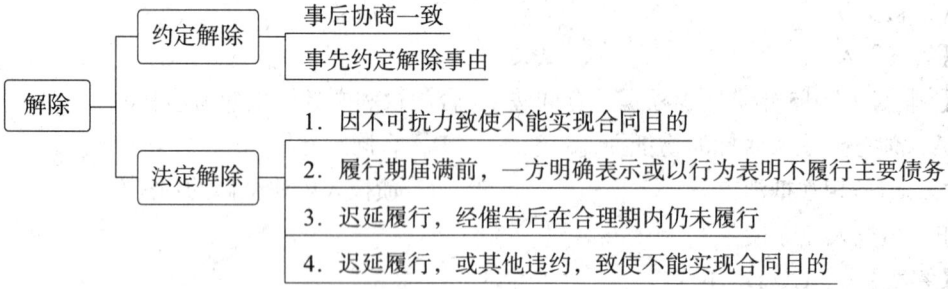

不定期合同——可随时解除，但应在合理期限前通知对方

◆考法：合同解除的情形

【例题】根据《民法典》，关于合同解除的说法，正确的是（   ）。

A. 当合同约定的解除事由出现时，解除权人有权解除合同

B. 发生不可抗力时，合同自动解除

C. 当事人一方延迟履行主要债务，另一方当事人即可解除合同

D. 以持续履行的债务为内容的不定期合同，当事人无权随时解除合同

【答案】A

四、发承包解除的情形

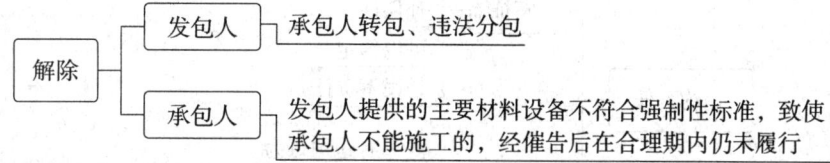

注意：本考点只是约定解除和法定解除的特殊情况，即：除上表所列情形外，满足约定解除和法定解除情形的，发承包人也可解除合同。

◆考法：发承包解除的情形

【例题】（2020年真题）发包人可以解除建设工程施工合同的情形是（　　）。

A. 承包人将承包的工程分包给不具备相应资质的单位的

B. 发包人未按约定支付工程价款，承包人停工的

C. 已经完成的建设工程质量不合格的

D. 承包人未按合同约定的期限完工的

【答案】A

【例题】下列施工合同履行过程中发生的情形中，当事人不得解除合同的是（　　）。

A. 建设单位延期支付工程款，经催告后仍不履行的

B. 未经建设单位同意施工企业擅自更换了现场技术员的

C. 施工中发生地震，导致全部工程损坏且无法修复的

D. 施工企业施工组织不力，导致工期一再延误，使该工程项目已无投产价值的

【答案】B

2Z204016　违约责任及违约责任的免除

核心考点及重点提示

	考点	重点提示
1	违约责任的特征、构成要件	★
2	违约责任承担方式及适用	★★★
3	违约责任的免除	★★★

★不大；★★一般；★★★重要

核心考点及考法

一、违约责任的特征、构成要件

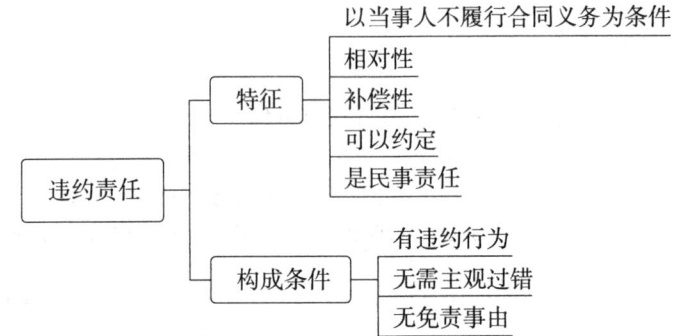

◆ **考法：违约责任特征**

【例题】（2020年真题）关于违约责任的说法，正确的是（   ）。

A. 违约责任主要具有惩罚性，旨在罚违约方的违约行为
B. 守约方发生的经济损失大于违约金的，守约方可以要求违约方按照实际损失予以赔偿
C. 守约方需证明违约方主观上存在违约的故意，方能要求违约方承担违约责任
D. 违约方违约后继续履行合同的，守约方不得再要求其支付违约金

【答案】B

二、违约责任承担6方式及适用

6方式	适用
1. 继续履行	继续履行——可与违约金、定金、赔偿损失——并用 继续履行与解除合同——不能并用
2. 采取补救措施	
3. 停止违约行为	
4. 赔偿损失	违约金或定金支付后，不足弥补损失的，还应弥补损失
5. 支付违约金	① 违约金低于实际损失——法院、仲裁院根据当事人申请增加违约金； 违约金过分高于实际损失——法院、仲裁院根据当事人申请降低 ② 当事人可约定违约金，也可约定损害赔偿的计算方法
6. 定金	约定定金和违约金——可择一适用

◆ **考法1：违约责任承担6方式**

【例题】（2017年真题）下列民事责任承担方式中，属于违约责任的有（   ）。

A. 继续履行　　　　　　　　　B. 赔礼道歉
C. 赔偿损失　　　　　　　　　D. 恢复原状
E. 支付违约金

【答案】A、C、E

◆ **考法 2：违约责任的适用**

【例题】（2019年真题）施工合同当事人向人民法院主张的诉讼请求中，可以得到支持的是（　）。

A. 解除合同并赔偿损失　　　　B. 继续履行并解除合同
C. 支付违约金和双倍返还定金　　D. 确认合同无效并支付违约金

【答案】A

【例题】（2018年真题）设备采购合同约定，任何一方不履行合同应当支付违约金5万元。采购人按照约定向供应商交付定金8万元。合同履行期限届满，供应商未能交付设备，则采购人能获得法院支持的最高请求额是（　）万元。

A. 16　　　　　　　　　　B. 5
C. 8　　　　　　　　　　 D. 13

【答案】A

【例题】（2017年真题）甲公司与乙公司订立了一份建材买卖合同，乙按约定向甲支付了定金4万元，合同约定如任何一方不履行合同应向对方支付违约金6万元。交货日期届满，甲无法交付该建材。乙诉至法院提出的如下诉讼请求中，既能最大限度保护自己的利益，又能获得支持的是（　）。

A. 请求甲双倍返还定金8万元
B. 请求甲支付违约金6万元，同时请求甲返还支付的定金4万元
C. 请求甲双倍返还定金8万元，同时请求甲支付违约金6万元
D. 请求甲支付违约金6万元

【答案】B

三、违约责任免除的原因

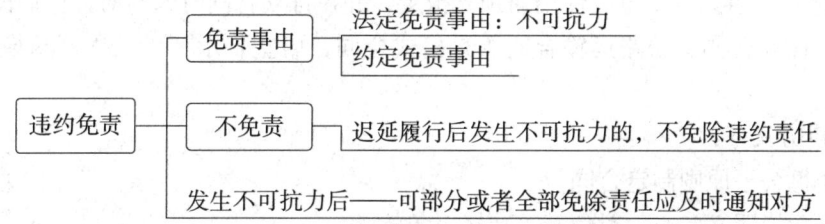

◆ **考法：违约责任免除**

【例题】（2018年真题）施工合同履行过程中出现以下情形，施工企业可以被免除违约责任的是（　）。

A. 施工过程中发生罕见洪灾，导致工期延误
B. 施工过程中遭遇梅雨季节，导致工期延误
C. 施工企业的设备损坏，导致工期延误
D. 施工企业迟延施工遭遇泥石流，导致工期延误

【答案】A

【例题】关于违约责任的免除，说法正确的是（　　）。
A. 合同中约定造成对方人身损害的免责条款有效
B. 发生不可抗力后，必然导致全部责任的免责
C. 迟延履行后发生不可抗力的，不免除责任
D. 因不可抗力不能履行合同，不用通知对方
【答案】C

2Z204017　建设工程合同示范文本的性质与作用

核心考点及重点提示

	考点	重点提示
1	建设工程合同示范文本的性质与作用	★
2	格式条款	★

★不大；★★一般；★★★重要

核心考点及考法

一、建设工程合同示范文本的性质与作用（以下简称《范本》）

1.《范本》3组成——合同协议书、通用合同条款和专用合同条款。

2.《范本》的作用——具有引导性、参考性，但无法律强制性，为非强制性使用文本。

二、格式条款

1. 概念：当事人为了重复使用而预先拟定，并在订立合同时未与对方协商的条款。

比如：保险合同、铁路运输合同等是格式合同；店堂告示"赠品概不退换"是格式条款。

2. 提供方义务：

（1）遵循公平原则制定合同。

（2）提示说明义务——对免责（减轻）条款：

a. 提示要求：采取合理的方式提示对方注意免除或者减轻其责任等与对方有重大利害关系的条款；

b. 违反提示义务的后果：该格式条款无效，对方可以主张该条款不成为合同的内容。

（3）说明义务——按照对方的要求，对该条款予以说明。

◆考法1：《范本》的性质和作用

【例题】（2020年真题）《建设工程施工合同（示范文本）》由（　　）三部分组成。

A. 合同总则、合同分则、合同附则
B. 合同总则、通用条件、专用条件

C. 合同协议书、合同条款、合同附件
D. 合同协议书、通用合同条款、专用合同条款

【答案】D

◆ 考法2：格式条款

【例题】下列关于格式条款的说法，错误的是（　　）。
A. 格式条款是经过双方协商一致的条款
B. 制定方应就合同中的免责条款没有尽到提示义务的，免责条款对当事人没有约束力
C. 制定方应当遵循公平原则确定当事人之间的权利和义务
D. 格式条款是为了重复使用而预先拟定，并在订立合同时未与对方协商的条款

【答案】A

2Z204020　劳动合同及劳动者权益保护制度

核心考点提纲

1	2Z204021	劳动合同订立的规定
2	2Z204022	劳动合同的履行、变更、解除和终止
3	2Z204023	合法用工方式与违法用工模式的规定
4	2Z204024	劳动保护的规定
5	2Z204025	劳动争议的解决

2Z204021　劳动合同订立的规定

核心考点及重点提示

	考点	重点提示
1	劳动合同种类及期限	★★
2	劳动合同条款	★
3	订立书面劳动合同及罚则	★★
4	试用期	★★★
5	劳动合同无效	★★★

★不大；★★一般；★★★重要

核心考点及考法

一、劳动合同的种类及期限

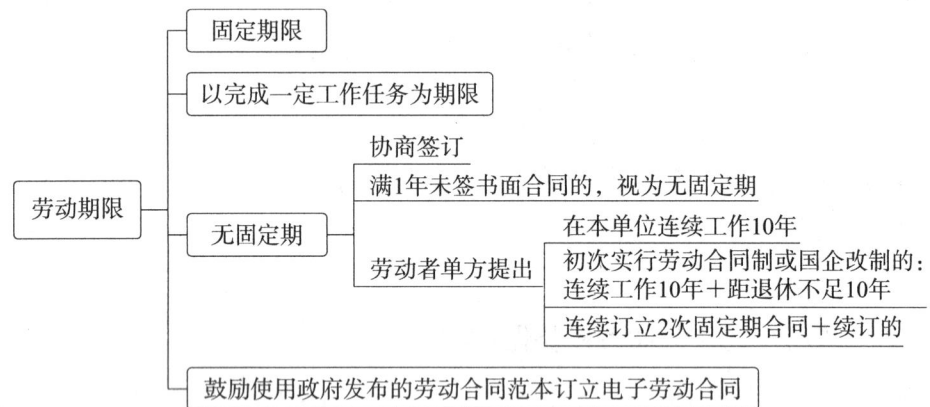

◆ **考法 1：无固定期合同签订的情形**

【例题】（2019 年真题）某施工企业的下列工作人员中，有权要求公司签订无固定期限合同的是（　　）。

A. 张某在该企业连续工作满 8 年

B. 李某与该企业已经连续订立 2 次固定期限劳动合同，但因工负伤不能从事原工作

C. 王某到该企业工作两年，并被董事会任命为总经理

D. 赵某在该企业累计工作了 12 年，但中间曾离开过企业

【答案】B

◆ **考法 2：合同各种期限的含义**

【例题】关于劳动合同订立期限的说法，正确的是（　　）。

A. 当事人不得解除无固定期劳动合同

B. 固定期限劳动合同不能超过 10 年

C. 以完成一定工作任务为期限的劳动合同，是指用人单位与劳动者约定以某项工作的完成为合同期限的劳动合同

D. 当事人必须使用电子劳动合同

【答案】C

二、劳动合同条款

基本条款	双方当事人、劳动期限、工作内容和地点、工作时间和休假、报酬、社会保险、劳动保护条件和职业危害防护	必备
其他条款	试用期、培训、商业秘密、福利、补充保险等	选择

◆ **考法 1：劳动合同必备条款**

【例题】（2021 年真题）下列条款中，劳动合同应当具备的条款有（　　）。

A. 试用期　　　　　　　　　　B. 社会保险

C. 工作方法与要求
D. 劳动合同期限
E. 工作内容和工作地点

【答案】B、D、E

◆ **考法2：劳动合同其他条款**

【例题】下列劳动合同条款中，属于选择条款的是（　　）。

A. 商业保险
B. 商业秘密保护
C. 劳动报酬
D. 劳动者的姓名、住址和身份证号码

【答案】A

三、订立书面劳动合同及罚则

全日制用工	签订书面合同——应当在用工之日起1个月内签 8小时/天，44小时/周以内
非全日制用工	4小时/天，24小时/周以内——可书面或口头

没签合同的时间	罚则
1月内	无
1月~1年	支付劳动者2倍工资
1年以上	视为无固定期合同
违法不签无固定期合同	2倍工资

注意：超过1年未与劳动者签订书面劳动合同的罚则：分段计算（即：1年内按照11个月支付双倍工资；1年后视为无固定期限劳动合同），也即：不签书面劳动合同的双倍工资最多支付11个月（见下列例题）。

◆ **考法：违法不签书面劳动合同的罚则**

【例题】（2015年真题）根据《劳动合同法》，用人单位违反相关规定不与劳动者订立无固定期限劳动合同的，自应当订立无固定期限劳动合同之日起劳动者按时支付（　　）的工资。

A. 4倍
B. 3倍
C. 2倍
D. 1倍

【答案】C

【例题】用人单位自劳动者用工之日起18个月都未与劳动者签订书面劳动合同，则劳动者的权利是（　　）。

A. 视为无固定期劳动合同，不得再要求双倍工资
B. 有权要求用人单位每月支付双倍工资，最多支付18个月
C. 有权要求用人单位每月支付双倍工资，最多支付12个月的双倍工资
D. 视为无固定期劳动合同，同时要求用人单位支付11个月的双倍工资

【答案】D

四、试用期

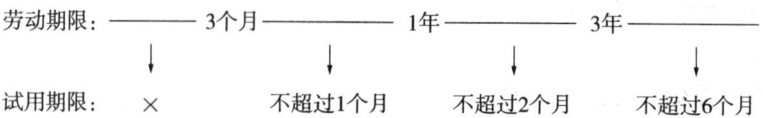

工资	工资不低于约定或同岗位最低工资的80%
其他	1人1次试用期；不得单独约定试用期；试用期属于劳动期限

◆**考法1：试用期期限**

【例题】（2016年真题）根据《劳动合同法》，劳动合同期限一年以上不满三年的，试用期不得超过（　　）。

A. 3个月　　　　　　　　　　B. 4个月
C. 2个月　　　　　　　　　　D. 1个月

【答案】C

◆**考法2：试用期的综合运用**

【例题】（2020年真题）关于劳动合同试用期的说法，正确的是（　　）。

A. 同一用人单位与同一劳动者只能约定1次试用期
B. 初次订立劳动合同的，可以仅约定试用期，而不约定劳动合同期限
C. 试用期不包含在劳动合同期限之内
D. 劳动合同期限不满1年的，不得约定试用期

【答案】A

◆**考法3：劳动合同订立的综合运用**

【例题】（2018年真题）关于劳动合同订立的说法，正确的有（　　）。

A. 试用期包含在劳动合同期限内
B. 固定期限劳动合同不能超过10年
C. 商业保险是劳动合同的必备条款
D. 劳动关系自劳动合同订立之日起建立
E. 建立全日制劳动关系，应当订立书面劳动合同

【答案】A、E

五、劳动合同无效

无效劳动合同	① 以欺诈、胁迫的手段或者乘人之危
	② 用人单位免除自己的法定责任、排除劳动者权利的
	③ 违反法律、行政法规强制性规定的

用人单位——不得扣劳动者证件（身份证和其他证件）、不得要求劳动者提供担保或者以其他名义向劳动者收取财物。

◆ **考法：劳动合同无效的情形**

【例题】（2018年真题）根据《劳动合同法》，劳动合同无效或部分无效的情形有（　　）。

A. 劳动者死亡，或者被人民法院宣告死亡或者失踪的

B. 用人单位被吊销营业执照、责令关闭、撤销的

C. 以欺诈、胁迫的手段，使对方在违背真实意思的情况下订立劳动合同的

D. 劳动者被依法追究刑事责任的

E. 用人单位免除自己的法定责任、排除劳动者权利的

【答案】C、E

2Z204022　劳动合同的履行、变更、解除和终止

核心考点及重点提示

	考点	重点提示
1	劳动合同的履行和变更	★
2	劳动合同解除的情形	★★★
3	劳动合同终止的情形	★
4	经济补偿金	★★★

★不大；★★一般；★★★重要

核心考点及考法

一、劳动合同的履行和变更

1. 用人单位名称、法定代表人、主要负责人或投资人等事项变化——不影响劳动合同的履行。

2. 用人单位合并、分立等——原劳动合同继续有效，劳动合同由承继其权利和义务的用人单位继续履行。

◆ **考法：劳动合同变更**

【例题】（2020年真题）关于劳动合同履行的说法，正确的是（　　）。

A. 用人单位变更名称，原劳动合同可终止

B. 用人单位变更投资人不影响劳动合同的履行

C. 用人单位发生合并或者分立，原劳动合同解除

D. 用人单位变更法定代表人，应当重新订立劳动合同

【答案】B

二、劳动合同解除的情形

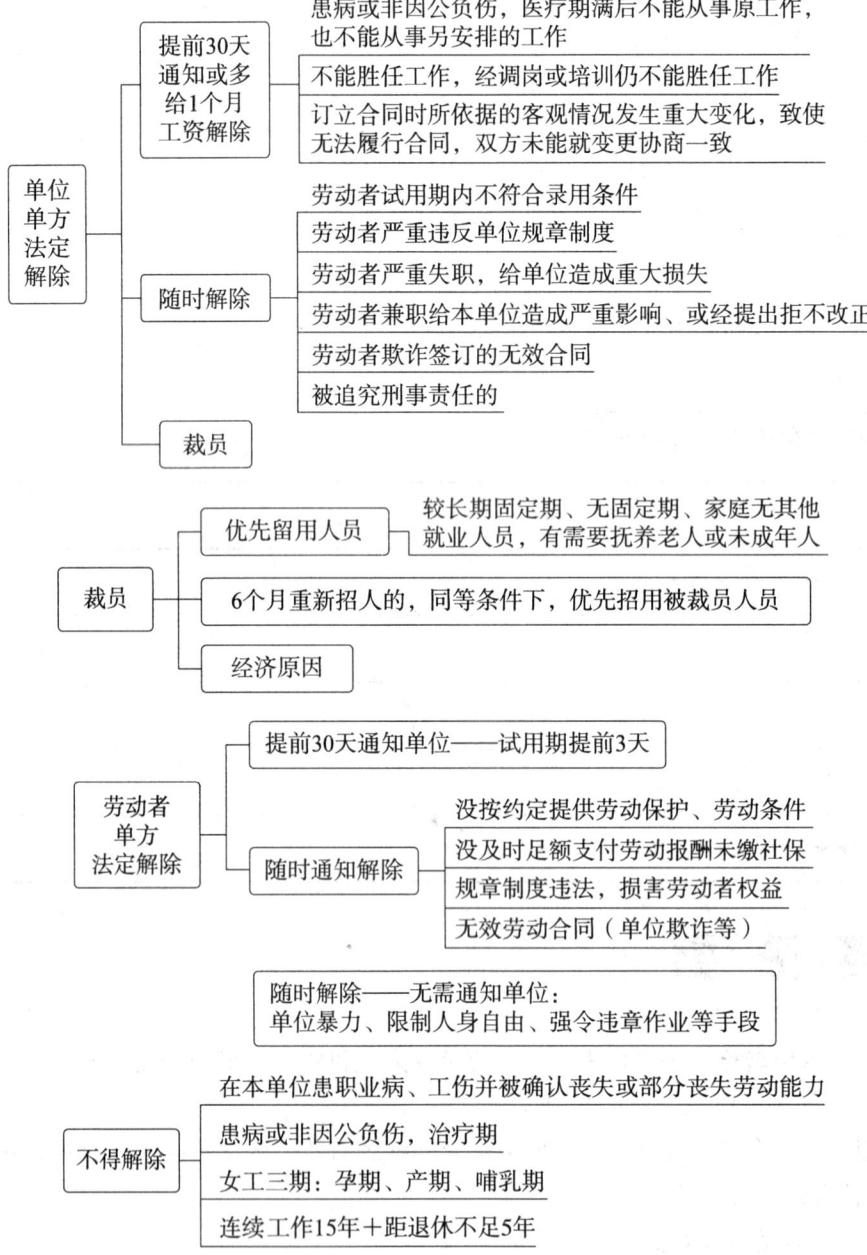

理解思路：劳动者有错，单位随时解除；反之亦然。

劳动者无错，单位预告解除（提前 30 日通知）；反之亦然。

注意：以上理解仅应试。

上图所列"随时解除"在教材中表达为"解除"，区别于上图和教材中所涉"提前 30 日通知解除"。上图使用"随时解除"，只是为了准确区分"提前 30 日通知解除"。

◆ 考法 1：不得解除劳动合同

【例题】（2019 年真题）下列情形中，用人单位不得解除劳动合同的有（   ）。

A. 在本单位患职业病或者因工负伤并被确认丧失或者部分丧失劳动能力的
B. 患病或者非因工负伤，在规定的医疗期内的
C. 劳动者被依法追究刑事责任的
D. 女职工在孕期、产期、哺乳期的
E. 劳动者不能胜任工作，经过培训，仍不能胜任工作的

【答案】A、B、D

◆考法2：单位随时解除（开除）

【例题】（2020年真题）用人单位可以直接解除劳动合同的情形有（　　）。
A. 劳动者患病，在规定的医疗期满后不能从事原工作，也不能从事由用人单位另行安排的工作的
B. 在试用期间被证明不符合录用条件的
C. 劳动者同时与其他用人单位建立劳动关系对完成本单位的工作任务造成严重影响的
D. 被依法追究刑事责任的
E. 劳动者不能胜任工作，经过培训或者调整工作岗位，仍不能胜任工作的

【答案】B、C、D

考法3：单位提前30天通知解除

【例题】（2014年真题）用人单位可以解除劳动合同，但是应当提前30天以书面形式通知劳动者本人或者额外支付劳动者一个月工资的有（　　）。
A. 劳动者患病或者非因工负伤，在规定的医疗期满后不能从事原工作，也不能从事由用人单位另行安排工作的
B. 劳动者不能胜任工作，经过培训或者调整工作岗位，仍不能胜任工作的
C. 严重违反用人单位规章制度的
D. 劳动合同订立时所依据的客观情况发生重大变化，致使劳动合同无法履行，经当事人协商不能就变更劳动合同内容达成协议的
E. 严重失职，营私舞弊，对用人单位造成重大损害的

【答案】A、B、D

◆考法4：劳动者提前30日通知解除——辞职

【例题】（2019年真题）甲与某施工企业于2018年6月1日签订了3年的劳务合同，其中约定试用期3个月，次日合同开始履行，2018年10月12日，甲拟解除劳动合同，则（　　）。
A. 必须取得用人单位同意
B. 口头通知用人单位即可
C. 应当提前30日以书面形式通知用人单位
D. 应当报请劳动行政主管部门同意后以书面形式通知用人单位

【答案】C

◆考法5：劳动者随时通知解除

【例题】（2016年真题）根据《劳动合同法》，劳动者可以与用人单位解除劳动合同的

有（   ）。

A. 用人单位排除劳动者权利

B. 用人单位未及时足额支付劳动报酬

C. 用人单位未依法为劳动者缴纳社会保险

D. 用人单位未按劳动合同的约定提供劳动保护和劳动条件

E. 用人单位的规章制度违反法律、法规的规定，损害劳动者权益

【答案】B、C、D、E

【例题】（2017年真题）劳动合同履行过程中，劳动者不需事先告知用人单位，可以立即与用人单位解除劳动合同的情形有（   ）。

A. 在试用期内

B. 用人单位濒临破产

C. 用人单位未依法缴纳社会保险费

D. 用人单位违章指挥、强令冒险作业危及劳动者人身安全

E. 用人单位以暴力、威胁手段强迫劳动者劳动

【答案】D、E

◆ 考法6：裁员

【例题】根据《劳动合同法》，用人单位有权实施经济性裁员的情形有（   ）。

A. 依照企业破产法规定进行重整的

B. 生产经营发生严重困难的

C. 股东会意见严重分歧导致董事会主要成员交换的

D. 企业转产、重大技术革新或者经营方式调整，经变更劳动合同后，仍需裁减人员的

E. 因劳动合同订立时所依据的客观经济情况发生重大变化，致使劳动合同无法履行的

【答案】A、B、D、E

【例题】某施工企业生产经营发生严重困难，拟裁员20人以上，当该企业裁员时，应当优先留用的人员有（   ）。

A. 家庭无其他就业人员，有需要扶养的老人或者未成年人的

B. 与本企业订立无固定期限劳动合同的

C. 在本企业连续工作满5年的

D. 在本企业因工负伤并被确认部分丧失劳动能力的

E. 与本企业订立较长期限的固定期限劳动合同的

【答案】A、B、E

三、劳动合同终止的情形

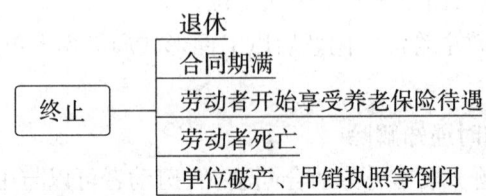

◆ 考法：劳动合同终止的情形

【例题】（2021年真题）根据《劳动合同法》，劳动合同终止的情形有（　　）。

A. 劳动者开始依法享受基本养老保险待遇的
B. 劳动者死亡，或者被人民法院宣告死亡或者宣告失踪的
C. 用人单位营业执照到期的
D. 用人单位进入破产重整程序的
E. 用人单位决定提前解散的

【答案】A、B、E

四、经济补偿金

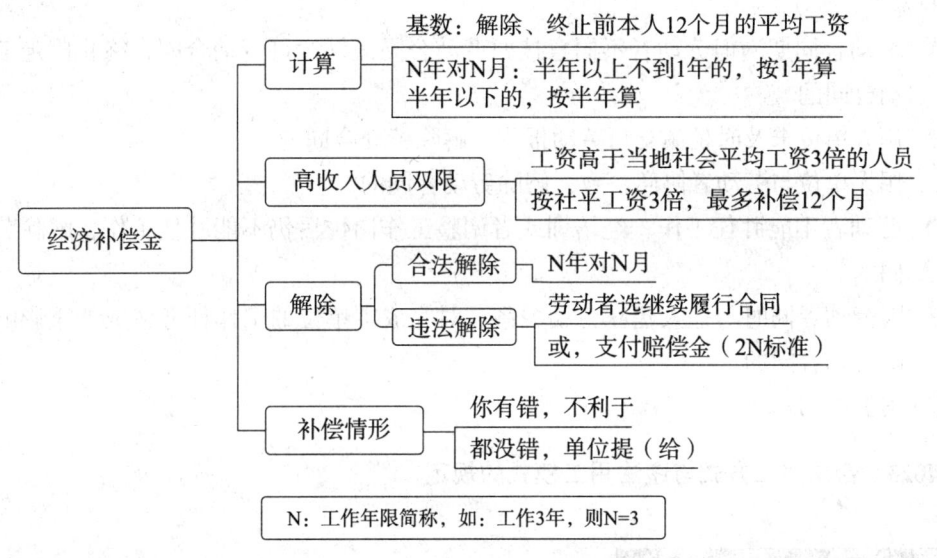

经济补偿金的适用范围

劳动者没错，单位先提	单位提出，经协商一致解除合同 ✓
	单位提前30天通知或多给1个月工资解除合同（劳动者能力不济等）✓
	裁员 ✓
单位有错	劳动者随时通知解除（单位不发工资社保等）✓
终止合同	除单位维持或提高劳动合同约定条件续订劳动合同，劳动者不同意续订的情形外——期满终止固定期限劳动合同的 ✓
	单位宣告破产、吊销、关闭、撤销、解散的 ✓

记忆思路：劳动者有错，按照不利于劳动者的结果处理，不给补偿金，反之亦然；

都没错，单位先提出解除合同的，给补偿金，劳动者先提出解除合同的，不给补偿金；

辞职、开除都不给经济补偿金。

◆ 考法 1：经济补偿金的计算

【例题】（2018 年真题）某施工企业与李某协商解除劳动合同，李某在该企业工作了 2 年 3 个月，在解除合同前 12 个月李某月平均工资为 6000 元。根据《劳动合同法》，该企业应当给予李某经济补偿（　　）。

A. 6000 元
B. 12000 元
C. 15000 元
D. 18000 元

【答案】C

◆ 考法 2：经济补偿金的范围

【例题】（2017 年真题）下列终止劳动合同的情形中，用人单位应向劳动者支付经济补偿的有（　　）。

A. 劳动合同期满但劳动者不同意按原劳动合同条件续订劳动合同，终止固定期限劳动合同的
B. 用人单位未及时足额支付劳动报酬，解除劳动合同的
C. 用人单位与劳动者协商一致，解除劳动合同的
D. 劳动者不能胜任工作，经培训或者调整工作岗位后仍不能胜任工作，解除劳动合同的
E. 因劳动者同时与他人建立劳动关系，对完成本单位的工作任务造成严重影响，解除劳动合同的

【答案】B、D

2Z204023　合法用工方式与违法用工模式的规定

核心考点及重点提示

	考点	重点提示
1	劳务派遣	★★★

★不大；★★一般；★★★重要

核心考点及考法

劳务派遣

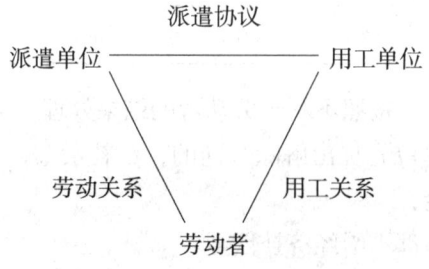

派遣单位	许可设立； 用工的补充形式，只能在3个岗位设立： 临时岗位（存续不超过6个月）、辅助岗位、替代岗位
劳动合同	应签2年↑； 劳动者无工作任务期间，按当地最低工资标准按月付酬
派遣管理	派遣单位不得解除合同，只能退回劳动者； 派遣单位应将派遣协议的内容告知被派遣劳动者； 派遣单位和用工单位不得向劳动者收取费用； 聘用和使用分离、同工同酬；劳动者可依法参加工会； 工伤保险责任——派遣单位承担，但可与用工单位约定补偿办法； 用人单位——不得将劳动者再派遣到其他用人单位（其他同一般劳动合同）

◆**考法：劳务派遣**

【例题】（2020年真题）关于劳务派遣的说法，正确的有（　　）。
A. 实施劳务派遣的，由用工单位与劳动者订立劳动合同
B. 劳务派遣的显著特征是劳动者的聘用与使用分离
C. 经营劳务派遣业务，应当向劳动行政部门依法申请行政许可
D. 被派遣劳动者在无工作期间，劳务派遣单位无需向其支付报酬
E. 劳务派遣可以在替代性的工作岗位上实施
【答案】B、C、E

【例题】关于劳务派遣的说法，正确的是（　　）。
A. 甲可以被劳务派遣公司派到某施工企业担任安全生产管理人员
B. 乙可以被劳务派遣公司派到某公司做临时性工作1年以上
C. 丙在无工作期间，其所属劳务派遣公司不再向其支付工资
D. 劳务派遣协议中应当载明社会保险费的数额
【答案】D

2Z204024 劳动保护的规定

核心考点及重点提示

	考点	重点提示
1	休息休假	★
2	工资	★★
3	女工和未成年工的保护	★★★
4	社会保险	★

★不大；★★一般；★★★重要

核心考点及考法

一、休息休假

1. 加班工资——加点 150%，休息日 200%，节假日 300%（指不低于）；

延时——每日不超过 1 小时，特殊情况不超过 3 小时——总体，每月不超过 36 小时

例外：发生自然灾害、事故等需要紧急处理，或生产设备、交通运输线路、公共设施发生故障必须及时抢修的以及法律、行政法规规定的特殊情况的，延长工作时间不受上述限制。

2. 带薪年休假——连续工作 1 年以上的。

◆ 考法：法的形式的含义

【例题】（2019 年真题）关于劳动者延长工作时间的说法，正确的有（　　）。

A. 用人单位由于生产经营需要，经工会同意即可延长工作时间
B. 发生自然灾害需要紧急处理的，延长工作时间每月不得超过 36 小时
C. 延长工作时间一般每日不超过 1 小时
D. 安排延长工作时间的，用人单位支付不低于工资 150% 的报酬
E. 法定节假日安排劳动者工作的用人单位，支付不低于工资 200% 的工资报酬

【答案】C、D

二、工资

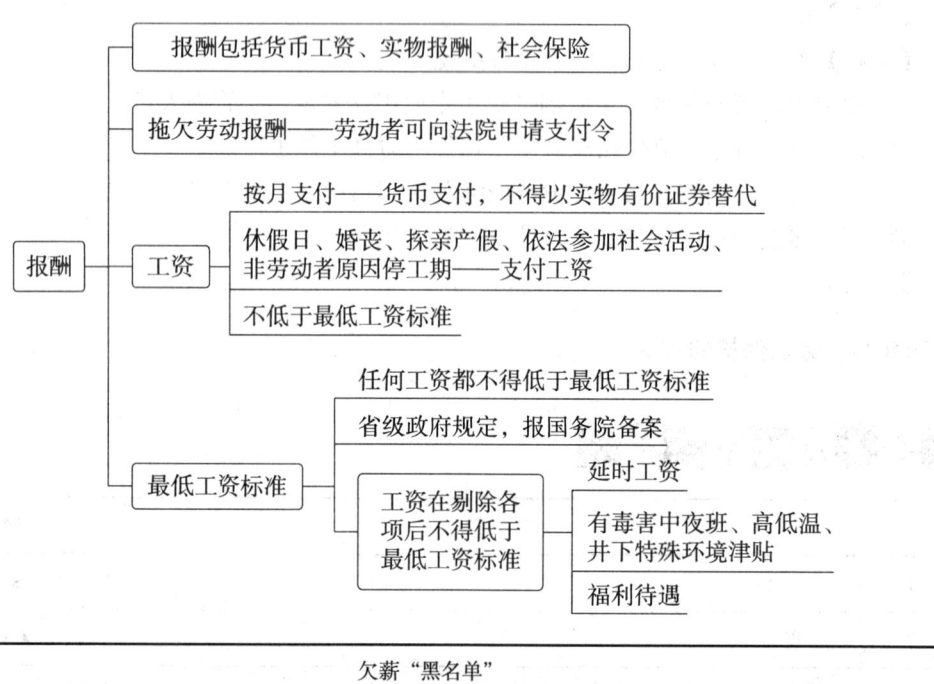

欠薪"黑名单"	
时间	人社部门自作出行政处理或处罚决定之日起 20 个工作日内
情形	欠农民工工资数额达到认定拒不支付劳动报酬罪数额标准；欠农民工工资引发群体性事件、极端事件造成严重不良社会影响

◆ 考法 1：工资支付的规定

【例题】（2017 年真题）关于用人单位向劳动者支付报酬的说法，正确的是（   ）。

A. 劳动报酬中的货币工资不包括津贴、补贴和奖金
B. 用人单位支付的工资可以以实物或有价证券等形式代替货币形式支付
C. 劳动者依法参加社会活动期间，用人单位应当依法支付工资
D. 劳动者在婚丧假期间用人单位可以不支付工资

【答案】C

◆ 考法 2：欠薪"黑名单"

【例题】（2020 年真题）根据《拖欠农民工工资"黑名单"管理暂行办法》，人力资源社会保障行政部门应当自查处违法行为并作出行政处理或者处罚决定后将其列入拖欠工资"黑名单"的情形有（   ）。

A. 克扣、无故拖欠农民工工资报酬，数额达到认定拒不支付劳动报酬罪数额标准的
B. 因拖欠农民工工资违法行为引发极端事件造成严重不良社会影响的
C. 将劳务违法分包给不具备用工主体资格的组织和个人造成拖欠农民工工资报酬的
D. 因拖欠农民工工资违法行为引发群体性事件造成严重不良社会影响的
E. 将劳务转包给不具备用工主体资格的组织和个人造成拖欠农民工工资报酬的

【答案】A、B、D

◆ 考法 3：本节关于违法用工和劳动保护的综合运用

【例题】（2017 年真题）下列用工方式中，属于违法用工的有（   ）。

A. 施工企业现场项目部临时雇佣劳务作业人员并按日支付劳动报酬
B. 施工企业与工人签订劳动合同，约定由工人支付各项社会保险费用
C. 施工企业与劳务派遣单位订立劳务派遣协议，不与被派遣劳动者订立劳动合同
D. 施工企业现场项目部在国庆节期间不安排劳务作业人员休假
E. 施工企业向劳务分包企业分包作业任务，不与分包企业工人签订劳动合同

【答案】A、B、D

三、女工和未成年工的保护

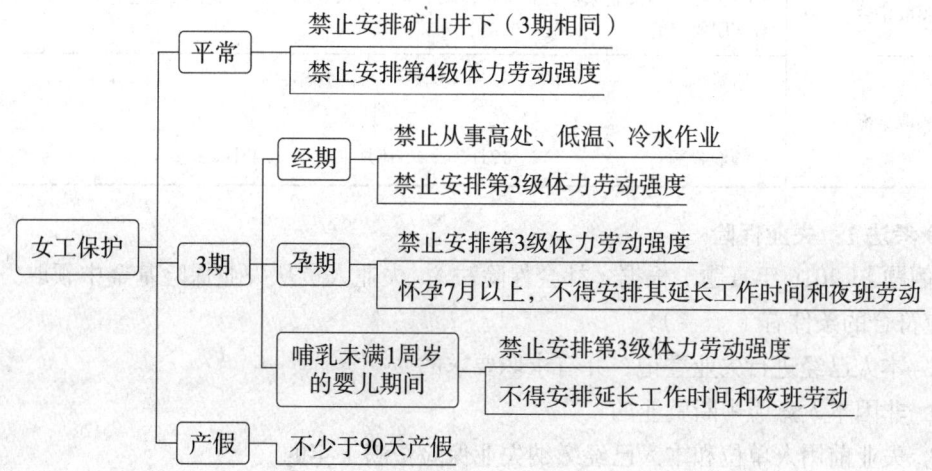

未成年保护
- 禁止招用未满16周岁的未成年人
- 不得安排过重、有毒、有害等危害劳动或者危险作业
- 定期健康体检，岗前进行职业安全卫生教育培训
- 向所在地的县级以上劳动行政部门登记

◆考法1：女工劳动保护

【例题】（2021年真题）某女职工与用人单位订立劳动合同从事后勤工作，约定劳动合同期限为2年。关于该女职工权益保护的说法，正确的是（　　）。

A. 公司应当定期安排该女职工进行健康检查

B. 若该女职工哺乳的孩子已满18个月，公司可以安排夜班劳动

C. 公司可以安排该女职工在经期从事国家规定的第3级体力劳动强度的劳动

D. 若该女职工已怀孕5个月，公司不得安排夜班劳动

【答案】B

◆考法2：未成年工劳动保护

【例题】（2021年真题）关于未成年工劳动保护的说法，正确的有（　　）。

A. 用人单位在未成年工上岗前应当对其进行有关的职业安全卫生教育和培训

B. 用人单位不得安排未成年工从事矿山井下的劳动

C. 用人单位应当对未成年工定期进行健康检查

D. 用人单位不得安排未成年工从事建设工程施工的劳动

E. 用人单位不得安排未成年工从事国家的第4级体力劳动强度的劳动

【答案】A、B、C、E

四、社会保险

1. 社会保险5——包括：养老、医疗、失业、生育、工伤——强制性保险

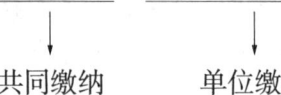

共同缴纳　　单位缴纳

2. 失业保险：

领取条件	（1）已缴纳失业保险费满1年；（2）非因本人意愿中断就业；（3）已进行失业登记，并有求职要求的
领取金额	缴费年限：——1年——5年——10年—— 领取金额：　×　　12月　　18月　　24月（最多）

◆考法1：失业保险

【例题】（2016年真题）根据《社会保险法》，失业人员从失业保险基金中领取失业保险金应符合的条件有（　　）。

A. 本人已经进行失业登记，并有求职要求的

B. 非因本人意愿中断就业的

C. 失业前用人单位和本人已经缴纳失业保险费满1年的

D. 本人应征服兵役的

E. 本人已失业，有身份证明的

【答案】A、B、C

◆考法2：社会保险的综合理解

【例题】（2016年真题）下列保险中，属于强制性保险的是（　　）。

A. 意外伤害保险　　　　　　　　B. 建筑工程一切险

C. 安装工程一切险　　　　　　　D. 工伤保险

【答案】D

2Z204025　劳动争议的解决

核心考点及重点提示

	考点	重点提示
1	劳动争议范围	★
2	劳动争议解决方式	★★

★不大；★★一般；★★★重要

核心考点及考法

一、劳动争议范围

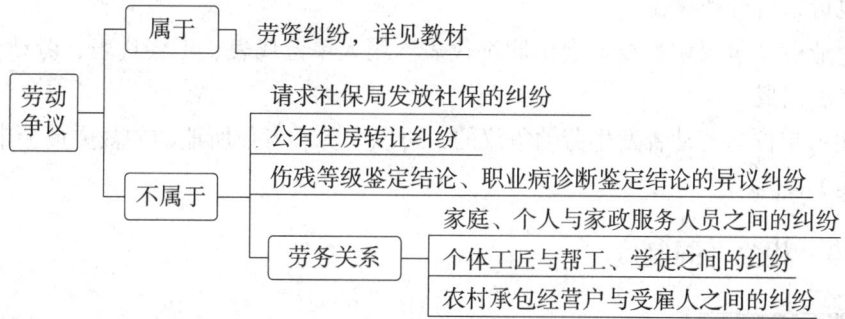

◆考法：劳动争议范围

【例题】（2021年真题）下列纠纷中，属于劳动争议范围的有（　　）。

A. 劳动者与用人单位在履行劳动合同过程中发生的纠纷

B. 劳动者请求社会保险经办机构发放社会保险金的纠纷

C. 劳动者与用人单位因住房制度改革产生的公有住房转让纠纷

D. 因除名、辞退和辞职、离职发生的纠纷

E. 劳动者退休后，与尚未参加社会保险统筹的原用人单位因追索养老金、医疗费、工伤保险待遇和其他社会保险待遇而发生的纠纷

【答案】A、D、E

二、劳动争议解决方式

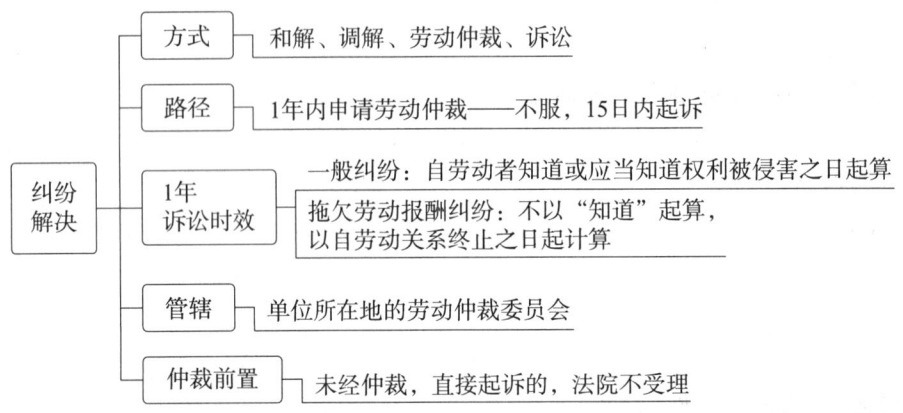

	是否必须	组成人员
单位劳动争议调解委员会	×	职工代表＋单位代表＋工会代表
劳动仲裁委员会	诉讼的前置程序	劳动局代表＋同级工会代表＋单位代表

◆ 考法：法的形式的含义

【例题】(2018年真题) 关于劳动争议解决方式的说法，正确的是（　　）。
A. 用人单位与劳动者发生劳动争议的，劳动者应当先申请本单位劳动争议调解委员会调解
B. 用人单位与劳动者发生劳动争议，劳动者可以依法申请调解、仲裁、提起诉讼，也可以自行和解
C. 企业劳动争议调解委员会由职工代表、用人单位代表、工会代表、劳动行政部门代表组成
D. 用人单位与劳动者发生劳动争议的，可以向劳动者住所地的仲裁委员会申请仲裁
【答案】B

2Z204030　相关合同制度

核心考点提纲

1	2Z204031	承揽合同的法律规定
2	2Z204032	买卖合同的法律规定
3	2Z204033	借款合同的法律规定
4	2Z204034	租赁合同的法律规定
5	2Z204035	融资租赁合同的法律规定
6	2Z204036	运输合同的法律规定
7	2Z204037	委托合同的法律规定

2Z204031　承揽合同的法律规定

核心考点及重点提示

	考点	重点提示
1	承揽合同的特征及权利义务	★★
2	承揽合同的解除权	★★★

★不大；★★一般；★★★重要

核心考点及考法

一、承揽合同特征及权利义务

1. 特征：（1）以完成一定工作并交付工作成果为标的。

（2）承揽人须以自己的设备、技术、劳力完成，但有约定的除外：

a. 未经定作人同意，承揽人将主要工作交由第三人完成，定作人可解除合同。

b. 经定作人同意，承揽人也应就第三人完成的工作成果向定作人负责。

（3）工作具有独立性：不受定作人指挥管理，但要接受监督检验。

2. 权利义务：通读教材，按常理答题（联想建设工程合同，发包人是定作人，承包人是承揽人）。

◆考法1：承揽合同特征

【例题】（2020年真题）根据《合同法》，关于承揽合同的说法，正确的是（　　）。

A. 承揽人可以将承揽的主要工作交由第三人完成，承揽人无须就第三人完成的工作成果向定作人负责

B. 承揽人在完成工作过程中，要接受定作人的指挥管理

C. 承揽人工作期间，定作人不得对其进行监督检验

D. 承揽人可以与定作人约定，承揽人使用定作人的设备完成主要工作

【答案】D

◆考法2：承揽合同的权利义务

【例题】（2018年真题）关于承揽合同当事人权利义务的说法，正确的是（　　）。

A. 定作人不得中途变更承揽工作的要求

B. 定作人提供的材料不符合约定的，承揽人可以自行更换材料

C. 承揽人向定作人交付工作成果的，定作人应当验收该工作成果

D. 定作人可以随时解除承揽合同，造成承揽人损失的，应当赔偿损失

【答案】D

【例题】（2017年真题）在承揽合同中，承揽人应承担违约责任的情形是（　　）。

A. 承揽人发现定作人提供的图纸不合理，立即停止工作并通知定作人，因等待答复，未能如期完成工作

B. 承揽人发现定作人提供的材料不合格,遂自行更换为自己确认合格的材料
C. 因不可抗力造成标的物损毁
D. 因定作人未按照支付报酬,承揽人拒绝交付工作成果

【答案】B

二、承揽合同的解除权

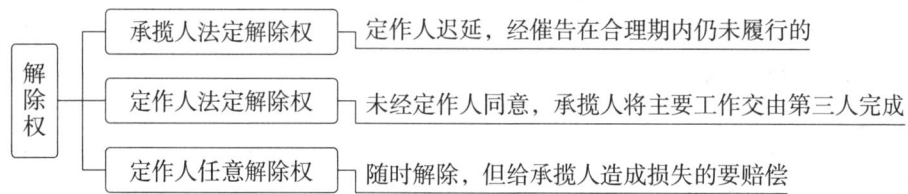

◆ 考法:承揽合同的解除权

【例题】(2016年真题)关于承揽合同中解除权的说法,正确的是(   )。
A. 定作人可以随时解除合同,造成承揽人损失的,应该赔偿损失
B. 承揽人将承揽的工作交由第三人完成的,定作人有权解除合同
C. 定作人不履行协助义务的,承揽人可以解除合同
D. 承揽人可以随时解除合同,造成定作人损失的,应该赔偿损失

【答案】A

2Z204032 买卖合同的法律规定

核心考点及重点提示

	考点	重点提示
1	买卖合同的权利义务及其他零散规定	★★
2	标的物毁损灭失的风险承担	★

★不大;★★一般;★★★重要

核心考点及考法

一、买卖合同的权利义务及其他零散规定

1. 权利义务:通读教材,按常理答题。
2. 交付的分类及概念:

分类	概念
现实交付	
拟制交付	交付权利凭证
简易交付	标的物在订立合同前已为买受人占有,合同生效即视为完成交付

续表

分类	概念
指示交付	合同成立时标的物为第三人合法占有，买受人取得了返还标的物请求权
占有改定	买卖双方特别约定，合同生效后标的物仍然由出卖人继续占有，但其所有权已完成法律上的转移

举例：简易交付：租赁期内，出租人 A 将租赁物卖给承租人 B。

指示交付：租赁期内，出租人 A 将设备卖给第三人 C，约定 C 取得向承租人 B 主张返还租赁物的请求权。

占有改定：A 将设备卖给 B，同时约定 A 继续租用租赁物三个月。

注意：指示交付涉及第三人；简易交付和占有改定不涉及第三人。

3. 分期付款：

到期未付款达到价款 1/5 时——经催告后在合理期限内仍未支付，卖方有权要求买方支付全部价款或解除合同。

◆考法 1：买卖合同的权利义务

【例题】（2018 年真题）关于出卖人交付标的物的说法，正确的是（　　）。

A. 买受人代为保管其拒绝接收的多交部分标的物，出卖人可拒绝负担保管费用

B. 出卖人应当按照通常的包装方式交付标的物

C. 合同未约定检验期间的，买受人可以在任何时间检验标的物

D. 约定交付期间的，出卖人可以在该期间内的任何时间内交付标的物

【答案】D

◆考法 2：交付的方式及概念

【例题】（2019 年真题）在买卖合同中，标的物在订立合同之前已为买受人占有，合同生效即视为完成交付的方式，称为（　　）。

A. 拟制交付　　　　　　　　　B. 占有改定

C. 现实交付　　　　　　　　　D. 简易交付

【答案】D

【例题】某设备公司将已经租赁给某劳务公司的钢筋切割机转让给某施工企业，该切割机租赁还有 3 个月到期。转让合同约定当切割机租赁期限结束时劳务公司将其交付给该施工企业。该买卖合同中切割机的交付方式为（　　）。

A. 简易交付　　　　　　　　　B. 拟制交付

C. 指示交付　　　　　　　　　D. 占有改定

【答案】C

【例题】甲公司将一台设备给出卖与乙公司，同时约定甲公司继续租用该设备三个月，则以下说法正确的是（　　）。

A. 该设备仍属甲公司所有

B. 在租赁期内，该设备属甲公司和乙公司共有

C. 上述交付方式为占有改定
D. 上述交付方式为指示交付

【答案】C

二、标的物毁损灭失的风险承担

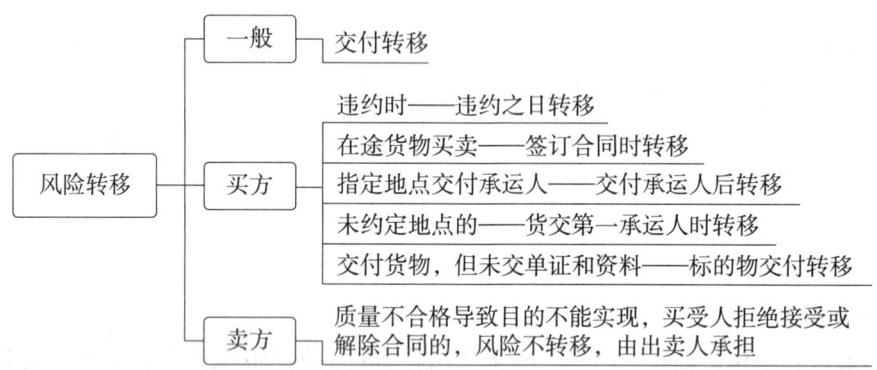

◆ 考法：买卖合同风险转移的承担

【例题】（2017年真题）甲公司向乙公司购进一批建材。乙按照合同约定为甲代办铁路托运，运往合同约定的交货地点 M 县。在运输过程中，甲与丙签订合同，约定将这批建材转让给丙，在 M 县火车站交货。由于山洪暴发，火车在运输途中出轨，建材毁损，该损失由（　　）。

A. 甲承担　　　　　　　　　　B. 乙承担
C. 甲与丙分担　　　　　　　　D. 丙承担

【答案】D

【例题】（2016年真题）关于买卖合同中标的物毁损灭失的风险承担，如果当事人没有约定交付地点或者约定不明确，下列说明中正确的是（　　）。

A. 标的物毁损灭失的风险，在标的物交付之后由出卖人承担
B. 对于需要运输的标的物，出卖人将标的物交给第一承运人后，毁损灭失的风险由买受人承担
C. 出卖人出卖交由承运人运输的在途标的物，毁损灭失的风险自承运人将货物交付给买受人时由买受人承担
D. 出卖人依约将标的物置于交付地点，买受人违反约定没有收取的，标的物毁损灭失的风险自出卖人将标的物置于交付地点时由买受人承担

【答案】B

【例题】下列情形中，应当由出卖人承担标的物毁损、灭失风险的有（　　）。

A. 标的物需要运输，当事人对交付地点约定不明确，出卖人将标的物交付给第一承运人后
B. 施工企业购买一批安全帽，出卖人尚未交付
C. 标的物已运抵交付地点，施工企业因标的物质量不合格而拒收货物
D. 合同约定在标的物所在地交货，约定时间已过，施工企业仍未前往提货

E. 出卖人在交付标的物时未附产品说明书，施工企业已接收

【答案】B、C

2Z204033 借款合同的法律规定

核心考点及重点提示

	考点	重点提示
1	借款合同的特征、民间借款	★★

★不大；★★一般；★★★重要

核心考点及考法

借款合同的特征、民间借款

特征	标的物是货币； 一般为要式（书面），自然人借款可口头； 原则为有偿，也可无偿
利息	不得预扣利息，否则按扣除后的实际金额计算。 对支付利息期限无约定或约定不明的，以年为单位支付。如：借款期2.5年的，第1年还息，第2年还息，3年到期后本息一并偿还（具体见教材表述）。 逾期还款，承担违约责任；提前还款，据实结算
自然人借款利息	有约依约，无约无息； 约定利率不得超过——合同成立时1年期贷款市场报价利率（即：LPR）的4倍（高利贷红线）
合同成立	自然人借款合同——自提供借款时成立（交付）

◆ 考法1：借款合同利息

【例题】（2021年真题）关于借款合同利息的说法，正确的是（　　）。

A. 借款的利息可以预先在本金中扣除

B. 对支付利息的期限没有约定的，应当在返还借款时一并支付

C. 借款合同对支付利息没有约定的，视为没有利息

D. 借款人提前返还借款的，应当按照借款合同约定的期间支付利息

【答案】C

◆ 考法2：自然人借款

【例题】关于自然人借款合同的说法，正确的有（　　）。

A. 自然人借款合同自双方当事人签字盖章之日起生效

B. 自然人借款合同为有偿合同

C. 自然人借款合同必须采用书面形式

D. 自然人借款合同，自贷款人提供借款时生效

E. 自然人借款合同约定利息的，该利息不得超过合同成立时1年期贷款市场报价利率的4倍

【答案】D、E

2Z204034 租赁合同的法律规定

核心考点及重点提示

	考点	重点提示
1	租赁合同特征、内容、权利义务	★★★

★不大；★★一般；★★★重要

核心考点及考法

租赁合同特征、内容、权利义务

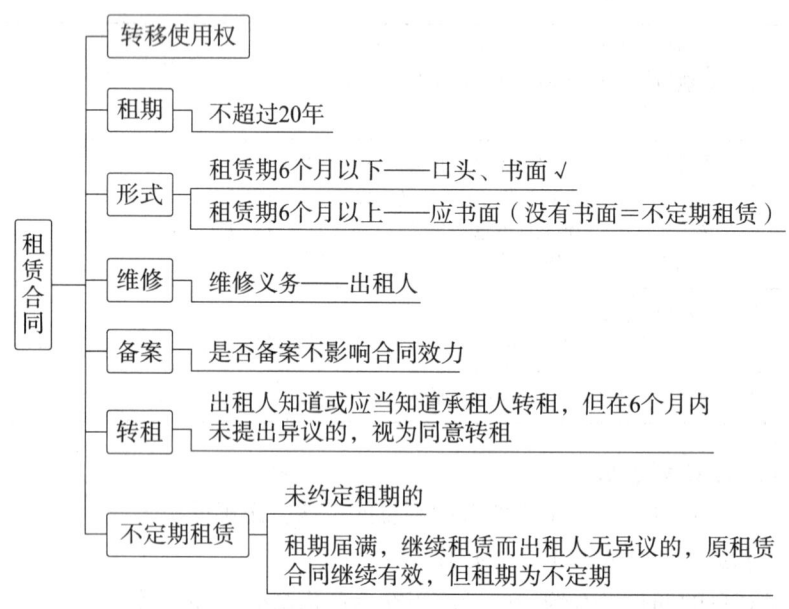

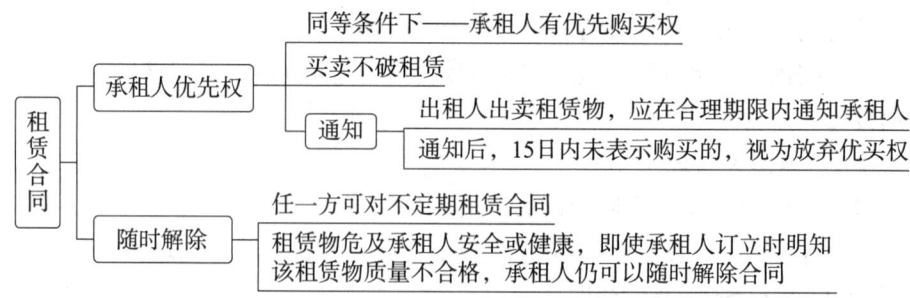

◆ 考法1：租赁合同的随时解除权

【例题】（2021年真题）根据《民法典》，租赁合同的承租人可以随时解除合同的情形有（　　）。

A. 当事人对租赁期限没有约定或者约定不明确，依法仍不能确定的

B. 租赁物在承租人按照租赁合同占有期限内发生所有权变动的

C. 出租人不同意承租人对租赁物进行改善或者增设他物的

D. 租赁物被司法机关依法查封扣押的

E. 租货物危及承租人安全或者健康的，承租人订立合同时明知该租赁物质量不合格的

【答案】A、E

◆ 考法 2：租赁合同的权利义务

【例题】（2019 年真题）在租赁合同中属于承租人义务的有（　　）。

A. 维修租赁物　　　　　　　　　B. 第三人主张权利通知

C. 权利瑕疵担保　　　　　　　　D. 转租

E. 妥善保管租赁物

【答案】B、E

◆ 考法 3：租赁合同的综合运用

【例题】关于租赁合同的说法，正确的是（　　）。

A. 租赁合同期限不得超过 10 年

B. 租赁合同未登记备案的，则合同无效

C. 租赁物在承租期间内所有权变动的，不影响租赁合同效力

D. 定期租赁合同期限届满，承租人继续使用租赁物，出租人没有提出异议的，原租赁合同继续有效，租赁期限为原租赁合同的期限

【答案】C

2Z204035　融资租赁合同的法律规定

核心考点及重点提示

	考点	重点提示
1	融资租赁合同的特征、权利义务	★★

★不大；★★一般；★★★重要

核心考点及考法

融资租赁合同的特征、权利义务

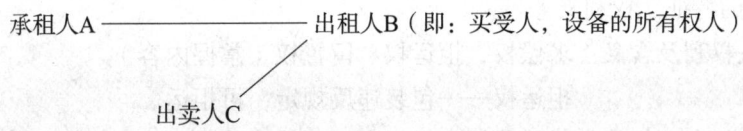

（1）特点：出租人身份双重、出卖人权利与义务相对人的差异性、书面合同。

（2）承租人享有与受领标的物有关的买受人的权利。

（3）租赁物毁损、灭失风险——承租人承担；出租人要求承租人继续支付租金，法院支持。

（4）所有权——有约依约，无约归出租人。

（5）权利义务：通读教材，按常理答题。

◆ 考法1：融资租赁合同的法律关系的理解

【例题】甲租赁公司和乙施工企业签订了融资租赁合同，合同约定甲根据乙的要求向丙施工机械厂购买两台大型塔吊，关于该合同中当事人的说法正确的是（　　）。

　A. 甲向乙承担交付塔吊的义务

　B. 丙向甲承担塔吊的瑕疵担保义务

　C. 甲承担塔吊租赁期间的维修义务

　D. 乙向甲履行交付租金的义务

【答案】D

◆ 考法2：融资租赁合同的综合运用

【例题】（2016年真题）关于融资租赁合同的说法，正确的是（　　）。

　A. 承租人破产的，租赁物属于破产财产

　B. 承租人享有与受领标的物有关的买受人的权利

　C. 出卖人不履行买卖合同义务的，由出租人行使索赔的权利

　D. 出租人应当履行承租人占有租赁物期间的维修义务

【答案】B

2Z204036　运输合同的法律规定

核心考点及重点提示

	考点	重点提示
1	运输合同的特征、权利义务	★★

★不大；★★一般；★★★重要

核心考点及考法

运输合同的特征、权利义务

1. 承运人权利及含义：求偿权、拒运权、留置权（掌握内容）。

　　　　　　　拒运权——包装违反规定，可拒运。

2. 托运人权利：拒绝支付运费权、任意变更解除权等。

拒付——承运人未按约定路线或通常路线运输增加运费。

任意——托运人可要求承运人中止运输、返还货物、变更到达地或将货物交给他人，但应当赔偿承运人损失。

3. 责任承担：原则——谁有错，谁负责。

货物损失：托运人负责——因不可抗力、货物本身自然性质、合理损耗、托运人收货人过错导致的。

承运人负责——承运人过错。

不可抗力：导致货物毁损——托运人负责。

运费——已收运费的，应返还；未收运费的，不收取。

4. 二人以上联运——与托运人订立合同的承运人与该区段的承运人承担连带责任。
5. 权利义务：通读教材，按常理答题。

◆ 考法：运输合同的权利义务

【例题】（2017年真题）关于运输合同的说法，正确的是（　　）。
A. 托运人违反包装规定的，承运人不得拒绝运输
B. 货物在运输过程中因不可抗力灭失，已收取运费的，托运人不得要求返还
C. 货物运输到达后，承运人知道收货人的，应当及时通知收货人
D. 联运合同中，损失发生在同一区段的承运人向托运人承担责任
【答案】C

2Z204037　委托合同的法律规定

核心考点及重点提示

	考点	重点提示
1	委托合同的特征、权利义务	★

★不大；★★一般；★★★重要

核心考点及考法

委托合同的特征、权利义务
1. 可有偿，可无偿。
2. 典型的提供劳务的合同——信任为前提。
3. 随时解除——委托人或者受托人可以随时解除委托合同，给对方造成损失的，应赔偿。
4. 权利义务：通读教材，按常理答题，关于委托代理的内容一般也适用本节。

◆ 考法：委托合同综合运用

【例题】（2019年真题）关于委托合同法律特征的说法，正确的是（　　）。
A. 应当是有偿合同　　　　　　　　B. 委托事务只能是法律行为
C. 是一种典型的提供劳务的合同　　D. 受委托人不得转委托
【答案】C

本章模拟强化练习

1. 关于合同形式的说法，不正确的是（　　）。
   A. 建设工程合同应当采取书面形式
   B. 根据当事人行为或特定情形推定，也可以成立合同
   C. 未采取书面形式订立的合同无效
   D. 电子数据交换、电子邮件等，视为书面形式
   【答案】C

2. 某建设工程施工合同约定的开工日期为 6 月 1 日，发包人于 6 月 10 日向承包人发出开工通知，开工通知载明的开工日期为 6 月 20 日。6 月 20 日，承包人到场发现该工程人员、设备未到位，不具备开工条件，遂该工程未能按期开工。10 月 1 日，该工程开工条件具备。则本案的开工时间应为（　　）。
   A. 6 月 1 日　　　　　　　　　　B. 6 月 10 日
   C. 6 月 20 日　　　　　　　　　 D. 10 月 1 日
   【答案】D

3. 某扩建工程建设单位因急于参加认证，于 11 月 15 日未经检验而使用该工程，11 月 20 日承包人提交了竣工验收报告，11 月 30 日建设单位组织验收，12 月 3 日工程竣工验收合格，则该工程竣工日期为（　　）。
   A. 11 月 15 日　　　　　　　　　B. 11 月 20 日
   C. 11 月 30 日　　　　　　　　　D. 12 月 3 日
   【答案】A

4. 某施工合同约定，工程通过竣工验收后 2 个月内结清所有工程款。2017 年 9 月 1 日工程通过竣工验收，但直到 2017 年 9 月 20 日施工企业将工程移交建设单位，之后建设单位一直未支付工程余款。2018 年 5 月 1 日，施工企业将建设单位起诉至人民法院，要求其支付工程欠款及利息。则利息起算日为（　　）。
   A. 2017 年 9 月 21 日　　　　　　B. 2017 年 11 月 21 日
   C. 2018 年 5 月 2 日　　　　　　 D. 2017 年 11 月 2 日
   【答案】D

5. 工程款结算时，发承包双方若对工程量有争议时，应按照（　　）确认。
   A. 施工图纸及设计变更中计算的工程量
   B. 承包方实际发生的工程量
   C. 施工过程中形成的签证等书面文件
   D. 经鉴定的工程量
   【答案】C

6. 下列关于工程款垫资的说法，正确的是（　　）。

150

A. 法律禁止垫资，双方约定垫资条款无效

B. 当事人未约定垫资利息的，发包人无需向承包人支付利息

C. 垫资本金按照拖欠工程款处理

D. 当事人可以任意垫资利息的利率标准

【答案】B

7. 关于建设工程合同承包人工程价款优先受偿权的说法，不正确的是（　　）。

A. 承包人的优先受偿权优于抵押权

B. 不得约定放弃或限制工程款优先权

C. 优先受偿权的范围不包括承包人因发包人违约所造成的损失

D. 承包人行使优先受偿权的期限为 1 年

【答案】D

8. 某工程因发包人原因停建，承包人依法解除合同，承包人可以要求发包人赔偿的损失包括（　　）。

A. 机械设备退场、倒运费用

B. 现场未使用建筑材料的积压、处置损失

C. 窝工、停工，遣散工人的合理费用

D. 未完工程的预期利润

E. 发包人订立合同时无法预见的意外损失

【答案】A、B、C

9. 买受人因违约导致出卖人损失的，导致工程受到损失时，对方及时采取了减损措施，支出的费用为 1 万元，工程最终实际损失为 7 万元。依据《民法典》的相关规定，违约方应承担的赔偿额为（　　）万元。

A. 5   B. 6

C. 7   D. 8

【答案】D

10. 下列说法，正确的是（　　）。

A. 限制行为能力人签订的合同无效

B. 意思表示不真实的合同无效

C. 法院不得仅以公司超越经营范围确认合同无效

D. 违反法律、行政法规、地方法规规定的合同

【答案】C

11. 下列建设工程合同中，属于无效合同的有（　　）。

A. 施工企业超越资质等级订立的合同

B. 发包人与施工企业恶意串通订立的合同

C. 没有资质的实际施工人借用有资质的建筑施工企业名义订立的合同

D. 供应商欺诈施工单位订立的采购合同

E. 施工企业与发包人订立的重大误解合同

【答案】A、B、C

12. 甲将闲置不用的工程设备出售给乙，双方约定3天后交付设备，次日，甲又将该设备卖给丙，并向丙交付了该设备。关于甲、乙、丙之间的合同效力的说法，正确的是（　　）。

   A. 甲与乙、丙之间的合同均有效
   B. 甲与乙之间的合同无效，甲与丙之间的合同有效
   C. 甲与乙、丙之间的合同均无效
   D. 乙取得所有权

【答案】A

13. 下列选项中，属于无效合同的有（　　）。

   A. 供应商欺诈施工单位签订的采购合同
   B. 村委会负责人为获得回扣与施工单位高价签订的村内道路施工合同
   C. 施工单位将工程转包给他签订的转包合同
   D. 分包商擅自将发包人供应的钢筋变卖签订的买卖合同
   E. 施工单位与房地产开发商签订的垫资施工合同

【答案】B、C

14. 甲总承包单位将其承建的工程分包给乙承包单位，双方订立分包合同并约定因本合同发生的一切争议均由某仲裁委员会裁决。后双方因质量问题发生争议，同时发现该分包行为未经建设单位同意。下列关于本案仲裁协议效力的说法，正确的是（　　）。

   A. 分包合同无效，则仲裁协议无效
   B. 分包合同有效，则仲裁协议有效
   C. 分包合同效力待定，则仲裁协议效力待定
   D. 分包合同效力与仲裁协议效力没有相关性

【答案】D

15. 下列情形中属于效力待定合同的是（　　）。

   A. 出租车司机借抢救重病人急需租车之机将车价提高10倍
   B. 15岁的少年因发明创造而接受奖金
   C. 成年人甲误买书画赝品
   D. 10岁的少年将自家的电脑卖给40岁的张某

【答案】D

16. 一方当事人采取欺诈的手段与对方当事人签订了合同，则下列表述正确的有（　　）。

   A. 该合同为无效合同
   B. 该合同为可撤销合同
   C. 该合同为效力待定合同
   D. 承包人应当在知道权利被侵害之日起1年内主张撤销权
   E. 承包人自知道权利被侵害之日起5年内不主张撤销权，则撤销权归为无效

【答案】B、D

17. 甲承包人将主体工程分包给乙施工队,则有关工程款支付的说法,正确的是( )。

A. 分包合同无效,乙施工队不能获得工程款支付

B. 分包合同无效,乙施工队可要求建设单位参照合同约定支付工程款

C. 分包合同有效,但乙施工队不能获得工程款支付

D. 分包合同有效,乙施工队可要求建设单位按照合同约定支付工程款

【答案】B

18. 根据《民法典》规定,下列关于合同转让的说法,正确的有( )。

A. 施工企业可将施工合同中主体结构的施工转让给第三人

B. 施工企业将其对建设单位的债权转让给了水泥厂,并通知了建设单位

C. 建设单位转让到期债务的,可以催告债权人在合理期限内予以同意,债权人未作表示的,视为同意

D. 债务转让后,债务人主体资格随之转移

E. 债务部分转让后,新债务人与原债务人共同承担债务

【答案】B、E

19. 下列债务转让的说法,正确的是( )。

A. 施工单位转让债务应经得债权人同意

B. 施工承包企业将全部承包工程转让给他人

C. 监理单位自行将监理合同中的权利义务一并转让给他人

D. 施工单位将主体结构施工的义务转让给他人

【答案】A

20. 施工企业甲与砖厂乙签订了透水砖的采购合同。后来,砖厂乙将3万元的债权转让给砖厂丙,并通知了施工企业甲。依据《民法典》的规定,施工企业甲对砖厂乙3万元债权的抗辩权应向( )主张。

A. 砖厂乙 B. 砖厂丙

C. 砖厂乙或砖厂丙均可 D. 砖厂乙或砖厂丙均不可

【答案】B

21. 根据我国法律规定,下列合同转让行为无效的有( )。

A. 甲债权转让给第三人,但未通知债务人乙

B. 甲将自己对乙单位的一笔债务部分转让给丙公司,随后通知乙单位

C. 甲将中标的某项目的劳务作业分包给具有相应资质的丁企业

D. 甲不顾合同约定的不得转让债权条款,将自己对乙单位的一笔债权转让给丙公司

E. 甲将自己对乙单位的一笔债权转让给丙公司,随后通知乙单位

【答案】B、D

22. 根据《合同法》的相关规定,下列施工合同履行过程中发生的情形,当事人可以解除合同的有( )。

A. 发生泥石流将拟建工厂选址覆盖

B. 由于报价失误，施工单位在订立合同后表示不愿意履行合同

C. 建设单位延期支付工程款，经催告后同意提供担保

D. 施工单位施工组织不力，导致工程工期延误，使该项目已无投产价值

E. 施工单位未经建设单位同意，擅自更换了现场技术人员

【答案】A、D

23. 发包人具有下列（　　）情形之一，承包人有权解除建设工程施工合同。

A. 承包人将承包的工程转包的

B. 发包人未按约定支付工程价款，承包人停工的

C. 已经完成的建设工程质量不合格的

D. 发包人提供的材料设备不符合约定的

【答案】A

24. 当事人依法解除合同的，说法错误的是（　　）。

A. 依法解除合同应得到对方同意

B. 依法解除合同的通知自到达对方时生效

C. 对方有异议的，可请求人民法院或仲裁机构解除合同的效力

D. 当事人对异议期限有约定按约定，没有约定，最长期为3个月

【答案】A

25. 下列责任中，属于违约责任的承担方式的有（　　）。

A. 定金　　　　　　　　　B. 赔礼道歉

C. 违约金　　　　　　　　D. 罚款

E. 消除危险

【答案】A、C

26. 甲乙签订总价100万元的买卖合同，双方约定：甲向乙交纳10万元定金，货到付款；如一方违约，向对方支付15万元违约金。甲如约交付了定金。合同履行中，乙不能按期交货构成违约，双方解除合同。则乙最多向甲支付（　　）万元。

A. 15　　　　　　　　　　B. 20

C. 25　　　　　　　　　　D. 30

【答案】C

27. 甲与乙订立了一份钢材买卖合同，合同约定标的金额10万元，乙向甲支付定金1万元；如任何一方不履行合同应支付违约金1.5万元。甲因将钢材卖给丙而无法向乙交付，给乙造成损失2万元。乙提出的如下诉讼请求中，不能获得法院支持的是（　　）。

A. 要求甲双倍返还定金2万元

B. 要求甲支付违约金1.5万元，同时返还定金1万元

C. 向法院请求调高违约金金额

D. 要求甲双倍返还定金2万元，同时支付违约金1.5万元

【答案】D

28. 关于违约金条款的适用，下列说法不正确的是（   ）。
    A. 约定的违约金低于造成的损失的，当事人可以请求人民法院或者仲裁机构予以增加
    B. 违约方支付迟延履行违约金后，另一方仍有权要求其继续履行
    C. 当事人既约定违约金，又约定定金的，一方违约时，对方可以选择适用违约金条款或定金条款
    D. 约定的违约金高于造成的损失的，当事人可以请求人民法院或者仲裁机构按实际损失金额调减
    【答案】D

29. 下列情形中，可以导致施工单位免除违约责任的是（   ）。
    A. 施工单位因偷工减料导致工程质量缺陷
    B. 因拖欠民工工资，部分民工停工抗议导致工期延误
    C. 地震导致已完工程被爆破拆除重建，造成建设单位费用增加
    D. 从业人员在施工中因意外发生损害
    【答案】C

30. 以下选项中，不属于《建设工程施工合同（示范文本）》组成的是（   ）。
    A. 合同协议书   B. 投标报价清单
    C. 通用合同条款   D. 专用合同条款
    【答案】B

31. 关于劳动合同试用期的说法正确的有（   ）。
    A. 试用期工资可以低于政府公布的最低工资标准
    B. 试用期应包含在劳动合同期限内
    C. 试用期最长为6个月
    D. 试用期内，用人单位可无理由解除劳动合同
    E. 以完成一定工作任务为期限的劳动合同不得约定试用期
    【答案】B、E

32. 用人单位与劳动者的劳动关系自（   ）之日建立。
    A. 订立劳动合同   B. 用工
    C. 试用期满   D. 劳动者提供担保
    【答案】B

33. 关于甲施工企业与其乙员工解除劳动合同的说法，正确的是（   ）。
    A. 甲要求乙加班，乙可以随时通知甲解除劳动合同
    B. 在试用期内，乙可以随时通知甲解除劳动合同
    C. 甲按照约定提供劳动条件，乙可以提前7日书面通知甲解除劳动合同
    D. 甲未按劳动合同约定支付给乙工资，乙可以随时通知甲解除劳动合同
    【答案】D

34. 下列情形中，用人单位不得解除劳动合同的有（   ）。
    A. 在本单位患职业病或者因工负伤并被确认丧失或者部分丧失劳动能力的

B. 患病或者非因工负伤，在规定的医疗期内的

C. 劳动者严重违反单位规章制度的

D. 女职工在孕期、产期、哺乳期的

E. 用人单位发生了经营状况的严重问题

【答案】A、B、D

35. 劳动者有下列（　　）情形的，用人单位可以解除劳动合同。

A. 违章违纪

B. 非工伤的治疗期间

C. 在试用期间被证明不符合录用条件的

D. 因工负伤

【答案】C

36. 某建筑工程公司进行经济性裁员，依据《劳动法》的规定，在下列人员中，该建筑工程公司应当优先留用的人员有（　　）。

A. 签订了固定期限劳动合同的赵某

B. 医疗期满的钱某

C. 家庭无其他就业人员，需扶养老人和子女的孙某

D. 试用期内的李某

【答案】C

37. 下列解除劳动合同的情形中，用人单位应向劳动者支付经济补偿的有（　　）。

A. 劳动者提前 30 日向用人单位辞职的

B. 劳动者先提出解除劳动合同，并经用人单位同意的

C. 因劳动者严重违章被解除劳动关系的

D. 经济性裁员的

E. 劳动者不能胜任工作，经培训或者调整工作岗位后仍不能胜任工作，用人单位提前 30 日通知解除劳动合同的

【答案】D、E

38. 下列劳动合同条款中，属于必备条款的是（　　）。

A. 试用期   B. 社会保险

C. 福利待遇   D. 培训条款

【答案】B

39. 以下关于劳务派遣，说法不正确的有（　　）。

A. 劳务派遣中，劳动者与用工单位签订劳动合同

B. 施工企业安全管理员岗位可以实施劳务派遣

C. 用工单位破产不能继续经营的，可以解除与劳动者的劳动关系

D. 劳务派遣单位应当与劳动者签订 2 年以上的固定期合同

E. 劳动者在派遣工作中受到工伤的，由派遣单位承担工伤保险责任

【答案】A、B、C

40. 根据《劳动合同法》，劳动合同无效或部分无效的情形有（　　）。
A. 劳动者死亡，或者被人民法院宣告死亡或者失踪的
B. 用人单位被吊销营业执照、责令关闭、撤销的
C. 以欺诈、胁迫的手段，使对方在违背真实意思的情况下订立劳动合同的
D. 劳动者被依法追究刑事责任的
E. 用人单位免除自己的法定责任、排除劳动者权利的

【答案】C、E

41. 下列关于劳动报酬的说法，正确的是（　　）。
A. 劳动报酬应当以货币方式支付
B. 工资可以通过实物形式按月支付给劳动者本人
C. 用人单位支付劳动者的工资不得低于当地平均工资标准
D. 劳动者在婚、丧假期间，用人单位应当支付工资

【答案】D

42. 某单位如下工作安排中，不符合《劳动法》劳动保护规定的有（　　）。
A. 安排怀孕6个月的女工钱某从事夜班工作
B. 因工作需要，临时安排女工加班
C. 安排女工赵某在经期从事冷水作业
D. 批准女工孙某休产假80天
E. 安排15岁的周某担任仓库管理员

【答案】C、D、E

43. 关于失业保险的说法，正确的是（　　）。
A. 失业保险的保费应由劳动者自行缴纳
B. 劳动者失业后就可获得失业保险赔偿
C. 劳动者失业前累计缴费满1年不足5年的，领取失业保险金的期限最长为18个月
D. 劳动者的失业保险金最多可以领取24个月

【答案】C

44. 下列争议中，不属于劳动争议范围的是（　　）。
A. 家庭与家政服务人员之间的争议　　B. 因辞退员工发生浮动争议
C. 因确认劳动关系发生的争议　　　　D. 因工作时间发生的争议

【答案】A

45. 企业拖欠劳动报酬，则劳动者可以处理该争议的途径有（　　）。
A. 向企业调解委员会申请调解
B. 向用人单位所在地的劳动仲裁委员会申请仲裁
C. 向约定的仲裁委员会申请仲裁
D. 直接向人民法院起诉
E. 直接向人民法院申请支付令

【答案】A、B、E

46. 承揽合同中，关于承揽人义务的说法，正确的是（　　）。
   A. 承揽人发现定作人提供的材料不符合约定的，可以自行更换
   B. 共同承揽人对定作人承担按份责任
   C. 未经定作人许可，承揽人不得留存复制品或技术资料
   D. 承揽人在工作期间，不必接受定作人必要的监督检验
   【答案】C

47. 关于承揽合同中解除权的说法，正确的是（　　）。
   A. 定作人可以随时解除合同，造成承揽人损失的，应该赔偿损失
   B. 承揽人将承揽的工作交由第三人完成的，定作人有权解除合同
   C. 定作人不履行协助义务的，承揽人可以解除合同
   D. 承揽人可以随时解除合同，造成定作人损失的，应该赔偿损失
   【答案】A

48. 甲施工企业从乙公司购进一批水泥，乙公司为甲施工企业代办托运。在运输过程中，甲施工企业与丙公司订立合同将这批水泥转让丙公司，水泥在运输途中因山洪暴发火车出轨受到损失。该案中水泥的损失应由（　　）。
   A. 丙公司承担　　　　　　　　B. 甲施工企业承担
   C. 乙公司承担　　　　　　　　D. 甲施工企业和丙公司分担
   【答案】A

49. 出卖人将标的物的权利凭证交给买受人，以替代标的物的现实交付，该种交付方式称为（　　）。
   A. 简易交付　　　　　　　　　B. 占有决定
   C. 指示交付　　　　　　　　　D. 拟制交付
   【答案】D

50. 关于民间借款合同的说法正确的是（　　）。
   A. 民间借款合同自双方当事人签字或盖章之日起生效
   B. 对支付利息的期限没有约定的，应当偿还本金时一并支付
   C. 当事人对支付利息没有约定的，视为支付利息
   D. 当事人约定的利率不得超过合同成立时1年期LPR的四倍
   【答案】D

51. 关于运输合同的说法，正确的是（　　）。
   A. 货物运输到达后，承运人知道收货人的，应当及时通知收货人
   B. 托运人违反包装规定的，承运人不得拒绝运输
   C. 货物在运输过程中因不可抗力灭失，已收取运费的，托运人不得要求返还
   D. 联运合同中，损失发生在某一区段的，仅由该区段的承运人向托运人承担责任
   【答案】A

52. 运输过程中，因（　　）发生货物毁损、灭失的，承运人不承担赔偿责任。
   A. 不可抗力　　　　　　　　　B. 货物本身自然属性

C. 托运人过错　　　　　　　　D. 第三人原因

E. 合理损耗

【答案】A、B、C、E

53. 关于租赁合同的说法，正确的有（　　）。

A. 租赁必须转让所有权

B. 当事人没有约定租赁期的，视为不定期租赁

C. 未经备案的租赁合同无效

D. 出租人出卖租赁物的，承租人在同等条件下享有优先购买权

E. 当事人未采用书面形式的，视为不定期租赁

【答案】B、D

54. 关于融资租赁合同当事人的权利义务的说法正确的是（　　）。

A. 租赁物的所有权属于承租人

B. 租赁物毁损、灭失的，由出租人承担相应责任

C. 租赁物的维修义务在出租人

D. 出卖人向承租人承担租赁物的瑕疵担保义务

【答案】D

55. 关于委托合同终止的说法，不正确的是（　　）。

A. 委托人可以随时解除合同，造成对方损失的无需赔偿

B. 受托人不可以随时解除合同

C. 委托合同是提供劳务的合同

D. 委托人丧失民事行为能力的，委托合同一律终止

【答案】C

2Z205000　建设工程施工环境保护、节约能源和文物保护法律制度

近三年真题考点分值表

章节	2021年（分）	2020年（分）	2019年（分）
2Z205010　施工现场环境保护制度	3	3	3
2Z205020　施工节约能源制度	2	2	2
2Z205030　施工文物保护制度	1	1	0

2Z205010　施工现场环境保护制度

核心考点提纲

1	2Z205011	施工现场环境噪声污染防治的规定
2	2Z205012	施工现场大气污染防治的规定
3	2Z205013	施工现场水污染防治的规定
4	2Z205014	施工现场固体废物污染环境防治的规定

2Z205011　施工现场环境噪声污染防治的规定

核心考点及重点提示

	考点	重点提示
1	施工现场、项目、企业噪声污染防治	★★★

★不大；★★一般；★★★重要

核心考点及考法

施工现场噪声污染防治
1. 施工现场环境噪声污染的防治：

160

（1）城市市区排放建筑施工噪声的，应符合国家规定的建筑施工场界环境噪声排放标准：

噪声排放限值：昼间70dB.夜间55dB；

夜间最大声级超过限值的幅度不高于15dB；

昼间：6:00～22:00；夜间：22:00～6:00

（2）使用机械设备可能产生环境污染的申报：

施工单位在开工15日前——向工程所在地县级以上生态环保部门申报。

申报：项目名称、施工场所和期限、可能产生的环境噪声值、所采取的环境噪声污染防治措施的情况。

（3）城市市区噪声敏感建筑物集中区域内——禁止夜间进行产生噪声污染施工作业。

*例外：抢修、抢险、工艺要求或特殊需要连续作业——必须有县以上政府或环保部门的证明＋公告附近居民。

噪声敏感建筑物集中区域：医疗区、文教区、机关、居民住宅区。

（4）政府监管部门现场检查——县以上生态环保部门和其他部门。

检查部门应当为被检查的单位保守技术秘密和业务秘密。

检查人员进行现场检查，应当出示证件。

2. 建设项目环境噪声污染防治：

（1）环境影响报告书：

建设项目可能产生噪声污染的——建设单位应制作环境影响评报告书——报环保部门批准。

报告书：应有项目所在地单位和居民意见。

（2）三同时——建设项目的环境噪声污染防治设施必须与主体工程：

同时设计、同时施工、同时投产使用。

3. 产生噪声污染的企事业单位：

保持防治噪声污染设施设备的正常使用。

防治设施的拆除、闲置——报县以上环保部门批准。

◆ 考法1：城市市区排放噪声的标准

【例题】（2017年真题）建筑施工噪声排放限值的测量位置是建筑施工场地的（   ）。

A. 中心　　　　　　　　　　　B. 毗邻建筑物
C. 边界　　　　　　　　　　　D. 周边50米

【答案】C

【例题】（2015年真题）根据《建筑施工场界环境噪声排放标准》GB 12523—2011，建筑施工场界环境夜间噪声的夜间是指（   ）期间。

A. 21点至次日6点　　　　　　B. 22点至次日8点
C. 21点至次日8点　　　　　　D. 22点至次日6点

【答案】D

【例题】（2014年真题）按照《建筑施工场界环境噪声排放标准》，建筑施工场界环境噪声排放限值为（　　）。

A. 昼间60dB（A），夜间50dB（A）
B. 昼间65dB（A），夜间50dB（A）
C. 昼间70dB（A），夜间55dB（A）
D. 昼间75dB（A），夜间60dB（A）

【答案】C

◆考法2：施工机器设备产生噪音申报的规定

【例题】（2018年真题）在城市市区范围内，建筑施工过程中使用机械设备，可能产生环境噪声污染的，施工企业必须在工程开工15日以前向工程所在地县级以上地方人民政府环境保护行政主管部门申报该工程的（　　）。

A. 项目名称　　　　　　　　　B. 施工场所和期限
C. 产生噪声的原因　　　　　　D. 可能产生的环境噪声值
E. 所采取的环境噪声污染防治措施

【答案】A、B、D、E

◆考法3：夜间施工的例外情形

【例题】（2020年真题）在城市市区噪声敏感建筑物集中区域内禁止夜间进行产生环境噪声污染的建筑施工作业，但（　　）除外。

A. 抢修作业　　　　　　　　　B. 经监理单位同意的
C. 抢险作业　　　　　　　　　D. 因生产工艺上要求必须连续作业的
E. 因特殊需要必须连续作业的

【答案】A、C、D、E

◆考法4：环境影响报告书

【例题】根据《环境噪声污染防治法》，关于建设项目环境噪声污染防治的说法，正确的是（　　）。

A. 建设项目可能产生环境噪声污染的，施工企业必须提出环境影响报告书
B. 环境影响报告书中应当有施工企业的意见
C. 环境影响报告书应按照国家规定报生态环境主管部门批准
D. 环境影响报告书，应当征得该建设项目所在地单位和居民的同意

【答案】C

2Z205012 施工现场大气污染防治的规定

核心考点及重点提示

	考点	重点提示
1	施工现场大气污染防治	★

★不大；★★一般；★★★重要

> **核心考点及考法**

施工现场大气污染防治

1. 建设单位——应将防治扬尘污染的费用列入工程造价并在施工承包合同中明确施工单位扬尘污染防治责任。

2. 建设单位——暂不能开工的，应对裸露地面覆盖，超过3个月，应绿化铺装遮盖。

3. 城市主要路段的施工工地——应设高度不小于2.5m的封闭围挡。

城市一般路段的施工工地——应设不小于1.8m的封闭围挡。

4. 施工现场出入口应当设置车辆冲洗装置

5. 碳排放——应列入温室气体重点排放单位名录：

（1）属于全国碳排放权交易市场覆盖行业；

（2）年度温室气体排放量达到2.6万吨二氧化碳当量。

6. 其他见教材，常识性内容。

◆**考法：施工现场大气污染防治的综合运用**

【例题】（2021年真题）关于施工现场大气污染防治的说法，正确的有（　　）。

A. 小型工程的工程造价可以不列支防治扬尘污染的费用

B. 暂时不能开工的施工工地，施工企业应当对裸露地面进行覆盖

C. 施工合同应当明确施工企业扬尘污染防治责任

D. 工程渣土、建筑垃圾应当进行资源化处理

E. 施工工地应当公示扬尘污染防治相关信息

【答案】C、D、E

【例题】（2019年真题）暂时不能开工的建设用地，超过（　　）的，应当进行绿化，铺装或者遮盖。

A. 3个月　　　　　　　　　　B. 1个月

C. 2个月　　　　　　　　　　D. 6个月

【答案】A

2Z205013 施工现场水污染防治的规定

> **核心考点及重点提示**

	考点	重点提示
1	施工现场水污染防治	★★

★不大；★★一般；★★★重要

> **核心考点及考法**

施工现场水污染防治

1. 排水许可证：

申领主体——建设单位申领。

许可证期限——城镇排水主管部门确定，不得超过施工期限。

无证后果——未取得，不得向城镇排水设施排污水。

排水许可不收费。

2. 其他见教材，常识性内容。

◆ **考法**：排水许可证

【例题】（2020年真题）关于向城镇排水设施排放污水的说法，正确的是（　　）。

A. 各类施工作业需要排水的，由施工企业申请领取排水许可证

B. 施工作业排水许可证的有效期，由建设行政主管部门根据工期确定

C. 排水户应当按照实际需要的排水类别、总量排放污水

D. 城镇排水主管部门实施排水许可不得收费

【答案】D

【例题】根据《水污染防治法》，关于施工现场水污染防治的说法，正确的是（　　）。

A. 禁止利用无防渗漏措施的沟渠输送含有毒污染物的废水

B. 在具有特殊经济文化价值的水体保护区内，禁止设置排污口

C. 禁止向水体排放含低放射性物质的废水

D. 禁止向水体排放生活污水

【答案】A

2Z205014 施工现场固体废物污染环境防治的规定

核心考点及重点提示

	考点	重点提示
1	施工现场固体废物污染防治	★★

★不大；★★一般；★★★重要

核心考点及考法

施工现场固体废物污染防治

1. 转移固废物出省：

向移出地的省级环保部门申请——经移入地的省级环保部门同意——由移出地的省级环保部门批准。

2. 危险废物管理：

从事收集、贮存、利用、处置危险废物经营活动的单位，应当申请取得许可证。

必须设置危险废物识别标志——在危险废物的容器和包装物以及收集、贮存、运输、处置危险废物的设施、场所。

禁止将危险废物与旅客在同一运输工具上载运。

收集、贮存、运输、利用、处置危险废物的场所、设施、设备和容器、包装物及其他物品转作他用时——应按国家有关规定经过消除污染处理，方可使用。

3. 再利用和回收率：

力争建筑垃圾——达到30%。

建筑物拆除产生的废弃物——大于40%。

碎石、土石方类建筑垃圾，可采取地基填埋、铺路等方式提高再利用率——大于50%。

◆考法1：再利用和回收率

【例题】（2021年真题）根据《绿色施工导则》，力争再利用和回收率达到30%的是（　　）。

A. 碎石类建筑垃圾　　　　　　B. 建筑物拆除产生的废弃物

C. 土石方类建筑垃圾　　　　　D. 建筑垃圾

【答案】D

◆考法2：危险废物管理

【例题】关于危险废物污染环境防治的规定，说法正确的是（　　）。

A. 危险废物的容器和包装物可以根据实际需要设置危险废物识别标志

B. 从事危险废物经营活动的单位，应该按照国家有关规定申请取得许可证

C. 将危险废物与旅客在同一运输工具上运载的，应当按照国家有关规定申请取得许可证

D. 危险废物的容器和包装物转作他用时，应当经行政主管部门批准

【答案】B

◆考法3：转移固废物出省及其他常识类知识

【例题】关于施工现场固体废物污染环境防治的说法，正确的是（　　）。

A. 经过批准，可以向江河、湖泊、运河、渠道、水库及其最高水位线以下的滩地和岸坡以及法律法规规定的其他地点倾倒、堆放、贮存固体废物

B. 转移固体废物出省、自治区、直辖市行政区域处置的，应经得移入地的环保部门批准

C. 转移固体废物出省、自治区、直辖市行政区域处置的，应当同时向固体废物移出地和接受地的省级人民政府生态环境主管部门提出申请

D. 未经批准，不得转移固体废物出省、自治区、直辖市行政区域处置

【答案】D

2Z205020　施工节约能源制度

核心考点提纲

1	2Z205021	施工合理使用和节约能源的规定

2Z205021 施工合理使用和节约能源的规定

核心考点及重点提示

	考点	重点提示
1	用能单位的法定义务	★
2	建筑节能的规定	★
3	四节（节能、节地、节水、节材）的《绿色施工导则》规定	★★★

★不大；★★一般；★★★重要

核心考点及考法

一、用能单位的法定义务

1. 建责任——应当建立节能目标责任制——对节能工作取得成绩的集体、个人给予奖励。

用能单位应当定期开展节能教育和岗位节能培训。

2. 强管理——应当加强能源计量管理。

3. 建制度——应当建立能源消费统计和能源利用状况分析制度。

4. 任何单位不得对能源消费实行包费制。

◆考法1：用能单位的法定义务

【例题】（2021年真题）关于用能单位法定义务的说法，正确的是（　　）。

A. 用能单位应当按照一切从简的原则，加强节能管理

B. 用能单位不得对能源消费实行包费制

C. 用能单位应当对各类能源的消费实行统一计量和统计

D. 用能单位应当建立循环经济制度

【答案】B

◆考法2：四节一环保的内容

【例题】（2019年真题）根据《绿色施工导则》，四节一环保中的四节是指（　　）。

A. 节工、节材、节机、节能

B. 节能、节地、节水、节材

C. 节水、节电、节气、节材

D. 节电、节材、节工、节水

【答案】B

二、建筑节能的规定

1. 国家实行固定资产节能评估和审查制度：

不符合强制性标准的项目，不予批准建设。

未建的——建设单位不得开工。

已经建成的——不得投入生产使用。

2. 其他见教材，常识性规定。

◆ **考法：国家实行固定资产节能评估和审查制度**

【例题】（2017年真题）国家实行固定资产投资项目（　　）评估和审查制度。

A. 节地　　　　　　　　　　B. 节水

C. 节能　　　　　　　　　　D. 节材

【答案】C

【例题】关于民用建筑强制节能标准的说法，正确的是（　　）。

A. 不符合民用建筑强制性节能标准的项目，已经建成的必须拆除

B. 监理单位发现某企业不按照民用建筑强制性节能标准施工的，应当直接向建设单位报告

C. 不符合民用建筑强制性节能标准的项目，建设单位不得开工建设

D. 政府投资项目不符合节能强制性标准的，在特殊情况下，审批机关可以批准建设

【答案】C

三、四节（节能、节地、节水、节材）的《绿色施工导则》规定

1. 节材《绿色施工导则》：

鼓励利用无毒无害的固体废物生产建筑材料。

鼓励使用散装水泥、推广使用预拌混凝土和预拌砂浆、禁止损毁耕地烧砖。

禁止损毁耕地烧砖，在国务院或省级政府规定的期限和区域内，禁止生产、销售和使用黏土砖。

图纸会审时，应审核节材与材料资源利用的相关内容，达到材料损耗率比定额损耗率降低30%。

施工现场500km以内生产的建筑材料用量占建筑材料总重量的70%以上。

其他见教材，常识性考点。

2. 节水《绿色施工导则》：

提高用水效率：详见教材，施工现场分别对生活用水与工程用水确定用水定额指标，并分别计量管理。

非传统水源利用：

（1）优先采用中水搅拌、中水养护，有条件的地区和工程应收集雨水养护。

（2）处于基坑降水阶段的工地，宜优先采用地下水作为混凝土搅拌用水、养护用水、冲洗用水和部分生活用水。

（3）现场机具、设备、车辆冲洗、喷洒路面、绿化浇灌等用水，优先采用非传统水源，尽量不使用市政自来水。

（4）大型施工现场，尤其是雨量充沛地区的大型施工现场建立雨水收集利用系统，充分收集自然降水用于施工和生活中适宜的部位。

（5）力争施工中非传统水源和循环水的再利用量大于30%。

3. 节能《绿色施工导则》：

照明设计以满足最低照度为原则，照度不应超过最低照度的20%。

其他见教材，常识性考点。

4. 节地《绿色施工导则》：

临时设施占地面积有效利用率大于90%。

施工现场围墙可采用连续封闭的轻钢结构预制装配式活动围挡，减少建筑垃圾，保护土地。

施工现场道路按照永久道路和临时道路相结合的原则布置。施工现场内形成环形通路，减少道路占用土地。

其他见教材，常识性考点。

◆考法1：节材

【例题】（2019年真题）在建设工程施工过程中，关于施工节材的说法，正确的是（　　）。

A. 禁止损毁耕地烧砖　　　　　　B. 应当使用散装水泥

C. 应当使用预拌混凝土　　　　　D. 禁止远距离采购建筑材料

【答案】A

【例题】根据《绿色施工导则》，关于建筑节材的说法，正确的有（　　）。

A. 图纸会审时，要达到材料损耗率比定额损耗率降低35%

B. 应根据现场平面布置情况就近卸载，避免和减少二次搬运

C. 优化安装工程的预留、预埋、管线路径等方案

D. 施工现场200公里以内的建筑材料用量占总重量的70%以上

E. 采取技术和管理措施提高模版、脚手架的周转次数

【答案】B、C、E

◆考法2：节水

【例题】（2020年真题）根据《绿色施工导则》，关于非传统水源利用的说法，正确的是（　　）。

A. 可以采用地下水搅拌地下水养护，有条件的地区和工程应当收集雨水养护

B. 处于基坑降水阶段的工地，地下水不得作为生活用水

C. 施工中非传统水源和循环水的再利用量力争大于20%

D. 现场机具、设备、车辆冲洗、喷洒路面、绿化浇灌等用水，优先采用非传统水源，尽量不使用市政自来水

【答案】D

【例题】根据《绿色施工导则》，关于用水效率的说法，正确的是（　　）。

A. 施工现场喷洒路面不得使用市政自来水

B. 现场机具冲洗用水鼓励设立循环用水装置

C. 对混凝土搅拌站点等用水集中的区域和工艺点进行专项计量考核

D. 施工现场对生活用水和工程用水统一确定定额指标，综合计量管理

【答案】C

◆ 考法3：节地

【例题】（2021年真题）根据《绿色施工导则》，关于临时用地保护的说法，正确的是（　　）。

A. 工程完工后，及时对红线外占地恢复原地形、地貌
B. 优化基坑施工方案，保持对土地的扰动
C. 红线外临时占地不得占用农田和耕地
D. 施工周期无论长短，均按临时绿化处理

【答案】A

【例题】（2020年真题）根据《绿色施工导则》，关于施工总平面布局的说法，正确的是（　　）。

A. 施工现场搅拌站、仓库等布置应当尽量远离已有交通线路
B. 施工现场道路应当尽量多布置临时道路，在施工现场形成环形道路
C. 施工现场围墙可以采用连续封闭的轻钢结构预制装配式活动围挡，减少建筑垃圾、保护土地
D. 生活区与生产区可以分开布置，并设置标准的分隔设施

【答案】C

【例题】根据《绿色施工导则》，关于临时用地指标和临时用地保护的说法，正确的是（　　）。

A. 根据施工规模及现场条件等因素合理确定设施的占地指标，临时设施的占地面积应该按用地指标所需的一半面积设计
B. 要求平面布置合理、紧凑，在满足环境、职业健康与安全及文明施工要求的前提下尽可能减少废弃地和死角，临时设施占地面积有效利用率大于80%
C. 应对深基坑施工方案进行优化，减少土方开挖和回填量，最大限度减少对土地的扰动，保护周边自然生态环境
D. 利用和保护施工用地范围内原有绿色植被，对于施工周期较短的现场，可按建筑永久绿化的要求，安排场地新建绿化

【答案】C

2Z205030　施工文物保护制度

核心考点提纲

1	2Z205031　受法律保护的文物范围
2	2Z205032　在文物保护单位保护范围和建设控制地带施工的规定
3	2Z205033　施工发现文物报告和保护的规定

2Z205031　受法律保护的文物范围

核心考点及重点提示

	考点	重点提示
1	国家保护文物的范围	★
2	属于国家所有的文物范围	★★

★不大；★★一般；★★★重要

核心考点及考法

一、国家保护文物的范围

（1）具有历史、艺术、科学价值的古文化遗址、古墓葬、古建筑、石窟寺和石刻、壁画；（2）与重大历史事件、革命运动或者著名人物有关的以及具有重要纪念意义、教育意义或者史料价值的近代现代重要史迹、实物、代表性建筑；（3）历史上各时代珍贵的艺术品、工艺美术品；（4）历史上各时代重要的文献资料以及具有历史、艺术、科学价值的手稿和图书资料等；（5）反映历史上各时代、各民族社会制度、社会生产、社会生活的代表性实物

具有科学价值的古脊椎动物化石和古人类化石同文物一样受国家保护

◆ **考法 1：国家保护的文物范围**

【例题】（2021年真题）根据《文物保护法》，受国家保护的文物是（　　）。

A. 古建筑

B. 近代史迹

C. 反映历史上各民族社会制度的代表性实物

D. 历史上的工艺美术品

【答案】C

【例题】（2019年真题）根据《文物保护法》，属于受国家保护的文物的是（　　）。

A. 与历史事件有关的史迹　　　　B. 具有历史价值的壁画

C. 古脊椎动物化石　　　　　　　D. 古人类化石

【答案】B

二、属于国家所有的文物范围

不可移动文物	（1）古文化遗址、古墓葬、石窟寺属于国家所有； （2）国家指定保护的纪念建筑物、古建筑、石刻、壁画、近代现代代表性建筑等不可移动文物，除国家另有规定的以外，属于国家所有
	所有权不因其所依附的土地所有权或者使用权的改变而改变
可移动文物	（1）中国境内出土的文物；（2）国有文物收藏单位、国家机关、部队和国有企业、事业组织等收藏、保管的文物；（3）国家征集、购买的文物；（4）公民、法人和其他组织捐赠给国家的文物
	所有权不因其保管、收藏单位的终止或者变更而改变

续表

水下文物	（1）中国领海内：一切起源于中国的、起源国不明的和起源于外国的文物，属中国；
	（2）中国领海以外但由中国管辖的海域：起源于中国的和起源国不明的文物，属中国
	外国领海以外的其他管辖海域以及公海区域内：起源于中国的文物，国家享有辨认器物物主的权利

◆考法：国家所有的文物范围

【例题】关于国家所有的文物的说法，正确的是（　　）。

A. 遗存公海区域内的起源于中国的文物，属国家所有

B. 国有不可移动文物的所有权因其所依附的土地所有权或者使用权的改变而改变

C. 古文化遗址、古墓葬、石窟寺属于国家所有

D. 属于国家所有的可移动文物的所有权因其保管、收藏单位的终止或者变更而改变

【答案】C

2Z205032　在文物保护单位保护范围和建设控制地带施工的规定

核心考点及重点提示

	考点	重点提示
1	文物保护单位的保护范围和建设控制地带的规定	★★★

★不大；★★一般；★★★重要

核心考点及考法

文物保护单位的保护范围和建设控制地带的规定

1. 文物保护单位的保护范围：

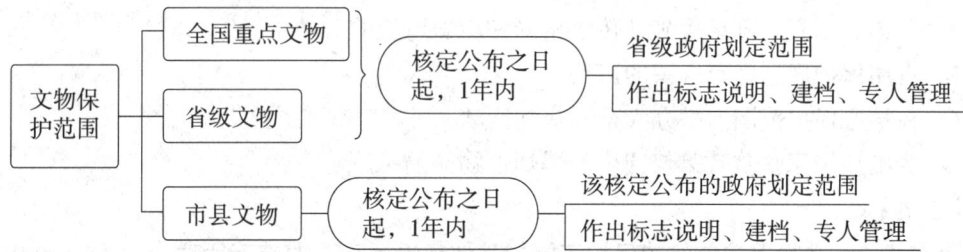

2. 文物保护单位的建设控制地带：

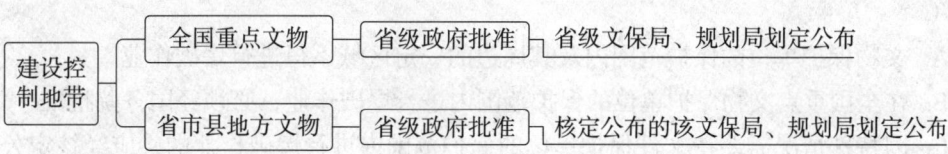

3. 文物修缮、迁移、重建单位应当具备的资质证书：

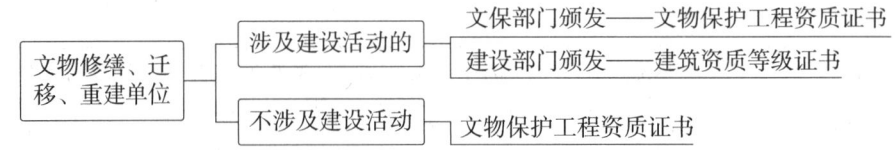

4. 历史文化名城、名镇、名村保护范围内活动：

禁止	（1）开山、采石、开矿等破坏传统格局和历史风貌的活动； （2）占用保护规划确定保留的园林绿地、河湖水系、道路等； （3）修建生产、储存爆炸性、易燃性、放射性、毒害性、腐蚀性物品的工厂、仓库等； （4）在历史建筑上刻划、涂污
可以，但需办手续	（1）改变园林绿地、河湖水系等自然状态的活动； （2）在核心保护范围内进行影视摄制、举办大型群众性活动
核心保护范围	不得进行新建、扩建活动（但新建、扩建必要的基础设施和公共服务设施除外）
	不得损坏或者擅自迁移、拆除历史建筑
	拆除历史建筑以外的建筑物、构筑物或者其他设施的，应当经城市、县人民政府城乡规划主管部门会同同级文物主管部门批准

5. 文物保护单位的保护范围内——不得进行其他建设工程或者爆破、钻探、挖掘等作业。但，特殊情况可以，需报批：

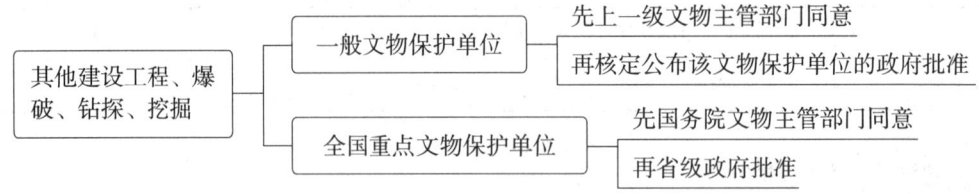

◆**考法1：历史文化名城、名镇、名村保护范围内活动**

【例题】（2020年真题）根据《历史文化名城名镇名村保护条例》，在历史文化名城、名镇、名村保护范围内可以进行的活动是（   ）。

A. 开山、采石、开矿等破坏传统格局和历史风貌的活动

B. 占用保护规划确定保留的道路

C. 在核心保护范围内举办大型群众性活动

D. 为响应国家扶贫政策修建生产爆炸性物品的工厂

【答案】C

◆**考法2：文物保护单位的保护范围的其他建设活动、爆破等活动**

【例题】关于在文物保护单位保护范围和建设控制地带内从事建设活动的说法，正确的是（   ）。

A. 文物保护单位的保护范围内及其周边的一定区域不得进行爆破作业

B. 在全国重点文物保护单位的保护范围内进行爆破作业，必须经国务院批准

C. 因特殊情况需要在文件保护单位的保护范围内进行爆破作业的，应经核定公布该文物保护单位的人民政府批准

D. 在省、自治区、直辖市重点文物保护单位的保护范围内进行爆破作业的，必须经国务院文物行政部门批准

【答案】C

◆考法3：文物保护单位的保护范围、建设控制地带的划定

【例题】根据《文物保护实施条例》，关于文物保护单位保护范围的说法，正确的是（　　）。

A. 文物保护单位建设控制地带的划定由县以上政府批准
B. 自治州的文物保护单位由自治州城乡规划行政部门划定保护范围
C. 全国重点文物保护单位由国务院文物行政部门划定必要的保护范围
D. 县级文物保护单位由核定公布该文物保护单位的人民政府划定保护范围

【答案】D

2Z205033 施工发现文物报告和保护的规定

核心考点及重点提示

	考点	重点提示
1	发现文物报告	★

★不大；★★一般；★★★重要

核心考点及考法

发现文物报告

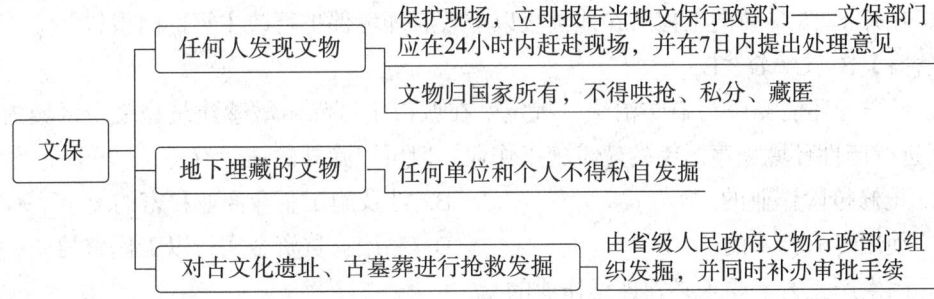

◆考法1：发现文物报告时间

【例题】关于施工中发现文物的报告和保护的说法，正确的是（　　）。

A. 发现人应当在12小时内报告当地文物行政部门
B. 文物行政部门接到报告后，应当在48小时内赶赴现场
C. 文物行政部门应当在10日内提出处理意见
D. 任何单位或者个人发现文物，应当保护现场

【答案】D

173

◆ 考法2：抢救发掘、发现文物的归属

【例题】关于施工发现文物报告和保护的说法，正确的是（　　）。

A. 在进行建设工程中发现的文物属于国家所有，在农业生产中发现的文物属于集体所有

B. 确因建设工期紧迫或者有自然破坏危险，对古文化遗址、古墓葬急需进行抢救发掘的，由县级人民政府文物行政部门组织发掘，并同时补办审批手续

C. 在集体组织所有的土地下发现埋藏的文物，集体组织可以自行挖掘

D. 地下埋藏的文物，任何单位和个人不得私自发掘

【答案】D

本章模拟强化练习

1. 按照《建筑施工场界环境噪声排放标准》，建筑施工场界夜间噪声最大声级超过限值的幅度（　　）。

A. 不得高于60dB（A）　　　　B. 不得高于50dB（A）
C. 不得高于15dB（A）　　　　D. 不得低于15dB（A）

【答案】C

2. 某交通施工项目贯穿城市市区噪声敏感建筑集中区域，可能造成环境噪声污染，下列做法正确的有（　　）。

A. 禁止一切夜间施工作业活动
B. 因特殊需要必须连续进行产生噪声污染的施工作业的，须经批准
C. 因特殊需要夜间作业的，应公告附近居民
D. 应当设置声屏障或采取其他有效的控制噪声污染的措施
E. 在开工15日前向工程所在地县级以上政府环境保护行政主管部门报告

【答案】B、C、D、E

3. 根据《环境噪声污染防治法》规定，在城市市区噪声敏感建筑物集中区域内，禁止夜间进行产生环境噪声污染的建筑施工作业。但可以除外的情形有（　　）。

A. 抢修抢险作业的　　　　　　B. 涉及施工企业商业秘密的
C. 使用专有技术的　　　　　　D. 利用扶贫资金实行以工代赈的
E. 因生产工艺上要求必须连续作业的

【答案】A、E

4. 城市范围内主要路段的施工工地应设置不小于一定高度的封闭围挡，该高度是（　　）。

A. 1.5m　　　　　　　　　　　B. 1.8m
C. 2.0m　　　　　　　　　　　D. 2.5m

【答案】D

5. 关于水污染防治，说法不正确的是（　　）。

A. 未取得排水许可证，排水户不得向城镇排水设施排放污水

B. 建设单位申请领取排水许可证

C. 排水许可证的有效期，由城镇排水主管部门根据排水状况确定

D. 城镇排水主管部门实施排水许可可以收取一定的费用

【答案】D

6. 关于建筑垃圾减量化、回收再利用。下列说法不正确的是（　　）。

A. 力争建筑垃圾的再利用和回收率达到50%

B. 建筑物拆除产生的废弃物的再利用和回收率大于40%

C. 碎石类、土方类建筑垃圾，可采用地基填埋、铺路等方式再利用

D. 严禁将生活垃圾、危险废物混入建筑垃圾

【答案】A

7. 关于危险废物污染环境防治的规定，说法正确的是（　　）。

A. 危险废物的容器和包装物应当根据实际需要设置危险废物识别标志

B. 从事危险废物经营活动的单位，应该按照国家有关规定申请取得许可证

C. 将危险废物与旅客在同一运输工具上运载的，应当按照国家有关规定申请取得许可证

D. 危险废物的容器和包装物转作他用时，应当经行政主管部门批准

【答案】B

8. 位于甲省的某项目产生大量建筑垃圾，经协商可转移至乙省某地填埋，但需要途经丙省辖区。关于该固体废物转移的说法，正确的是（　　）。

A. 应当向甲省环保部门报告并经丙省环保部门同意

B. 应当向甲省环保部门报告并经乙省环保部门同意

C. 应当向乙省环保部门报告并经丙省环保部门同意

D. 应当向丙省环保部门报告并经甲省环保部门同意

【答案】B

9. 根据《绿色施工导则》，关于非传统水源利用的说法，正确的是（　　）。

A. 可以采用地下水搅拌地下水养护，有条件的地区和工程应当收集雨水养护

B. 处于基坑降水阶段的工地，地下水不得作为生活用水

C. 施工中非传统水源和循环水的再利用量力争大于20%

D. 现场机具、设备、车辆冲洗、喷洒路面、绿化浇灌等用水，优先采用非传统水源，尽量不使用市政自来水

【答案】D

10. 根据《绿色施工导则》，关于施工总平面布置的说法，正确的是（　　）。

A. 施工现场围墙可以采用连续封闭的轻钢结构预制装配式活动围挡

B. 生活区与生产区尽量分开布置

C. 施工现场搅拌站应当尽量靠近在建工程建筑物

D. 施工现场内的永久性道路应当形成环形道路

【答案】A

11. 根据《绿色施工导则》，关于用水效率的说法，正确的是（　　）。
    A. 施工现场喷洒路面不得使用市政自来水
    B. 严禁无措施浇水养护混凝土
    C. 对混凝土搅拌站点等用水集中的区域和工艺点进行专项计价考核
    D. 施工现场对生活用水和工程用水统一确定定额指标，综合计量管理
    【答案】B

12. 《绿色施工导则》规定，图纸会审时，应审核节材与材料资源利用的相关内容，达到材料损耗率比定额损耗率降低（　　）。
    A. 15%   B. 20%
    C. 25%   D. 30%
    【答案】D

13. 《绿色施工导则》规定，应就地取材，施工现场 500 千米以内生产的建筑材料用量占建筑材料总重量的一定比例以上，该比例是（　　）。
    A. 50%   B. 60%
    C. 70%   D. 80%
    【答案】C

14. 《绿色施工导则》对施工用电及照明的规定，照明设计以满足最低照度为原则，照度不应超过最低照度的（　　）。
    A. 15%   B. 20%
    C. 25%   D. 30%
    【答案】B

15. 根据《文物保护法》，下列文物中不属于国家所有文物的是（　　）。
    A. 遗存于中国领海起源于外国的文物   B. 古文化遗址，古墓
    C. 某公民收藏的古玩字画   D. 国有企业收藏的文物
    【答案】C

16. 关于施工中发现文物的报告和保护的说法，正确的是（　　）。
    A. 发现的文物属于发现者先占所有
    B. 发现的文物属于集体所有
    C. 文物行政部门应当在 10 日内提出处理意见
    D. 任何单位或者个人发现文物，应当保护现场
    【答案】D

17. 根据《历史文化名城名镇名村保护条例》，下列对历史文化街区、名镇、名村核心保护范围内施工活动的规定不正确的有（　　）。
    A. 不得进行新建、扩建活动，除必要的基础设施和公共服务设施除外
    B. 拆除历史建筑以外的建筑物、构筑物或者其他设施的，应当经城市、县人民政府城乡规划主管部门会同同级文物主管部门批准

C. 不得进行改变园林绿地、河湖水系等自然状态的活动

D. 任何单位或者个人不得损坏或者擅自迁移、拆除历史建筑

E. 不得新建任何设施

【答案】C、E

18. 关于在文物保护单位保护范围和建设控制地带内从事建设活动的说法，正确的是（　　）。

A. 文物保护单位的保护范围内及其周边的一定区域不得进行爆破作业

B. 在全国重点文物保护单位的保护范围内进行爆破作业，必须经国务院批准

C. 因特殊情况需要在文物保护单位的保护范围内进行爆破作业的，应经核定公布该文物保护单位的人民政府批准

D. 在省、自治区、直辖市重点文物保护单位的保护范围内进行爆破作业的，必须经国务院文物行政部门批准

【答案】C

2Z206000　建设工程安全生产法律制度

近三年真题考点分值表

章节		2021年（分）	2020年（分）	2019年（分）
2Z206010	施工安全生产许可证制度	2	1	1
2Z206020	施工安全生产责任和安全生产教育培训制度	1	2	2
2Z206030	施工现场安全防护制度	2	2	1
2Z206040	施工安全事故的应急救援与调查处理	2	2	2
2Z206050	建设单位和相关单位的建设工程安全责任制度	3	2	3

2Z206010　施工安全生产许可证制度

核心考点提纲

1	2Z206011	申请领取安全生产许可证的条件
2	2Z206012	安全生产许可证的有效期和政府监管的规定

2Z206011　申请领取安全生产许可证的条件

核心考点及重点提示

	考点	重点提示
1	申领安全生产许可证的条件	★★★

★不大；★★一般；★★★重要

核心考点及考法

申领安全生产许可证的条件

制度	建立、健全安全生产责任制，制定完备的安全生产规章制度和操作规程
预案措施	有对危险性较大的分部分项工程及施工现场易发生重大事故的部位、环节的预防、监控措施和应急预案
	有生产安全事故应急救援预案、应急救援组织或者应急救援人员，配备必要的应急救援器材、设备

续表

钱		保证本单位安全生产条件所需资金的投入
人		设置安全生产管理机构,按照国家有关规定配备专职安全生产管理人员
		主要负责人、项目负责人、专职安全生产管理人员经建设主管部门或者其他有关部门考核合格
		特种作业人员经有关业务主管部门考核合格,取得特种作业操作资格证书
		管理人员和作业人员每年至少进行1次安全生产教育培训并考核合格
物		施工现场的办公、生活区及作业场所和安全防护用具、机械设备、施工机具及配件符合有关安全生产法律、法规、标准和规程的要求
		有职业危害防治措施,并为作业人员配备符合国家标准或者行业标准的安全防护用具和安全防护服装
保险		依法参加工伤保险,依法为施工现场从事危险作业的人员办理意外伤害保险,为从业人员交纳保险费

◆考法：安全生产许可证的申领条件

【例题】（2021年真题）下列建筑施工条件中,属于建筑施工企业取得安全生产许可证应当具备的条件是（　　）。

A. 为职工办理了意外伤害保险
B. 依法参加工伤保险,为从业人员缴纳保险费
C. 保证本单位生产经营条件所需资金的投入
D. 管理人员和作业人员每年至少进行2次安全生产教育培训并考核合格

【答案】B

2Z206012　安全生产许可证的有效期和政府监管的规定

核心考点及重点提示

	考点	重点提示
1	安全生产许可证的申请、有效期、变更、注销、遗失	★★★

★不大；★★一般；★★★重要

核心考点及考法

安全生产许可证的申请、有效期、变更、注销、遗失等

1. 必须实行许可证制度的企业：
矿山、建筑施工、危险化学品、烟花爆竹、民用爆破器材企业。
2. 无证的后果——不得从事生产活动、不发施工许可证。
3. 证书有效期、延期——3年。

延期——有效期届满前 3 个月申请。

有效期内无死亡事故的——期满后，原发证机关同意，不再审查，延期 3 年。

4. 许可证管理：

（1）申请：

安全生产许可证：施工单位申请——向企业注册地的省级住房城乡建设主管部门。

（2）变更：

企业变更名称、地址、法定代表人等——应在变更后 10 日内，到原安全生产许可证颁发管理机关办理安全生产许可证变更手续。

（3）注销——破产、倒闭、撤销——交回原发证机关注销。

（4）遗失、撤销：同 2Z202020 企业资质内容，在此不重复。

◆ 考法 1：安全生产许可证的管理的综合运用

【例题】（2021 年真题）关于建筑施工企业安全生产许可证的说法，正确的是（　　）。

A. 安全生产许可证遗失补办，由申请人告知资质许可机关，由资质许可机关在官网发布信息

B. 企业在安全生产许可证有效期内未发生死亡事故的，安全生产许可证自动续期

C. 安全生产许可证的有效期为 5 年

D. 安全生产许可证有效期满前 30 天可以向原颁发管理机关办理延期手续

【答案】A

【例题】关于建筑施工企业安全生产许可证的说法，不正确的是（　　）。

A. 建筑施工企业破产、倒闭、撤销的，应将安全生产许可证交回原发证机关予以注销

B. 未取得安全生产许可证的，不得从事施工活动

C. 安全生产许可证颁发管理机关工作人员滥用职权、玩忽职守颁发安全生产许可证的，应予撤销

D. 施工企业是否具有安全生产许可证不影响施工许可证的核发

【答案】D

◆ 考法 2：申领安全生产许可证的企业范围

【例题】下列从事生产活动的企业中，不属于必须取得安全生产许可证的是（　　）。

A. 服装生产企业　　　　　　　　B. 建筑施工企业

C. 烟花爆竹生产企业　　　　　　D. 矿业企业

【答案】A

2Z206020　施工安全生产责任和安全生产教育培训制度

核心考点提纲

1	2Z206021 施工单位的安全生产责任
2	2Z206022 施工项目负责人的安全生产责任

续表

3	2Z206023 施工总承包和分包单位的安全生产责任
4	2Z206024 施工作业人员安全生产的权利和义务
5	2Z206025 施工单位安全生产教育培训的规定

2Z206021 施工单位的安全生产责任；2Z206022 施工项目负责人的安全生产责任

核心考点及重点提示

	考点	重点提示
1	单位主要负责人、项目负责人、专职安全员的职责	★★★
2	专职安全员的配备	★★
3	单位主要负责人、项目负责人的带班比较	★★

★不大；★★一般；★★★重要

核心考点及考法

一、单位主要负责人、项目负责人、专职安全员的职责

单位主要负责人	负责	对本单位安全生产管理全面负责，是本单位安全生产第一责任人
	建立并落实	建立健全并落实本单位全员安全生产责任制，加强安全生产标准化建设
		组织建立并落实安全风险分级管控和隐患排查治理双重预防工作机制，督促检查本单位安全生产工作，及时消除生产安全事故隐患
	组织制定并实施	本单位安全生产规章制度和操作规程、教育和培训计划、应急救援预案
	资金	保证本单位安全生产投入的有效实施
	事故	及时、如实报告生产安全事故
项目负责人	负责	对本项目安全生产管理全面负责
	落实	建立项目安全生产管理体系，明确项目管理人员安全职责，落实安全生产管理制度
	资金	确保项目安全生产费用有效使用
	事故	发生事故时，应当按规定及时报告并开展现场救援
	工作	按规定实施项目安全生产管理，监控危险性较大分部分项工程，及时排查处理施工现场安全事故隐患，隐患排查处理情况应当记入项目安全管理档案
		总包企业项目负责人应当定期考核分包企业安全生产管理情况

项目专职安全员	（1）负责施工现场安全生产日常检查并做好检查记录；（2）现场监督危险性较大工程安全专项施工方案实施情况；（3）对作业人员违规违章行为有权予以纠正或查处；（4）对施工现场存在的安全隐患有权责令立即整改；（5）对于发现的重大安全隐患，有权向企业安全生产管理机构报告；（6）依法报告生产安全事故情况
企业主要负责人——法定代表人、总经理、副总（分管安全生产、生产经营）、技术负责人（总工、副总工）、安全总监	

安全生产管理机构以及安全生产管理人员职责	
参与拟定	组织或者参与拟订本单位安全生产规章制度、操作规程和生产安全事故应急救援预案
	组织或参与本单位安全生产教育和培训，如实记录安全生产教育和培训情况
督促	组织开展危险源辨识和评估，督促落实本单位重大危险源的安全管理措施
	督促落实本单位安全生产整改措施
组织	组织或者参与本单位应急救援演练
检查	检查本单位的安全生产状况，及时排查生产安全事故隐患，提出改进安全生产管理的建议
纠错	制止和纠正违章指挥、强令冒险作业、违反操作规程的行为

注意：全书都是单位负责人对单位安全、质量负责；项目负责人对项目安全、质量负责。

◆ **考法 1：单位主要负责人的安全职责**

【例题】（2018 年真题）施工企业主要负责人对安全生产的责任包括（　　）。

A. 工程项目实行总承包的，定期考核分包企业安全生产管理情况
B. 督促落实本单位重大危险源的安全管理措施
C. 在施工现场组织协调工程项目质量安全生产活动
D. 保证本企业安全生产投入的有效实施

【答案】D

◆ **考法 2：单位主要负责人的范围**

【例题】（2019 年真题）根据《建筑施工企业负责人及项目负责人施工现场带班暂行办法》，属于建筑施工企业负责人的是（　　）。

A. 实际控制人
B. 副总工程师
C. 主管经营的副总经理
D. 项目经理

【答案】B

◆ **考法 3：项目负责人的安全职责**

【例题】（2019 年真题）根据《建筑工程施工主要负责人、项目负责人和安全生产管理规定》，属于项目负责人安全生产职责的是（　　）。

A. 建立项目安全生产管理体系
B. 建立安全生产管理制度
C. 建立分部分项工程
D. 及时报告质量问题

【答案】A

◆考法4：项目专职安全员的安全职责

【例题】（2021年真题）下列安全生产责任中，属于建设工程项目专职安全生产管理人员职责的是（　　）。

A. 组织制定并实施生产安全事故应急救援预案

B. 保证本单位安全投入的有效实施

C. 督促检查危险性较大工程的安全生产工作，及时消除生产安全事故隐患

D. 现场监督危险性较大工程安全专项施工方案实施情况

【答案】D

◆考法5：安全生产管理机构以及安全生产管理人员职责的安全职责

【例题】下列安全生产责任中，属于安全生产管理机构以及安全生产管理人员职责的是（　　）。

A. 制定本单位安全生产规章制度、操作规程和生产安全事故应急救援预案

B. 制定本单位安全生产教育和培训制度

C. 督促落实本单位重大危险源的安全管理措施

D. 检查项目的安全生产状况，及时排查生产安全事故隐患，要求施工单位整改

【答案】C

二、专职安全员的配备

总包	特级不少于6人	一级不少于4人	二级及以下不少于3人
专业承包		一级不少于3人	二级及以下不少于2人
劳务分包	不少于2人		
分公司等	不少于2人		

应根据企业——经营规模、设备管理和生产需要——予以增加人数
采用新技术、新工艺、新材料或致害因素多、施工作业难度大的工程项目——应根据施工实际情况，在以上规定的配备标准上增加

◆考法：专职安全员的配备

【例题】（2017年真题）关于专职安全生产管理人员配备要求的说法，正确的是（　　）。

A. 按建筑施工总承包企业资质管理要求，资质等级越高则专职安全生产管理人员配备越多

B. 建筑施工企业经营规模较小的，可以不配备专职安全生产管理人员

C. 建筑施工企业的分支机构不必配备专职安全生产管理人员

D. 作业难度大的施工作业班组必须配备专职安全生产管理人员

【答案】D

【例题】关于建筑施工企业安全生产管理机构专职安全生产管理人员配备的说法，错误的是（　　）。

A. 建筑施工总承包资质特级资质专职安全生产管理人员不少于6人

B. 建筑施工企业安全生产管理机构专职安全生产管理员的配备与企业经营规模和生产需要有关，与企业设备管理无关

C. 建筑施工专业承包资质二级和二级以下资质企业的专职安全生产管理人员不少于2人

D. 建筑施工劳务分包资质序列企业的专职安全生产管理人员不少于2人

【答案】B

三、单位主要负责人、项目负责人的带班比较

	时间	工作要求
单位负责人	每月带班检查时间≥其工作日的25%	做好检查记录，并分别在项目、企业存档备案； 项目负责人应全面掌握项目质量安全生产状况，加强对重点部位、关键环节的控制，及时消除隐患； 项目负责人请假需批准，离开要委托——向建设单位请假
	必须到场带班： （1）超过一定规模危险性较大工程施工； （2）出现险情或重大隐患时	
	集团负责人不能到场，可书面委托分公司负责人到场	
项目负责人	每月带班生产时间≥施工时间的80%	
	必须到场带班：危险性较大工程施工	

◆ 考法1：项目负责人带班

【例题】（2020年真题）关于施工企业项目负责人安全生产责任的说法，正确的是（　　）。

A. 应当监控分部分项工程的安全生产情况

B. 每月带班生产时间不得少于本月施工时间的60%

C. 应当对工程项目落实带班制度负责

D. 每月带班检查时间不得少于其工作日的25%

【答案】C

◆ 考法2：单位负责人带班

【例题】关于施工企业负责任人施工现场带班制度的说法，正确的是（　　）。

A. 建筑施工企业负责人是项目安全管控第一责任人

B. 建筑施工企业负责人要定期带班检查，每月检查时间不少于其工作日的20%

C. 有分公司的企业集团负责人因故不能到现场的，可口头委托工程所在地的分公司负责人对施工现场进行带班检查

D. 建筑施工企业负责人带班检查时，应认真做好检查记录，并分别在企业和工程项目存档备查

【答案】D

2Z206023　施工总承包和分包单位的安全生产责任

核心考点及重点提示

	考点	重点提示
1	总包单位的安全责任	★★★

★不大；★★一般；★★★重要

核心考点及考法

总包单位的安全责任

```
        ┌ 1. 分包合同中应明确总分包双方的安全生产责任
        │ 2. 分包工程安全责任——总、分包单位连带责任（可追偿）
        │ 3. 承担合同责任 ─ 总包对建设单位——分包对总包负责
  总包 ─┤ 4. 分包应服从总包的安全生产管理，分包不服从的，分包负主要责任
        │ 5. 统一编制应急救援预案 ─ 总包统一编，总分各自建（人员、设备）
        └ 6. 上报安全事故、购买意外险、提取管理安全费
```

◆ **考法 1：总分包的连带责任**

【例题】（2016 年真题）根据《建设工程安全生产管理条例》，总承包单位和分包单位对分包工程的安全生产承担（   ）。

A．按份责任 B．集体责任
C．同等责任 D．连带责任

【答案】D

◆ **考法 2：总包的安全责任**

【例题】（2018 年真题）根据《建设工程安全生产管理条例》，施工总承包项目的分包工程发生施工生产安全事故，负责向政府安监部门和有关部门上报事故的是（   ）。

A．分包单位 B．总承包单位
C．建设单位 D．现场安全责任人

【答案】B

◆ **考法 3：总包的责任的综合理解**

【例题】根据《建设工程安全生产管理条例》，关于施工总承包单位应承担的生产责任的说法，正确的是（   ）。

A．统一组织编制并建立建设工程生产安全应急救援预案、设备和人员
B．负责向有关部门上报施工生产安全事故
C．将建设工程主体结构的施工分包
D．分包工程发生了安全问题时，由分包方自行承担相应责任

【答案】B

2Z206024 施工作业人员安全生产的权利和义务

核心考点及重点提示

	考点	重点提示
1	作业人员安全生产的权利和义务	★★★

★不大；★★一般；★★★重要

核心考点及考法

作业人员安全生产的权利和义务

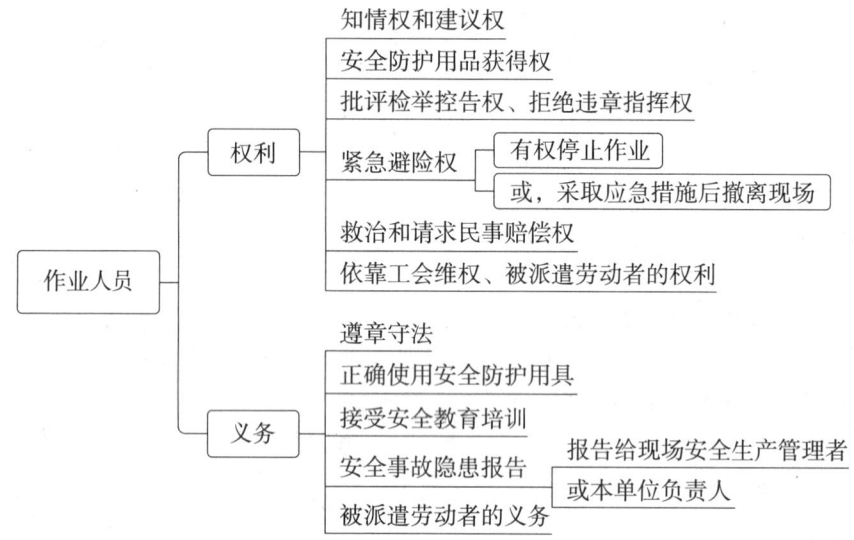

◆ 考法1：作业人员的权利、义务范围的区分

【例题】（2015年真题）下列各项权力中，属于施工作业人员安全生产权利的有（　　）。

A. 检举权　　　　　　　　　　B. 控告权
C. 批评权　　　　　　　　　　D. 接受安全教育培训的权利
E. 危险报告权

【答案】A、B、C

◆ 考法2：作业人员的权利的含义

【例题】（2020年真题）施工作业人员张某在作业过程中，发现吊装预制构件未绑扎牢固而失衡摆动，即将脱落直接危及人身安全，随即停止作业并迅速躲避，该情形属于张某行使（　　）。

A. 紧急避险权　　　　　　　　B. 知情权
C. 拒绝违章指挥权　　　　　　D. 正当防卫权

【答案】A

2Z206025　施工单位安全生产教育培训的规定

核心考点及重点提示

	考点	重点提示
1	安全生产教育培训	★

★不大；★★一般；★★★重要

核心考点及考法

安全生产教育培训

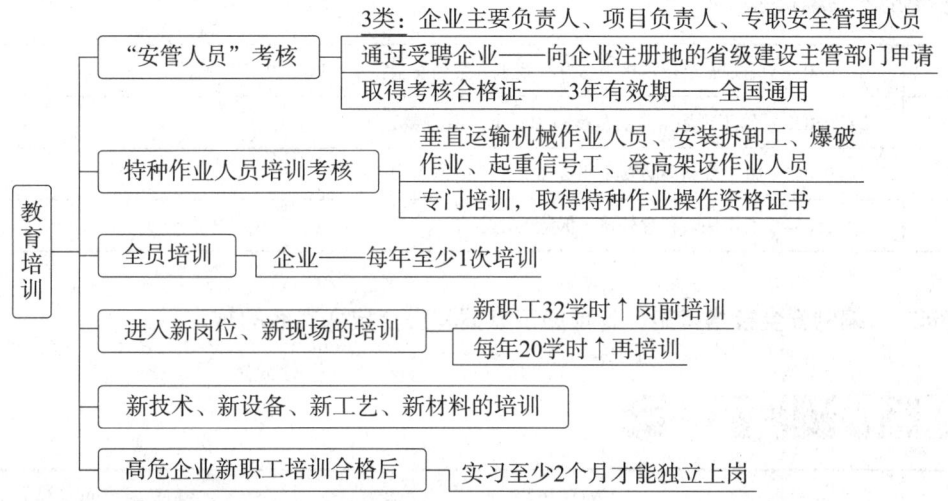

◆ **考法 1：安全教育培训的综合运用**

【例题】根据《建筑施工企业安全生产许可证管理规定》，关于建筑施工企业安全教育培训的说法，正确的是（　　）。

A. 取得安全生产许可证应当经过住房城乡建设主管部门或者其他有关部门考核合格的人员是企业主要负责人、部门负责人和项目负责人

B. "安管人员"应由受聘企业向企业工商注册地的省、自治区、直辖市城乡建设主管部门申请考核并取得考核合格证书

C. 进入新岗位无需进行安全教育培训

D. 企业应对管理人员和作业人员每年至少进行2次安全生产教育培训

【答案】B

◆ **考法 2：特种作业人员范围**

【例题】下列不属于特种作业人员的是（　　）。

A. 安装拆卸工　　　　　　　　B. 爆破作业人员

C. 起重信号工　　　　　　　　D. 抹灰砌筑工

【答案】D

◆ **考法 3：教育培训涉及的相关时间**

【例题】（2016年真题）根据《国务院安委会关于进一步加强安全培训工作的决定》，高危企业新职工安全培训合格后，要在经验丰富的工人师傅带领下，实习至少（　　）后方可独立上岗。

A. 6个月　　　　　　　　　　B. 3个月

C. 2个月　　　　　　　　　　D. 1个月

【答案】C

2Z206030 施工现场安全防护制度

核心考点提纲

1	2Z206031	编制安全技术措施、专项施工方案和安全技术交底的规定
2	2Z206032	施工现场安全防范措施和安全费用的规定
3	2Z206033	施工现场消防安全职责和应采取的消防安全措施
4	2Z206034	工伤保险和意外伤害保险的规定

2Z206031 编制安全技术措施、专项施工方案和安全技术交底的规定

核心考点及重点提示

	考点	重点提示
1	专项施工方案	★★

★不大；★★一般；★★★重要

核心考点及考法

专项施工方案

1. 编制：

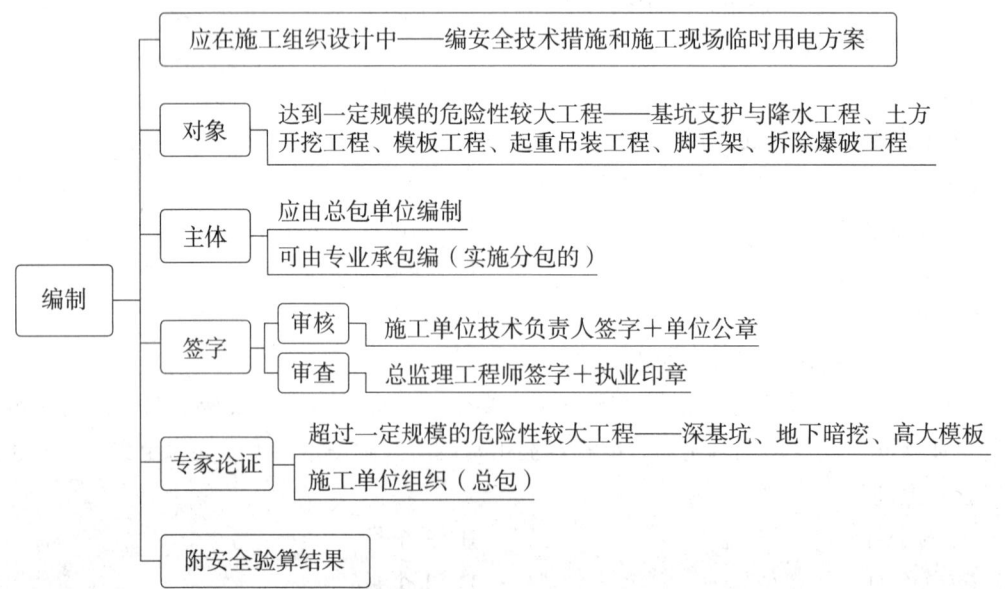

2. 实施、交底：

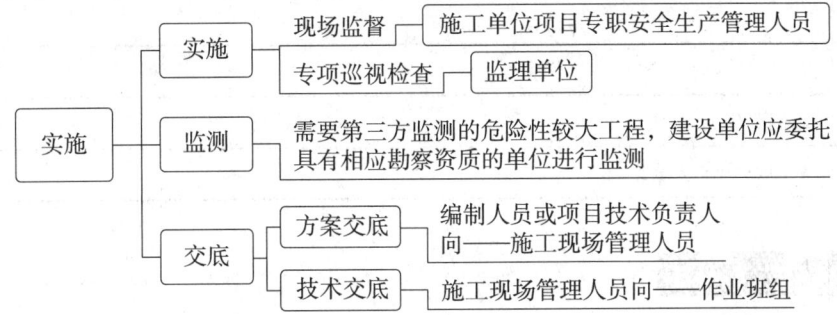

◆考法1：专项施工方案的编制

【例题】（2021年真题）根据《危险性较大的分部分项工程安全管理规定》，关于危险性较大工程专项施工方案的说法，正确的是（　　）。

A. 危险性较大工程实行分包的，专项施工方案应当由相关专业分包单位组织编制

B. 分包单位组织编制的专项施工方案应当由分包单位负责人签字并加盖单位公章

C. 超过一定规模的危险性较大工程，建设单位应当组织专家会议论证专项施工方案

D. 危险性较大工程实行施工总承包的，专项施工方案应当由施工总承包单位编制

【答案】D

◆考法2：专项施工方案实施

【例题】关于安全专项施工方案实施的说法，正确的是（　　）。

A. 由项目经理兼任专项方案实施情况检查员，对现场实施监督

B. 项目专职安全管理人员发现不按照专项方案施工的，报建设单位后整改

C. 项目专职安全管理人员对专项施工方案的实施情况现场监督

D. 建设单位发现有危及人身安全隐患时，立即组织作业人员撤离

【答案】C

◆考法3：专项施工方案的综合运用

【例题】关于安全专项施工方案的说法，正确的是（　　）。

A. 需要第三方监测的危险性较大工程，建设单位应委托具有相应设计资质的单位进行监测

B. 对于危险性较大工程的专项施工方案，由编制人员人员向作业班组进行技术交底

C. 实行施工总承包的，由总包单位组织专家论证

D. 应由施工单位项目负责人签字

【答案】C

2Z206032 施工现场安全防范措施和安全费用的规定

核心考点及重点提示

	考点	重点提示
1	施工现场安全防护规定	★★

续表

	考点	重点提示
2	安全费	★

★不大；★★一般；★★★重要

核心考点及考法

一、施工现场安全防护的规定

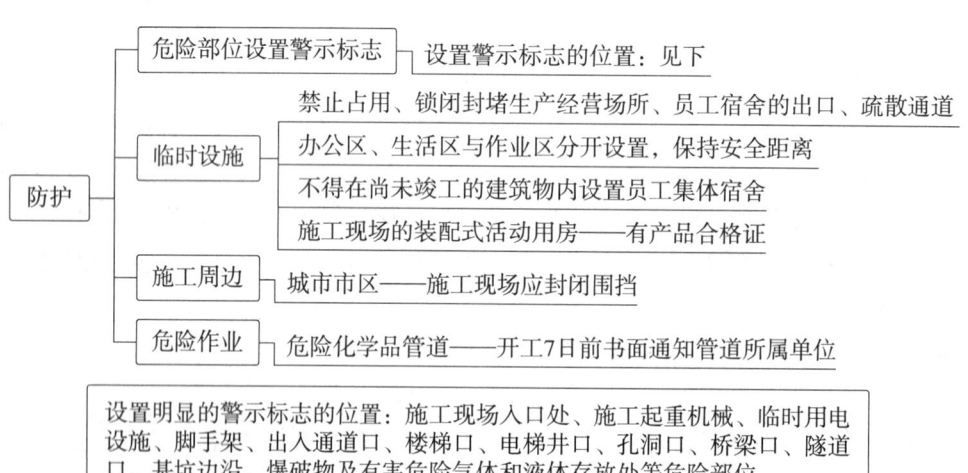

◆ 考法1：设置警示标志的位置

【例题】施工单位应在施工现场（　　）设置明显的安全警示标志。

A. 楼梯口　　　　　　　　　　B. 配电箱

C. 塔吊　　　　　　　　　　　D. 基坑底部

E. 施工现场出口处

【答案】A、B、C

◆ 考法2：生物安全风险防控

【例题】有关生物安全风险防控的说法，不正确的是（　　）。

A. 建设单位负责施工现场疫情常态化防控各项工作组织实施

B. 监理单位负责审查施工现场疫情常态化防控工作方案，开展检查并提出建议

C. 施工单位在编制施工组织设计、专项施工方案等时应增加疫情常态化防控专篇

D. 因疫情常态化防控发生的防疫费可计入工程造价

【答案】A

◆ 考法3：现场防护措施的综合运用

【例题】关于施工单位的施工行为，做法正确的是（　　）。

A. 城市市区施工，进行了封闭围挡的

B. 在尚未竣工的建筑物内设置员工集体宿舍的

C. 起重机械的安装、改造、修理未经监督检验合格的

D. 使用未经验收或验收不合格的施工起重机械和整体提升脚手架、模板等自升式架设设施的

【答案】A

二、安全费

（1）提取依据——工程造价——提取的安全费用列入工程造价，在竞标时不删减，列入标外管理。

提取标准——矿山工程——2.5%

房屋建筑、水利水电、电力、铁路、城市轨道交通——2.0%

市政公用、冶炼、机电安装、化工石油、港口与航道、公路、通信——1.5%

企业可提高费用

投标方安全防护、文明施工措施的报价——不低于当地工程造价管理机构测定费率

计算所需费用总额的90%。

（2）建设单位安全防护、文明施工措施费用预付比例：

工期1年↓——预付安全防护、文明施工措施项目费用不低于该费用50%；

工期1年↑（含1年）——预付安全防护、文明施工措施项目费用不低于该费用30%。

（3）总分包对安全费的管理使用：

总包统一提取、统一管理、专款专用——分包不再重复提取。

总包对安全费用的使用负总责——按约定及时向分包支付费用。

◆ **考法 1：安全费的提取的综合运用**

【例题】根据《企业安全生产费用提取和使用管理办法》，建设工程施工企业安全生产费用计提的说法，正确的是（　　）。

A. 工期 1 年的，预付安全防护、文明施工措施项目费用不低于该费用 30%

B. 施工企业提取的安全费用不列入工程造价

C. 施工企业不得提高安全费用提取标准

D. 总承包单位与分包单位按比例各自提取安全费用

【答案】A

◆ **考法 2：投标方安全防护、文明施工措施的报价**

【例题】（2017 年真题）根据《企业安全生产费用提取和使用管理办法》，施工投标人安全防护、文明施工措施的报价，是依据工程所在地工程造价管理机构测定费率计算所需费用总额的（　　）。

A. 60%　　　　　　　　　　　　B. 90%

C. 70%　　　　　　　　　　　　D. 80%

【答案】B

2Z206033　施工现场消防安全职责和应采取的消防安全措施

核心考点及重点提示

	考点	重点提示
1	消防安全职责	★
2	施工现场的消防安全要求	★
3	消防自我评估、演练	★

★不大；★★一般；★★★重要

核心考点及考法

一、消防安全职责

机关、团体、企业、事业等单位的消防安全职责：

（1）落实消防安全责任制，制定本单位的消防安全制度、消防安全操作规程，制定灭火和应急疏散预案；（2）按照国家标准、行业标准配置消防设施、器材，设置消防安全标志，并定期组织检验、维修，确保完好有效；（3）对建筑消防设施每年至少进行一次全面检测，确保完好有效，检测记录应当完整准确，存档备查；（4）保障疏散通道、安全出口、消防车通道畅通，保证防火防烟分区、防火间距符合消防技术标准；（5）组织防火检查，及时消除火灾隐患；（6）组织进行有针对性的消防演练。

记忆总结：制度、设施、检测、检查、演练

◆考法：消防安全职责

【例题】（2020年真题）根据《消防法》，关于施工企业的消防安全职责的说法，正确的是（　　）。

A. 按照地方标准或者企业标准配置消防设施、器材
B. 对建筑消防设施每年至少进行一次全面检测，确保完好有效
C. 非重点工程施工现场应当定期组织消防安全培训和消防演练
D. 重点工程的施工现场应当每周至少进行一次防火巡查，并建立巡查记录

【答案】B

二、施工现场的消防安全要求

1. 新建、改建、扩建工程的外保温材料一律不得使用易燃材料，严格限制使用可燃材料。

2. 施工单位应当在施工组织设计中——编制消防安全技术措施和专项施工方案，并由专职安全管理人员进行现场监督。

3. 动用明火必须实行严格的消防安全管理，禁止在具有火灾、爆炸危险的场所使用明火；需要进行明火作业的，应办理审批手续。

4. 电焊、气焊等具有火灾危险作业的人员和自动消防系统的操作人员，必须持证上岗。

5. 施工现场的办公、生活区与作业区应当分开设置，并保持安全距离；施工单位不得在尚未竣工的建筑物内设置员工集体宿舍。

6. 其他见教材，为常识性考点。

◆考法：施工现场的消防安全要求

【例题】（2021年真题）根据《关于进一步加强建设施工现场消防安全工作的通知》，关于施工现场消防安全的说法，正确的是（　　）。

A. 禁止在施工现场动用明火
B. 施工企业应当在施工组织设计中编制消防安全技术措施和专项施工方案
C. 施工现场的办公、生活区与作业区在满足防火要求的前提下可以混合设置
D. 不得在尚未竣工的建筑物内设置作业区

【答案】B

三、消防自我评估、演练

1. 消防安全自我评估机制——消防安全重点单位每季度、其他单位每半年自行或委托有资质的机构进行。

2. 消防演练——至少每半年组织一次消防演练。

◆考法：消防安全自我评估机制和演练

【例题】下列关于消防安全消防安全自我评估和演练，说法正确的是（　　）。

A. 消防单位每年进行消防安全自我评估1次
B. 消防单位每年进行消防安全自我评估2次
C. 消防单位至少每半年进行1次消防演练

D. 消防单位至少每年进行 2 次消防演练

【答案】C

2Z206034 工伤保险和意外伤害保险的规定

核心考点及重点提示

	考点	重点提示
1	工伤认定	★★★
2	停工留薪期	★
3	工伤保险责任主体	★
4	工伤保险费缴纳	★
5	意外伤害保险和工伤保险区别	★★★

★不大；★★一般；★★★重要

核心考点及考法

一、工伤认定

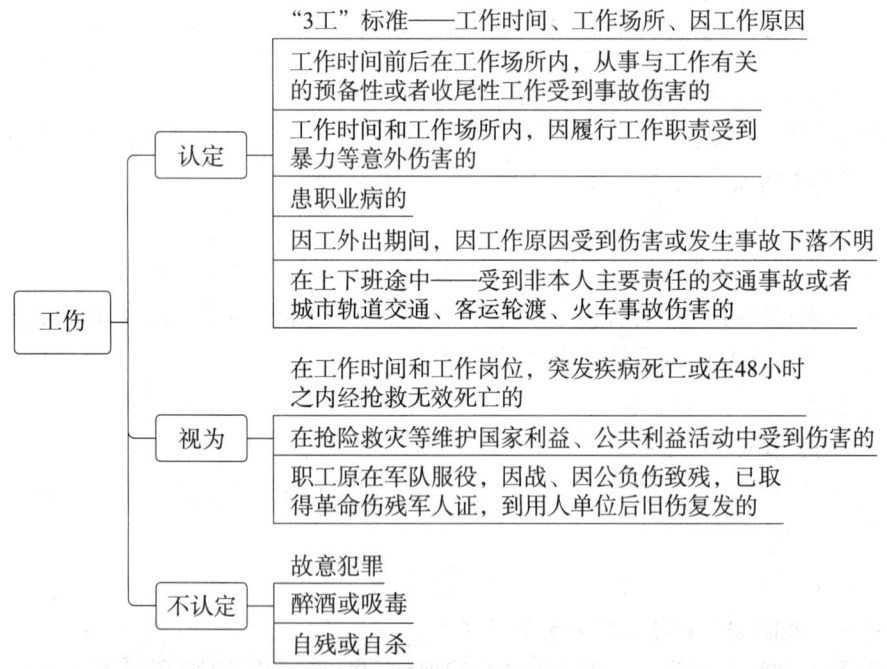

◆ 考法 1：工伤认定和视为工伤的界分

【例题】根据《工伤保险条例》，视为工伤的情形是（　　）。

A. 赵某在工作时间和工作场所内，因履行工作职责受到暴力等意外伤害的

B. 钱某在工作时间和工作岗位，突发疾病死亡
C. 孙某因工外出期间，发生事故而下落不明
D. 李某因未佩戴安全帽被施工坠落砖块砸伤

【答案】B

◆考法2：工伤认定的综合运用

【例题】（2018年真题）根据《工伤保险条例》，不能认定为工伤的情形是（　　）。
A. 在上班途中遭遇本人负主要责任的交通事故致使本人受到伤害的
B. 患职业病的
C. 因工外出期间，由于工作原因发生事故下落不明的
D. 工作时，高空作业不慎跌落受伤的

【答案】A

二、停工留薪期

1. 因工伤或职业病在停工留薪期内，原工资福利待遇不变，由所在单位按月支付。
2. 停工留薪期一般不超过12个月。伤情严重或者情况特殊，经设区的市级劳动能力鉴定委员会确认，可以适当延长，但延长不得超过12个月。

◆考法：停工留薪期

【例题】（2015年真题）根据《工伤保险条例》，职工因工作遭受事故伤害或者患职业病，需要暂停工作接受工伤医疗的，停工留薪期一般不超过（　　）个月。
A. 12　　　　　　　　　　　　B. 10
C. 8　　　　　　　　　　　　　D. 6

【答案】A

三、工伤保险责任主体

	情形	工伤保险责任主体
1	双重劳动关系	职工为之工作的单位
2	劳务派遣	派遣单位
3	单位指派工作	指派单位
4	用工单位违法转包给不具备用工主体资格的组织或者自然人，该组织或个人聘用职工受到工作伤害的	用工单位
5	挂靠其他单位对外经营的聘用人员	被挂靠单位

◆考法1：工伤的责任承担主体的理解

【例题】甲单位员工王某被单位指派到乙单位工作，在乙单位工作期间发生了工伤事故，则承担工伤保险责任的主体是（　　）。
A. 甲单位　　　　　　　　　　B. 乙单位
C. 甲单位和乙单位共同　　　　D. 王某

【答案】A

◆**考法 2：未参保的分包单位发生工伤事故的责任承担**

【例题】未参加工伤保险的施工总承包单位，职工发生工伤事故后，关于该职工工程保险待遇支付的说法，正确的是（　　）。

A. 由建设单位先行支付

B. 由工伤保险基金先行支付

C. 由分包单位与建设单位共同承担

D. 由分包单位支付工伤保险待遇，施工总承包单位、建设单位承担连带责任

【答案】D

四、工伤保险费缴纳

施工单位	按用人单位参保的——对相对固定的职工，以工资总额为基数缴费
	按项目参保——对不能按单位参保、建筑项目使用的建筑业职工特别是农民工，按项目工程总造价一定比例缴费
建设单位	工程概算中将工伤保险费单独列支； 作为不可竞争费； 不参与竞标； 在项目开工前由施工总包单位一次性代缴本项目工伤保险费

◆**考法：工伤保险费的缴纳**

【例题】（2020年真题）根据《关于进一步做好建筑业工伤保险工作的意见》，关于建筑施工企业参加工伤保险的说法，正确的是（　　）。

A. 按用人单位参保的建筑施工企业应当以社会保险总额为基数缴纳工伤保险费用

B. 建设项目的工伤保险费用由施工总承包单位在项目开工前一次性代缴

C. 以建设项目为单位参保的，可以按照招标控制价的一定比例计算缴纳工伤保险费

D. 建筑施工企业应当在投标报价中将工伤保险费用单独列支，作为可竞争费

【答案】B

五、意外伤害保险和工伤保险区别

工伤保险	意外伤害保险
社会险、强制险； 企业应为全员缴纳工伤保险费	商业险、自愿险； 鼓励企业为从事危险作业的职工购买意外险； 施工单位应当为从事危险作业的职工购买意外险
	总包统一办理，分包合理承担费用
企业支付保险费，不能向职工摊派	
意外伤害保险期限——开工至竣工验收合格，提前竣工的，保期自行终止	

◆**考法：工伤险、意外险的区分**

【例题】（2019年真题）施工企业必须为职工办理的保险是（　　）。

A. 意外伤害险　　　　　　　　B. 工伤保险

C. 职业资住险　　　　　　　　D. 财产险

【答案】B

【例题】（2016年真题）关于工伤保险，下列说法正确的是（　　）。

A. 事业单位、社会团体可以参加工伤保险

B. 工伤保险是面向用人单位全体员工的强制性保险

C. 工伤保险费用由用人单位和职工共同缴纳

D. 工伤保险基金由用人单位缴纳的工伤保险费及其利息构成

【答案】B

2Z206040　施工安全事故的应急救援与调查处理

核心考点提纲

1	2Z206041	生产安全事故的等级划分标准
2	2Z206042	施工生产安全事故应急救援预案的规定
3	2Z206043	施工生产安全事故报告及采取相应措施的规定

2Z206041　生产安全事故的等级划分标准

核心考点及重点提示

	考点	重点提示
1	安全事故等级划分	★★★

★不大；★★一般；★★★重要

核心考点及考法

安全事故等级划分

1. 事故等级的划分3要素——人身、经济、社会，可以单独适用。

2. 安全事故等级划分：

```
           一般事故      较大事故     重大事故     特大事故
死亡：————— 3 ————— 10 ————— 30 —————
重伤：————— 10 ————— 50 ————— 100 —————
损失：————— 1000万元 ——— 5000万元 ——— 1亿元 —————
```

注意：临界点向上看，如，死亡3人按较大事故；重伤100人按特大事故。

◆**考法：安全事故等级划分**

【例题】（2021年真题）某施工现场发生了工程整体垮塌，造成5000万元的直接经济损失，该生产安全事故属于（　　）。

A. 一般事故　　　　　　　　　　B. 较大事故
C. 重大事故　　　　　　　　　　D. 特别重大事故

【答案】C

2Z206042　施工生产安全事故应急救援预案的规定

核心考点及重点提示

	考点	重点提示
1	安全事故应急救援预案	★

★不大；★★一般；★★★重要

核心考点及考法

安全事故应急救援预案

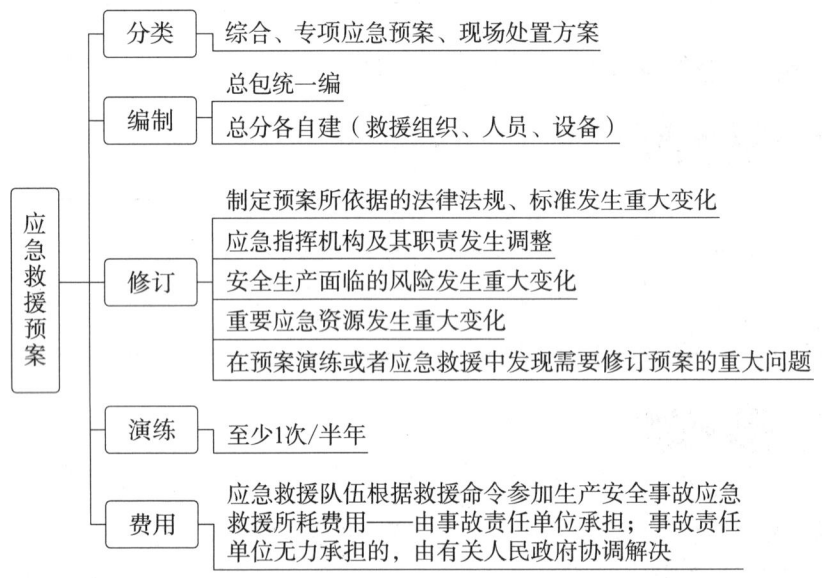

◆ **考法 1：应急救援费用承担**

【例题】（2020 年真题）根据《生产安全事故应急条例》，应急救援队伍根据救援命令参加生产安全事故应急救援所耗费用，由（　　）承担。

A. 有关人民政府　　　　　　　　B. 事故责任单位
C. 应急救援队伍　　　　　　　　D. 事故责任个人

【答案】B

◆ **考法 2：应急救援预案修订**

【例题】根据《生产安全事故应急条例》，不属于生产安全事故应急救援预案制定单位应当及时修订相关预案的情形是（　　）。

A. 制定预案所参照的法律、法规、规章、标准发生重大变化的
B. 应急指挥机构及其职责发生调整的
C. 重要应急资源发生重大变化的
D. 安全生产面临的风险发生一定变化的

【答案】D

◆考法3：应急救援预案的分类

【例题】根据《生产安全事故应急预案管理办法》，生产经营单位应急预案分为（　　）。

A. 综合应急预案　　　　　　　B. 专项应急预案
C. 总体应急预案　　　　　　　D. 详细应急预案
E. 现场处置方案

【答案】A、B、E

2Z206043　施工生产安全事故报告及采取相应措施的规定

核心考点及重点提示

	考点	重点提示
1	安全事故报告	★★
2	安全事故补报	★★
3	保护事故现场的措施	★★
4	事故调查	★★

★不大；★★一般；★★★重要

核心考点及考法

一、安全事故报告

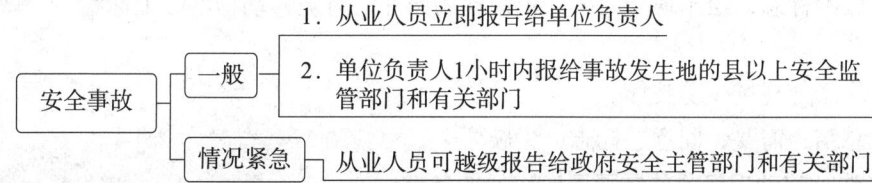

◆考法：安全事故报告

【例题】（2016年真题）根据《生产安全事故报告和调查处理条例》，事故发生后，下列说法正确的是（　　）。

A. 单位负责人接到报告后，应当于2小时内向有关部门报告
B. 单位负责人应当向单位所在地的有关部门报告

C. 事故现场有关人员应当立即向本单位负责人报告

D. 情况紧急时，事故现场有关人员应当立即向事故发生地的有关部门报告

【答案】C

二、安全事故补报

1. 补报原因：事故报告后出现新情况（人员新伤亡）。

2. 补报时间：

自事故发生之日起 30 日内——有伤亡人数变化的，应当及时补报。

道路交通事故、火灾事故——自发生之日起 7 日内，有伤亡人数变化的，应当及时补报。

◆ 考法 1：安全事故补报时间

【例题】某施工单位发生火灾事故后，向政府有关部门进行了报告。报告后（　　）内又发现因本次事故有人员新伤亡的，则该单位应及时向政府有关部门补报。

A. 3 日　　　　　　　　　　B. 5 日

C. 7 日　　　　　　　　　　D. 30 日

【答案】C

◆ 考法 2：安全事故报告、补报的综合运用

【例题】（2017 年真题）关于施工企业安全事故报告的说法，正确的是（　　）。

A. 事故造成伤亡人数变化的，应当及时补报

B. 报告事故发生地点不包括具体发生地点以外的波及区域

C. 单位负责人接到报告后，应立即向县以上人民政府报告

D. 立即报告是指事故发生 1 小时内报告

【答案】A

三、保护事故现场的措施

确因特殊情况需要移动事故现场物件的，须同时满足以下条件：

（1）抢救人员、防止事故扩大以及疏通交通的需要；

（2）经事故单位负责人或者组织事故调查的安全生产监督管理部门和负有安全生产监督管理职责的有关部门同意；

（3）做出标志，绘制现场简图，拍摄现场照片，对被移动物件贴上标签，并做出书面记录；

（4）尽量使现场少受破坏。

记忆总结：需要、同意、标志、少破坏。

◆ 考法：移动现场物件需要同时满足的条件

【例题】（2019 年真题）根据《生产安全事故报告和调查处理条例》，事故发生后，因特殊情况需要移动安全事故现场物件，应当符合的条件是（　　）。

A. 经现场物件所有权人同意　　　B. 记录现场物件的位置信息

C. 防止事故扩大的需要　　　　　D. 不造成任何其他损失

【答案】C

四、事故调查

1. 事故调查管辖：4级事故——对4级政府

国务院调查——特大事故；省级政府调查——重大事故；设区的市级政府调查——较大事故；县级政府调查——一般事故。

未造成人员伤亡的一般事故——县级政府也可委托事故发生单位组织调查。

上级政府认为必要时——可以调查由下级政府负责调查的事故。

2. 调查组的职责——查明、认定、建议、总结、报告：

（1）查明事故发生的经过、原因、人员伤亡情况及直接经济损失；（2）认定事故的性质和事故责任；（3）提出对事故责任者的处理建议；（4）总结事故教训，提出防范和整改措施；（5）提交事故调查报告。

3. 调查要求的时间：

调查组应自事故发生之日起60日内提交事故调查报告。

特殊情况下，经批准，可延长调查时间，但延长的期限最长不超过60日。

◆考法1：事故调查组的职责

【例题】（2021年真题）下列职责中，属于施工生产安全事故调查组职责的是（　　）。
A. 查明事故发生的间接经济损失　　B. 追究责任人的连带责任
C. 提出对受伤人员的赔偿方案　　D. 提出对事故责任者的处理建议

【答案】D

◆考法2：事故调查组的主体

【例题】重大安全事故应当由（　　）组织调查组进行安全事故调查。
A. 国务院　　B. 省人民政府
C. 设区的市人民政府　　D. 县级人民政府

【答案】B

◆考法3：事故调查组提交调查报告的时间

【例题】安全事故调查组应自事故发生之日起（　　）内提交事故调查报告。
A. 15日　　B. 30日
C. 60日　　D. 1年

【答案】C

2Z206050 建设单位和相关单位的建设工程安全责任制度

核 心 考 点 提 纲

1	2Z206051	建设单位相关的安全责任
2	2Z206052	勘查、设计单位相关的安全责任
3	2Z206053	工程监理、检验检测单位相关的安全责任
4	2Z206054	机械设备等单位相关的安全责任

2Z206051　建设单位相关的安全责任

核心考点及重点提示

	考点	重点提示
1	建设单位的安全责任	★★★

★不大；★★一般；★★★重要

核心考点及考法

建设单位的安全责任

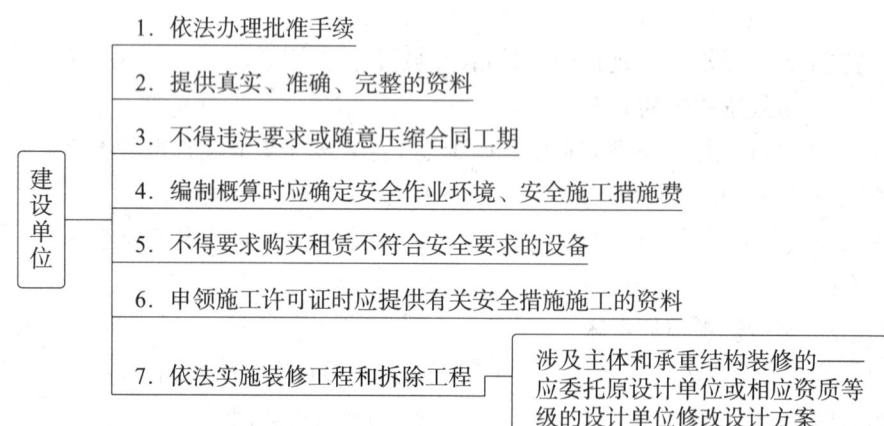

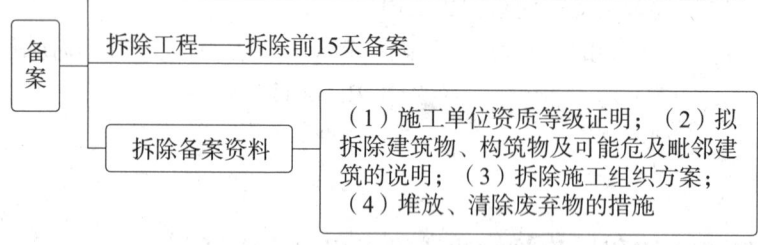

◆ **考法1：建设单位的安全责任**

【例题】（2021年真题）下列责任中，建设单位的安全责任有（　　）。

A. 申请中断道路交通的批准手续

B. 向施工企业提供真实、准确和完整的有关资料

C. 确定建设工程安全作业环境及安全施工措施所需费用

D. 编制安全技术措施和安全专项施工方案

E. 总体协调总分包单位的安全生产

【答案】A、B、C

◆ 考法 2：涉及主体和承重结构装修的安全责任

【例题】涉及建筑主体和承重结构变动的装修工程，应当在施工前委托原设计单位或者（　　）提出设计方案。

A. 其他设计单位　　　　　　　　B. 具有相应资质等级的设计单位
C. 监理单位　　　　　　　　　　D. 装修施工单位

【答案】B

◆ 考法 3：拆除工程报送的资料

【例题】根据《建设工程安全生产管理条例》，建设单位应当在拆除工程施工 15 日前，报送建设行政主管部门或者其他部门备案的资料是（　　）。

A. 拟拆除建筑物、构筑物及可能危及毗邻建筑的说明
B. 设计单位资质等级证明
C. 拆除设计方案
D. 拆除工程施工合同

【答案】A

2Z206052　勘查、设计单位相关的安全责任

核心考点及重点提示

	考点	重点提示
1	勘查、设计单位相关的安全责任	★

★不大；★★一般；★★★重要

核心考点及考法

勘查、设计单位相关的安全责任

勘察设计单位：
- 按照法律、法规和工程建设强制性标准进行设计
- 提出防范生产安全事故的指导意见和措施建议
- 对设计成果承担责任

◆ 考法：勘查、设计单位相关的安全责任

【例题】下列责任中，属于勘查、设计单位的安全责任有（　　）。

A. 按照工程建设推荐性标准施工
B. 向施工企业提供真实、准确和完整的有关资料
C. 提出防范生产安全事故的指导意见和措施建议
D. 编制安全技术措施和安全专项施工方案

【答案】C

2Z206053 工程监理、检验检测单位相关的安全责任

核 心 考 点 及 重 点 提 示

	考点	重点提示
1	监理单位的安全责任	★★★
★不大；★★一般；★★★重要		

核 心 考 点 及 考 法

监理单位的安全 3 责任——审查、处理、监理

1. 审查	安全技术措施和专项施工方案——是否符合强制性标准
2. 处理	发现安全隐患： （1）应责令立即整改； （2）（严重的）停工＋报建； （3）（不改或不停）报有关主管部门
3. 监理	承担监理责任

◆ **考法：监理单位的安全责任**

【例题】（2016 年真题）关于监理单位安全责任的说法，正确的是（　　）。

A. 监理单位未对施工组织设计中的安全技术措施进行审查的，应当吊销租赁证书

B. 监理单位发现存在安全事故隐患的，可以提醒施工单位整改

C. 事故隐患情况严重的，监理单位应当及时向有关主管部门报告

D. 监理单位对施工组织设计中的安全技术措施进行审查，重点审查其是否符合工程建设强制性标准

【答案】D

2Z206054 机械设备等单位相关的安全责任

核 心 考 点 及 重 点 提 示

	考点	重点提示
1	机械设备单位的安全责任	★★★
★不大；★★一般；★★★重要		

核心考点及考法

一、起重机械禁用、报废的情形

禁用 1-5	1. 属国家明令淘汰或者禁止使用的	报废 1-3
	2. 超过安全技术标准或者制造厂家规定的使用年限的	
	3. 经检验达不到安全技术标准规定的	
	4. 没有完整安全技术档案的	
	5. 没有齐全有效的安全保护装置的	

◆ 考法：起重机械报废和禁用的情形

【例题】（2020年真题）根据《建筑起重机械安全监督管理规定》，不得出租、使用的建筑起重机械有（　　）。

A. 超过安全技术标准或者制造厂家规定的使用年限的

B. 属于有可能淘汰或者限制使用的

C. 经检验达不到安全技术标准规定的

D. 没有完整安全技术档案的

E. 没有齐全有效的安全保护装置的

【答案】A、C、D、E

【例题】使用单位自购的建筑起重机械中，应当报废并向原备案机关办理注销手续的有（　　）。

A. 经检验达不到安全技术标准规定的

B. 属国家明令淘汰或者禁止使用的

C. 超过安全技术标准或者制造厂家规定的使用年限的

D. 没有完整安全技术档案的

E. 没有齐全有效的安全保护装置的

【答案】A、B、C

二、设备的证书

1. 机械设备和施工机具及配件——应当具有生产（制造）许可证、产品合格证。
2. 出租单位在签订租赁协议时——应当出具检测合格证明。

◆ 考法：设备的证书

【例题】出租单位应当对出租的机械设备和施工机具及配件的安全性能进行检测，在签订租赁协议时，出具（　　）。

A. 备案证明　　　　　　　　B. 检测合格证明

C. 产品说明书　　　　　　　D. 产品三包卡

【答案】B

三、施工起重机械和自升式架设设施安装、拆卸单位的安全责任

安装拆卸单位责任：
- 有相应资质
- 编制拆装方案、制定安全措施、现场监督（专业技术人员）
- 出具自检合格证明（安装单位出具）、进行安全使用说明、办理验收手续
- 经专业检测机构检测合格

安完后，使用单位应组织——出租、安装、监理等单位验收，或委托具有相应资质的检验检测机构验收（实行总包的，由总包组织验收）

◆ **考法 1：安装拆卸单位责任**

【例题】（2021年真题）根据《建设工程安全生产管理条例》，应当由施工起重机械安装单位承担法律责任的情形是（　　）。

A. 未由专业技术人员现场监督的
B. 未审查拆装方案的
C. 未审查安全施工措施的
D. 未向建设单位进行安全使用说明，办理移交手续的

【答案】A

◆ **考法 2：自检合格证明的出具主体**

【例题】（2015年真题）根据《建设工程安全生产管理条例》，施工起重机械和整体提升脚手架、模板等自升式架设设施安装完毕后，应当由（　　），并出具合格证明。

A. 安装单位自检合格　　　　B. 建设单位检查验收
C. 建设行政主管部门检查验收　　D. 监理单位检查验收

【答案】A

本章模拟强化练习

1. 下列安全生产条件中，属于取得建筑施工企业安全生产许可证条件的是（　　）。

A. 依法为员工办理意外保险，为从业人员交纳保险费
B. 配备兼职安全生产管理人员
C. 有对危险性较大的分部分项工程及施工现场易发生重大事故的部位、环节的预防、监控措施和应急预案
D. 管理人员每年至少进行2次安全生产教育培训
E. 为作业人员配备符合国家标准或者行业标准的安全防护用具和安全防护服装

【答案】C、E

2. 企业在安全生产许可证有效期内，严格遵守有关安全生产的法律法规，未发生（　　）事故的，安全生产许可证有效期届满时，经原发证管理机关同意，不再审查，安全生产许可证有效期延期3年。

A. 安全 B. 重大死亡
C. 死亡 D. 重伤

【答案】C

3. 关于企业安全生产许可证的说法，正确的有（　　）。

A. 每个企业均应办理安全生产许可证

B. 安全生产许可证有效期为 3 年

C. 办理施工许可是办理安全生产许可证的前提条件

D. 企业变更注册资本，应当在变更后 10 日内到原安全生产许可证颁发管理机构办理证书变更

E. 建设单位应向企业注册地所在的省级政府住房和城乡建设主管部门申领安全生产许可证

【答案】B、D

4. 未取得安全生产许可证擅自从事施工活动的，应承担的法律责任有（　　）。

A. 责令停止生产

B. 没收违法所得，并处 10 万元以上 50 万元以下的罚款

C. 只需承担行政责任处罚即可

D. 处 20 万元以上 50 万元以下的罚款

E. 构成犯罪的，应追究刑事责任

【答案】A、B、E

5. 施工企业主要负责人对安全生产的责任包括（　　）。

A. 工程项目实行总承包的，定期考核分包企业安全生产管理情况

B. 督促落实本单位重大危险源的安全管理措施

C. 在施工现场组织协调工程项目质量安全生产活动

D. 保证本企业安全生产投入的有效实施

【答案】D

6. 关于建筑施工企业负责人带班检查的说法，正确的有（　　）。

A. 超过一定规模的危险性较大的分部分工程施工时，施工企业负责人应到工程现场进行带班值班

B. 工程出现险情或发现重大隐患时，施工企业负责人应到施工现场带班检查

C. 应认真做好检查记录，并分别在企业和工程项目所在地建设行政主管部门留档备案

D. 建筑施工企业负责人要定期带班检查，每月检查时间不少于施工时间的 20%

E. 对于有分公司的企业集团，集团负责人因故不能到现场的，可口头通知工程所在地的分公司负责人带班检查

【答案】A、B

7. 下列选项中属于《安全生产法》规定的安全生产管理机构责任的有（　　）。

A. 组织或者参与本单位安全生产教育和培训

B. 建立健全重大事故隐患治理督办制度

C. 及时发现并消除事故隐患

D. 督促落实本单位重大危险源的安全管理措施

E. 组织或者参与本单位应急救援演练

【答案】A、D、E

8. 某建设工程项目分包工程发生生产安全事故,负责向安全生产监督管理部门、建设行政主管部门或其他有关部门上报的是( )。

A. 现场施工人员 B. 分包单位
C. 建设单位 D. 总承包单位

【答案】D

9. 总承包单位将其承揽的工程依法分包给专业承包单位。工程主体结构施工过程中发生了生产安全事故,专业承包单位由此开始质疑总承包单位的管理能力,并一再违反总承包单位的安全管理指令,导致重大生产安全事故,则关于本工程的安全生产管理,下列说法中,正确的有( )。

A. 总承包单位对施工现场的安全生产负总责

B. 总承包单位与专业承包单位对本次事故承担连带责任

C. 专业承包单位对本次重大生产安全事故承担主要责任

D. 专业承包单位对本次重大安全事故承担报告义务

E. 分包合同应明确双方的安全生产方面的权利与义务

【答案】A、B、C、E

10. 特级资质的总承包企业应当至少配备( )以上的专职安全管理人员。

A. 6人 B. 4人
C. 3人 D. 2人

【答案】A

11. 以下关于培训考核,说法不正确的有( )。

A. 三类"安管人员"指单位负责人、项目负责人、专职安全管理人员

B. 三类"安管人员"应取得安全生产考核证书,证书有效期2年

C. 特种人员应当执证上岗

D. 使用新技术、新设备的,应培训

E. 特种人员包括垂直运输机械作业人员、起重信号工、抹灰砌筑工等

【答案】B、E

12. 施工作业人员享有的主要安全生产权利有( )。

A. 正确使用防护用品 B. 检举权
C. 教育培训 D. 请求民事赔偿权
E. 紧急避险权

【答案】B、D、E

13. 根据《安全生产法》,当从业人员发现事故隐患或其他不安全因素时,应当立即

向（　　）报告。

A. 安全生产小组

B. 项目经理和本单位主要负责人

C. 现场安全生产管理人员或本单位主要负责人

D. 施工项目负责人

【答案】C

14. 下列人员中，不属于建筑施工企业特种作业人员的是（　　）。

A. 电工　　　　　　　　　　B. 架子工

C. 钢筋工　　　　　　　　　D. 起重信号工

【答案】C

15. 根据《建设工程安全生产管理条例》，施工单位应当在（　　）设置明显的安全警示标志。

A. 施工起重机械　　　　　　B. 出入通道口

C. 施工企业入口处　　　　　D. 基坑底部

E. 隧道口

【答案】A、B、E

16. 对于达到一定规模的危险性较大的分部分项工程的专项施工方案，应由（　　）组织专家进行论证、审查。

A. 安全监督管理机构　　　　B. 建设单位

C. 施工单位　　　　　　　　D. 监理单位

【答案】C

17. 下述关于施工单位安全费用的提取管理的描述中，符合《企业安全生产费用提取和使用管理办法》要求的是（　　）。

A. 建设工程施工企业以建筑安装工程造价为计提依据

B. 总包单位应当视具体情况将安全费用适当支付分包单位

C. 工期一年的，安全费的预付比例不得低于50%

D. 市政公用工程安全费用提取标准不得低于2.5%

E. 工期为一年的，建设单位预付安全防护、文明施工措施项目费用不得低于该费用总额的90%

【答案】A、E

18. 根据《建设工程安全生产管理条例》，特种设备应具有（　　）。

A. 制造许可证　　　　　　　B. 产品合格证明

C. 燃油消耗定额证明　　　　D. 安全性能检测记录

E. 安装使用说明书

【答案】A、B、E

19. 根据《国务院关于加强和改进消防工作的意见》，关于相关单位建立消防安全自我评估机制的说法，正确的是（　　）。

A. 消防安全重点单位每半年对本单位进行一次消防安全检查评估

B. 其他单位每年对本单位进行一次消防安全检查评估

C. 各单位只能自行评估

D. 各单位可以自行或委托有资质的机构进行评估

【答案】D

20. 施工现场动用明火必须实行严格的消防安全管理，下列说法中，正确的有（　　）。

A. 禁止在作业区域使用明火

B. 禁止在具有火灾、爆炸危险的场所使用明火

C. 电焊、气焊、电工等特殊工种人员必须持证上岗

D. 确实需要进行明火作业的可由项目经理直接批准

E. 易燃易爆危险物品和场所应有具体防火防爆措施

【答案】B、C、E

21. 根据《工伤保险条例》，建筑施工企业职工有下列情况可以认定为工伤的有（　　）。

A. 出差途中，由于工作原因遭遇车祸受伤

B. 因私人原因在施工现场斗殴受伤

C. 上下班途中发生交通事故致伤

D. 施工期间严重违章致伤

E. 在办公场所内因劳资纠纷自杀

【答案】A、D

22. 关于工伤保险待遇的说法，正确的是（　　）。

A. 双重劳动关系下发生的工伤事故，由职工为之工作的单位承担工伤保险责任

B. 挂靠其他单位对外经营的聘用人员发生工伤的，由挂靠人承担工伤保险责任

C. 职工被借调期间受到工伤事故伤害的，由借调单位承担工伤保险责任

D. 职工在被派遣工作中发生工伤的，由用工单位承担工伤保险责任

【答案】A

23. 根据《生产安全事故应急预案管理办法》，关于应急预案的说法，正确的是（　　）。

A. 建设单位应当编制安全事故应急预案

B. 每年至少组织2次综合应急预案演练或专项应急预案演练

C. 应急救援队伍，根据救援命令参加生产安全事故，应急救援所耗费用由事故责任单位承担

D. 应急救援预案由总包和分包单位分别编制

【答案】C

24. 自道路交通、火灾事故发生之日起（　　）内，有人员伤亡新变化的，应当及时补报。

A. 7日 B. 30日
C. 60日 D. 1年

【答案】A

25. 某施工企业承揽地铁工程，作业过程中，隧道坍塌压死3人，重伤3人，根据《生产安全事故报告和调查处理条例》，该事故属于（　　）。

A. 特别重大事故　　　　　　　　　　B. 重大事故
C. 一般事故　　　　　　　　　　　　D. 较大事故

【答案】D

26. 建设单位的下列做法中，符合安全生产法律规定的是（　　）。

A. 要求施工企业购买其指定的设备
B. 申请施工许可证时无需提供保证工程安全施工措施的资料
C. 向施工企业提供的地下管线资料不完整
D. 提供安全生产费用

【答案】D

27. 根据《建设工程安全生产管理条例》，工程监理单位在实施监理过程中，发现存在安全事故隐患且情况严重的，（　　）。

A. 应当要求施工单位整改，并及时报告有关主管部门
B. 可以要求施工单位整改，并及时报告建设单位
C. 可以要求施工单位暂时停止施工，并及时报告建设单位
D. 应当要求施工单位暂时停止施工，并及时报告建设单位

【答案】D

28. 施工起重机械现场安装完毕后，以下不属于安装单位的工作是（　　）。

A. 出具自检合格证明　　　　　　　　B. 向施工单位进行安全使用说明
C. 办理验收手续并签字　　　　　　　D. 定期进行检验检测

【答案】D

29. 根据《建筑起重机械安全监督管理规定》，关于施工起重机械的出租和安装，说法正确的有（　　）。

A. 安全技术档案不完整或者保护装置不齐全的，应当在出租后规定期限内补齐
B. 超过制造厂家规定的使用年限的，应当报废并在备案机关办理注销手续
C. 安装、拆卸施工起重机械，应当由施工单位编制专项施工方案，并由施工单位专职安全员现场监督
D. 建筑起重机械安装完毕后，安装单位应当自检，出具自检合格证明
E. 安装单位应当组织施工、监理单位验收，也可以委托具有相应资质的检测单位验收

【答案】B、D

2Z207000 建设工程质量法律制度

近三年真题考点分值表

章节	2021年（分）	2020年（分）	2019年（分）
2Z207010 工程建设标准	1	1	1
2Z207020 施工单位的质量责任和义务	2	1	4
2Z207030 建设单位及相关单位的质量责任和义务	0	1	1
2Z207040 建设工程竣工验收制度	4	3	3
2Z207050 建设工程质量保修制度	3	3	2

2Z207010 工程建设标准

核心考点提纲

1	2Z207011 工程建设标准的分类
2	2Z207012 工程建设强制性标准实施的规定

2Z207011 工程建设标准的分类

核心考点及重点提示

	考点	重点提示
1	国家标准	★★★
2	行业标准、地方标准、团体标准、企业标准	★★

★不大；★★一般；★★★重要

核心考点及考法

一、国家标准

1. 一般规定：

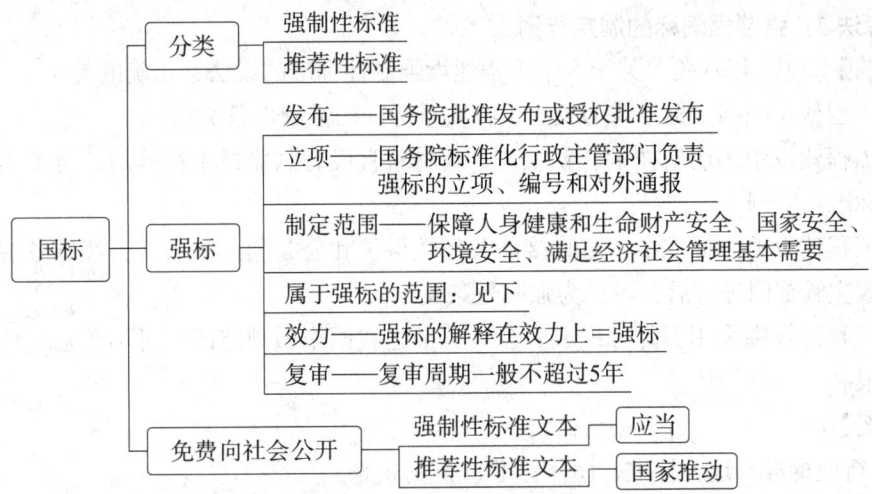

国家标准分为——强制性标准、推荐性标准。

行业标准、地方标准——是推荐性标准，国务院标准主管部门制定。

2. 属于强制性国家标准的范围：

	属于强制性国家标准的范围
1	工程建设勘察、规划、设计、施工（包括安装）及验收等通用的综合标准和重要的通用的质量标准
2	工程建设通用的有关安全、卫生和环境保护的标准
3	工程建设重要的通用的术语、符号、代号、量与单位、建筑模数和制图方法标准
4	工程建设重要的通用的试验、检验和评定方法等标准
5	工程建设重要的通用的信息技术标准

◆考法1：强标、推标的制定和发布

【例题】（2019年真题）关于工程建设国家标准的说法，正确的是（　　）。

A. 工程建设强制性国家标准的立项由国务院标准化行政主管部门负责

B. 工程建设推荐性国家标准由国务院建设行政主管部门制定

C. 工程建设强制性标准包括地方标准

D. 工程建设强制性国家标准只能由国务院批准发布

【答案】A

◆考法2：强制性国标的公开、效力、复审

【例题】关于工程建设国家标准的内容，正确的是（　　）。

A. 强制性标准文本应免费向社会公开

B. 国家鼓励标准文本免费向社会公开

C. 对标准解释的效力低于标准本身

D. 对标准进行复审的周期一般不得超过3年

【答案】A

◆ 考法3：强制性国标的制定范围

【例题】（2017年真题）关于实施工程建设强制性标准的说法，正确的是（   ）。

A. 工程建设强制性标准均为关于工程质量标准的强制性条文

B. 工程建设中采用新技术、新工艺、新材料且没有国家技术标准的，可不受强制性标准的限制

C. 工程建设地方标准中，对直接涉及环境保护和公共利益的条文，经国务院建设行政主管部门确定后，可作为强制性条文

D. 工程建设中采用国际标准或者国外标准且我国未做规定的，可不受强制性标准的限制

【答案】C

二、行业标准、地方标准、团体标准、企业标准

1. 行业标准——推标——一般5年复审1次。

2. 地方标准——推标。

3. 团体标准：

国家鼓励——协会、商会等社会团体协调相关市场主体共同制定团体标准。

采用——本团体成员约定采用或按照本团体的规定供社会自愿采用。

国家支持——在重要行业、战略性新兴产业、关键共性技术等领域利用自主创新技术制定团体标准、企业标准。

4. 企业标准：

制定：企业可自行制定或与其他企业联合制定。

公开：企业应公开其执行的强标、推标、团标或企标的编号和名称。

公开：执行自行制定的企标，还应公开产品、服务的功能指标和产品的性能指标。

公开：国家鼓励团体标准、企业标准通过标准信息公共服务平台向社会公开。

国家实行团体标准、企业标准自我声明公开和监督制度。

5. 几个标准的效力高低：

（1）强制性标准必须执行——推荐性标准，国家鼓励采用。

（2）不低于原则：推荐性国标、行标、地标、团标、企标——不得低于强制性国标。

团标、企标——国家鼓励制定高于推标的标准。

（3）行业标准不得与国家标准相抵触。

团体标准应当符合相关法律法规的要求，不得与国家有关产业政策相抵触。

◆ 考法1：团体标准

【例题】根据《标准化法》的规定，关于团体标准的说法，不正确的有（   ）。

A. 团体标准对本团体成员强制适用

B. 由社会团体协调相关市场主体共同制定

C. 国家鼓励社会团体制定高于推荐性标准相关技术要求的团体标准

D. 应当免费向社会公开标准文本

E. 在关键共性技术领域应当利用自主创新技术制定团体标准

【答案】A、B、D、E

◆ **考法 2：企业标准**

【例题】根据《标准化法》，关于企业标准的说法，正确的有（　　）。

A. 企业标准的制定应当经过行业主管部门批准
B. 企业标准应当高于国家标准和行业标准
C. 企业标准应当通过标准信息公共服务平台向社会公开
D. 企业执行自行制定的企业标准的，其产品的功能指标和性能指标应当公开
E. 国家实行企业标准自我声明公开和监督制度

【答案】D、E

2Z207012　工程建设强制性标准实施的规定

核心考点及重点提示

	考点	重点提示
1	强制性标准的实施	★★
2	强制性标准的监督机构	★★
3	强制性标准监督检查的内容	★★

★不大；★★一般；★★★重要

核心考点及考法

一、强制性标准的实施和监督

1. 新旧效力：强制性国标发布后实施前，企业可选择执行强标或者新强标；新强标实施后，原强标同时废止。

2. 中国境内从事新建、扩建、改建等工程建设活动——必须执行工程建设强制性标准

3. 执行强标的监督主体：

国务院住房城乡建设部——负责全国实施工程建设强标的监督管理工作。

县以上住房城乡建设部门——负责本地区实施工程建设强标的监督管理工作。

规划审查机关	对规划阶段执行强标的情况监督
施工图设计文件审查单位	勘察、设计阶段执行强标的情况监督
安全监督管理机构	施工阶段执行施工安全强标的情况监督
质量监督机构	施工、监理、验收等阶段执行强标的情况监督

4. 监督检查主体——工程建设标准批准部门：

定期对上述监督主体实施强制性标准的监督进行检查。

对工程项目执行强制性标准的情况进行监督检查。

监督检查方式——可采取重点检查、抽查和专项检查方式。

应将强制性标准监督检查结果在一定范围内公告。

◆ 考法1：强制性标准的实施、监督检查的综合运用

【例题】（2021年真题）关于工程建设强制性标准实施的说法，正确的是（　　）。

A. 强制性国家标准发布后实施前，企业应当继续执行原强制性国家标准

B. 建设工程设计文件中可能影响建设工程质量和安全且无国家技术标准的新材料，一律不得使用

C. 工程建设标准批准部门应当将强制性标准监督检查结果在一定范围内公告

D. 工程建设中采用国际标准，而现行强制标准工作未规定的，建设单位应当向省级住房城乡建设主管部门备案

【答案】C

◆ 考法2：执行强制性标准的监督主体

【例题】（2020年真题）根据《实施工程建设强制性标准监督规定》，对工程建设规划阶段执行强制性标准的情况实施监督的机构是（　　）。

A. 施工图设计文件审查单位　　B. 建筑安全监督管理机构

C. 建设项目规划审查机构　　　D. 工程质量监督机构

【答案】C

二、强制性标准监督检查的内容——人、物、资料、安全质量、全过程

1	技术人员是否熟悉、掌握强标
2	规划、勘察、设计、施工、验收等是否符合强标规定
3	采用的材料、设备是否符合强标规定
4	安全、质量是否符合强标规定
5	导则、指南、手册、计算机软件内容是否符合强标规定

◆ 考法：强制性标准监督检查内容

【例题】（2018年真题）根据《实施工程建设强制性标准监督规定》，下列情形中不属于强制性标准监督检查内容的是（　　）。

A. 工程项目规划、勘察、设计、施工阶段是否符合强制性标准

B. 工程项目使用的材料、设备是否符合强制性标准

C. 工程管理人员是否熟悉强制性标准

D. 工程项目的安全、质量是否符合强制性标准

【答案】C

2Z207020 施工单位的质量责任和义务

核心考点提纲

1	2Z207021	对施工质量负责和总分包单位的质量责任
2	2Z207022	按照工程设计图纸和施工技术标准施工的规定
3	2Z207023	对建筑材料、设备等进行检验检测的规定
4	2Z207024	施工质量检验和返修的规定
5	2Z207026	违法行为应承担的法律责任

2Z207021 对施工质量负责和总分包单位的质量责任

核心考点及重点提示

	考点	重点提示
1	总分包单位的质量责任	★★★

★不大；★★一般；★★★重要

核心考点及考法

总分包单位的质量责任

1. 连带责任——总包将工程分包的，分包工程出现质量问题，由总包、分包承担连带责任。
2. 分包单位应当接受总承包单位的质量管理。
3. 隔震减震装置属于建设工程主体结构的施工——应当由总承包单位自行完成。

上述内容与2Z206000中的总分包安全责任的内容一致。

◆考法：总分包的连带责任

【例题】（2018年真题）关于总分包单位的质量责任的说法，正确的是（　　）。

A. 分包工程质量由分包单位自行向建设单位负责
B. 分包单位应当接受总承包单位的质量管理
C. 总承包单位与分包单位对分包工程的质量各自向建设单位承担相应的责任
D. 分包工程发生质量问题，建设单位只能向总承包单位请求赔偿

【答案】B

2Z207022 按照工程设计图纸和施工技术标准施工的规定

核心考点及重点提示

	考点	重点提示
1	按图施工	★★★

★不大；★★一般；★★★重要

核心考点及考法

按图施工

施工单位在施工中发现设计图纸有错——及时向建设单位或监理单位提出意见和建议，施工单位无权修改设计图纸。

◆**考法：按图施工**

【例题】（2020年真题）施工企业在施工过程中发现设计文件和图纸有差错的，应当（　　）。

A. 及时提出意见和建议
B. 继续按照设计文件和图纸进行施工
C. 由施工企业技术负责人按照技术标准修改设计文件和图纸
D. 按照通常做法施工

【答案】A

2Z207023 对建筑材料、设备等进行检验检测的规定

核心考点及重点提示

	考点	重点提示
1	材料设备进场前检验的依据	★
2	见证取样和送检测	★★★

★不大；★★一般；★★★重要

核心考点及考法

一、材料设备进场前检验的依据：（同监理4依据内容一致）

建筑材料、构配件、设备、混凝土——施工单位在进场前检验。

检验依据——法律法规、合同约定、工程设计要求、施工技术标准。

◆**考法：进场检验依据**

【例题】施工单位应在建筑材料、构配件、设备和混凝土进场前进行检验，施工单位检验应依据（　　）。

A. 施工合同　　　　　　　　　　　B. 法律法规
C. 强制性标准　　　　　　　　　　D. 推荐性标准
E. 工程设计要求

【答案】A、B、C、E

二、见证取样和送检测

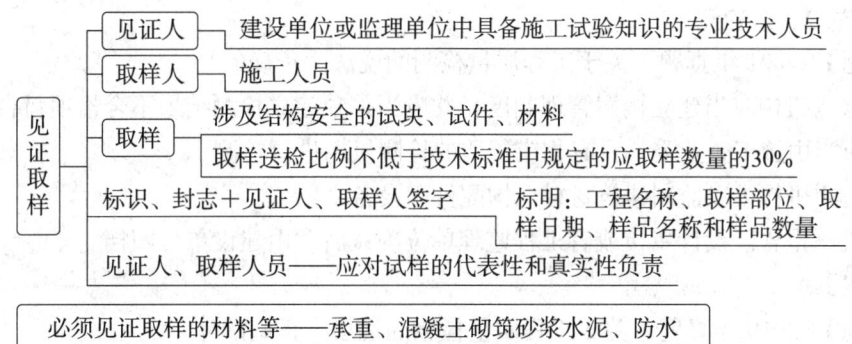

注意：隔震减震装置——用于建设工程前，施工单位应当在建设单位或理单位监督下进行取样，并送检测。

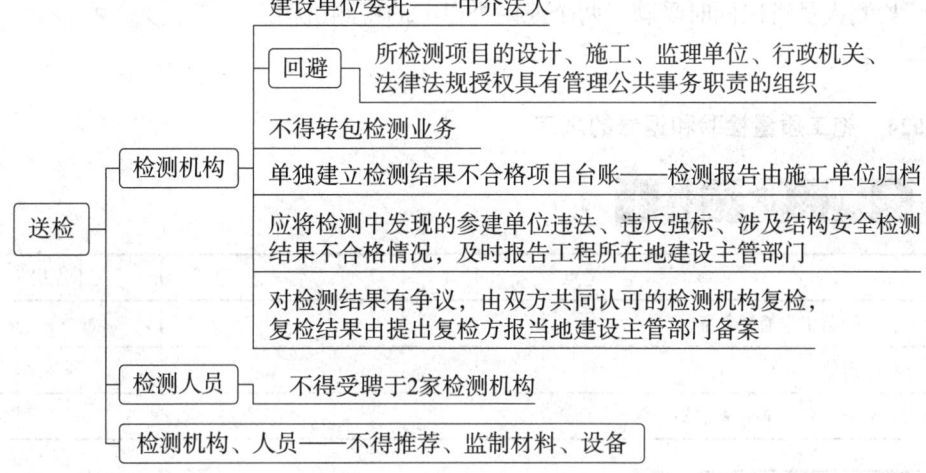

◆ **考法1：见证取样**

【例题】（2019年真题）关于建设工程见证取样的说法，正确的是（　　）。

A. 取样人员和见证人员应当在试样或其包装上作出标识、封志
B. 墙体保温材料应当根据建设单位的实际需要决定是否实施见证取样和送检
C. 见证人员应当由施工企业中具备施工试验知识的专业技术人员担任
D. 施工人员对工程涉及结构安全的试块、试件和材料，应当在建设单位或工程监理单位监督下现场取样

【答案】D

【例题】（2017年真题）根据《房屋建筑工程和市政基础设施工程实行见证取样和送检的规定》，必须实施见证取样和送检的试块、试件或材料，不包括（　　）。

A. 用于非承重结构的钢筋连接接头试件
B. 地下使用的防水材料
C. 用于砌筑砂浆的水泥
D. 用于承重结构的混凝土中使用的掺加剂

【答案】A

◆ **考法 2：送检测**

【例题】（2021 年真题）关于工程质量检测的说法，正确的是（　　）。
A. 检测机构应当建立档案管理制度，并应当单独建立检测结果不合格项目台账
B. 应当由施工企业委托具有相应资质的检测机构进行检测
C. 检测机构可以监制建筑材料、构配件和设备
D. 检测报告经设计单位或者工程监理单位确认后，由建设单位归档

【答案】A

【例题】（2019 年真题）关于工程质量检测的说法，正确的是（　　）。
A. 检测人员、检测机构法定代表人或其授权签字人都必须在检测报告上签字
B. 检测机构是具有独立法人资格的非营利中介机构
C. 检测机构不得与建设单位有隶属关系
D. 检测人员可以同时受聘于两个或两个以上的检测机构

【答案】A

2Z207024　施工质量检验和返修的规定

核心考点及重点提示

	考点	重点提示
1	隐蔽工程通知义务	★
2	返修	★★★

★不大；★★一般；★★★重要

核心考点及考法

一、隐蔽工程通知义务

隐蔽工程在隐蔽前，施工单位应当通知建设单位和建设工程质量监督机构。

◆ **考法：隐蔽工程通知义务**

【例题】施工企业在进行工程隐蔽前，应当通知（　　）。
A. 建设单位和设计单位　　　　　　　B. 建设单位和政府有关部门
C. 建设单位和监理单位　　　　　　　D. 建设单位和建设工程质量监督机构

【答案】D

二、返修

1. 返修发生时间——施工过程中、竣工验收不合格时。

2. 无论谁的过错，施工单位均应返修，但修理费由责任方承担（如，建设单位过错导致质量事故，则其应承担修理费）。

注：此部分内容将在 2Z207044 中详细讲述。

◆ **考法：返修发生的时间和责任**

【例题】关于施工企业返修义务的说法，正确的是（　　）。

A. 施工企业仅对施工中出现质量问题的建设工程负责返修

B. 施工企业仅对竣工验收不合格的工程负责返修

C. 非施工企业原因造成的质量问题，相应的损失和返修费用由责任方承担

D. 对于非施工企业原因造成的质量问题，施工企业不承担返修的义务

【答案】C

2Z207026 违法行为应承担的法律责任

核心考点及重点提示

	考点	重点提示
1	五方终生责任制及项目经理的罚则	★

★不大；★★一般；★★★重要

核心考点及考法

一、五方终生责任制及项目经理的罚则

五方的项目负责人	建设单位、勘察单位、设计单位项目负责人；施工单位项目经理；监理单位总监理工程师
施工单位项目经理罚则	（1）项目经理为相关注册执业人员的，责令停止执业1年；造成重大质量事故的，吊销执业资格证书，5年以内不予注册；情节特别恶劣的，终身不予注册； （2）构成犯罪的，移送司法机关依法追究刑事责任； （3）处单位罚款数额 5% 以上 10% 以下的罚款； （4）向社会公布曝光

◆ **考法1：五方的范围**

【例题】根据《建筑工程五方责任主体项目负责人质量终身责任终究暂行办法》，下列人员中，属于五方责任主体项目负责人的有（　　）。

A. 建设单位项目负责人　　　　　B. 监理单位负责人

C. 勘察单位项目负责人　　　　　D. 施工单位项目经理

E. 造价单位项目负责人

【答案】A、C、D

◆ **考法2：五方中项目经理的罚则**

【例题】根据《建筑工程五方责任主体项目负责人质量终身责任终究暂行办法》，发生工程质量事故，施工企业项目经理承担的法律责任有（　　）。

A. 项目经理为注册建造师的，责令停止执业 2 年
B. 向社会公布曝光
C. 处单位罚款数额 5% 以上 10% 以下的罚款
D. 构成犯罪的，依法追究刑事责任
E. 项目经理为注册建造师的，吊销执业资格证书，5 年内不予注册

【答案】B、C、D

2Z207030　建设单位及相关单位的质量责任和义务

核心考点提纲

1	2Z207031	建设单位相关的质量责任和义务
2	2Z207032	勘察、设计单位相关的质量责任和义务
3	2Z207033	工程监理单位相关的质量责任和义务

2Z207031　建设单位相关的质量责任和义务

核心考点及重点提示

	考点	重点提示
1	建设单位的质量责任	★★

★不大；★★一般；★★★重要

核心考点及考法

建设单位的质量责任

建设单位质量责任：
1. 依法发包
2. 依法提供原始资料——真实、准确、齐全
3. 限制不合理的干预行为——不得低于成本竞标、压缩合理工期、明示或暗示施工单位违反（抗震等）强制性标准
4. 依法报审施工图设计文件——审查合格
5. 依法监理。必须监理范围：
   - 国家重点建设工程
   - 大中型公用事业工程
   - 成片开发建设的住宅小区工程
   - 利用外国政府或国际组织贷款、援助资金
6. 依法办理工程质量监督手续——可与许可证或开工报告合办
7. 依法保证建筑材料等符合要求
8. 依法进行装修工程（内容同建设单位安全责任）

在勘察、设计和施工合同中明确——拟采用的抗震设防强制性标准

◆考法1：必须监理的工程范围

【例题】根据《建设工程质量管理条例》，必须实行监理的建设工程有（　　）。

A. 国家重点建设工程
B. 大中型公用事业工程
C. 成片开发建设的住宅小区工程
D. 限额以下的小型住宅工程
E. 利用国际组织贷款的工程

【答案】A、B、C、E

◆考法2：质监手续的办理

【例题】根据《建设工程质量管理条例》，关于建设单位办理工程质量监督手续的说法，正确的是（　　）。

A. 可以在开工后持开工报告办理
B. 应当与施工图设计文件同步进行
C. 可以与施工许可证或者开工报告合并办理
D. 应当在领取施工许可证后办理

【答案】C

◆考法3：依法装修工程

【例题】（2020年真题）根据《建设工程质量管理条例》，建设单位应当在施工前委托原设计单位或者具有相应资质等级的设计单位提出设计方案的是涉及（　　）的装修工程。

A. 改变建筑局部使用功能
B. 增加内部装饰
C. 建筑承重结构变动
D. 增加投资额度

【答案】C

2Z207032　勘察、设计单位相关的质量责任和义务

核心考点及重点提示

	考点	重点提示
1	勘察、设计单位的质量责任	★★

★不大；★★一般；★★★重要

核心考点及考法

勘察、设计单位的质量责任

```
勘                1. 依法承揽业务
察
设              2. 勘察、设计单位必须执行强制性标准
计
质              3. 勘察成果必须真实、准确
量
责              4. 设计单位依勘察成果文件设计
任
                5. 依法规范材料等的选用 ┬─ 一般情况——设计不得指定材料
                                      └─ 特殊情况——设计可指定材料
                6. 依法对设计文件技术交底——向施工单位技术交底
                7. 应参与工程质量事故分析——对设计错误导致的质量问题，提出相应的技术处理方案
```

```
设计文件——1. 应符合国家规定的设计深度要求；
2. 注明合理使用年限（地基、主体的使用年限从竣工验收合格日起算）；
3. 注明所选用材料设备等的规格、型号、性能等技术指标
```

◆**考法1：设计文件的要求**

【例题】（2017年真题）关于《建设工程质量管理条例》，设计文件应注明工程合理使用年限，该年限从（　　）之日起算。

A. 颁发施工许可证　　　　　　B. 工程竣工验收合格

C. 工程缺陷责任期届满　　　　D. 工程法定最低保修期届满

【答案】B

【例题】（2016年真题）根据《建设工程质量管理条例》，设计单位在设计文件中选用的建筑材料、建筑构配件和设备，应当（　　）。

A. 按照建设单位的指令确定　　B. 注明规格、型号性能等技术指标

C. 注明生产厂、供应商　　　　D. 征求施工企业的意见

【答案】B

◆**考法2：勘察、设计单位的质量责任的综合运用**

【例题】关于设计单位质量责任和义务的说法，正确的是（　　）。

A. 勘查、设计单位必须按照工程强制性标准进行勘查、设计

B. 不得任意压缩合理工期

C. 设计单位应当就审查合格的施工图设计文件向建设单位作出详细说明

D. 设计单位应当将施工图设计文件报有关部门审查

【答案】A

2Z207033　工程监理单位相关的质量责任和义务

核心考点及重点提示

	考点	重点提示
1	监理单位的质量责任	★★★

★不大；★★一般；★★★重要

核心考点及考法

监理单位的质量责任

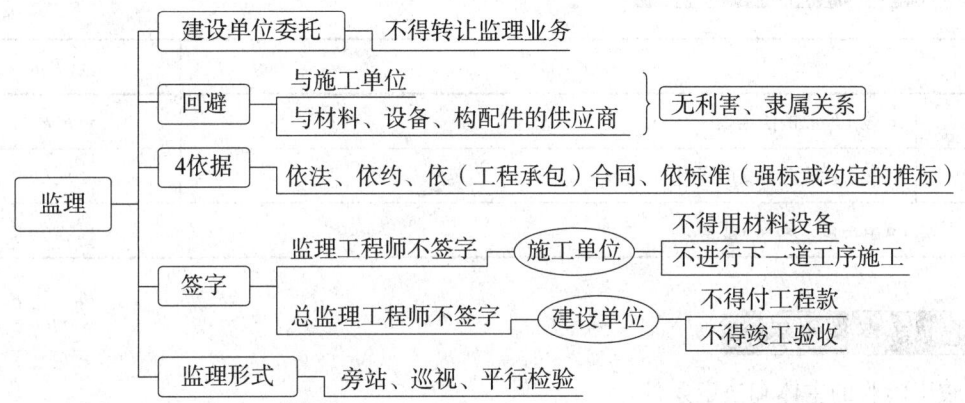

◆ 考法：监理单位质量责任的综合运用

【例题】（2019年真题）关于建设工程依法实行工程监理的说法，正确的是（　　）。

A. 建设单位应当委托该工程的设计单位进行工程监理

B. 建设单位应当委托具有相应资质等级的工程监理单位进行监理

C. 工程监理单位不能与建设单位有隶属关系

D. 工程监理单位不能与该工程的设计单位有利害关系

【答案】B

【例题】（2018年真题）根据《建设工程质量管理条例》，关于工程监理单位质量责任和义务的说法，正确的是（　　）。

A. 监理单位不得与被监理工程的设计单位有利害关系

B. 监理单位对施工质量实施监理，并对施工质量承担监理责任

C. 未经总监理工程师签字，建筑材料不得在工程上使用

D. 施工图深化文件是监理工作的主要依据

【答案】B

2Z207040 建设工程竣工验收制度

核心考点提纲

1	2Z207041	竣工验收的主体和法定条件
2	2Z207042	施工单位应提交的档案资料
3	2Z207043	规划、消防、节能、环保等验收的规定
4	2Z207044	竣工结算、质量争议的规定
5	2Z207045	竣工验收报告备案的规定

2Z207041 竣工验收的主体和法定条件

核 心 考 点 及 重 点 提 示

	考点	重点提示
1	竣工验收的法定条件	★★★
2	竣工验收应提交的资料	★

★不大；★★一般；★★★重要

核 心 考 点 及 考 法

竣工验收的主体和法定条件
1. 竣工验收主体：建设单位组织有关单位进行竣工验收。
2.

竣工验收法定5条件	（1）完成建设工程设计和合同约定的各项内容；（2）有完整的技术档案和施工管理资料；（3）有工程使用的主要建筑材料、建筑构配件和设备的进场试验报告；（4）有勘察、设计、施工、工程监理等单位分别签署的质量合格文件；（5）有施工单位签署的工程保修书
竣工验收提交的资料	（1）工程项目竣工验收报告；（2）分项、分部工程和单位工程技术人员名单；（3）图纸会审和技术交底记录；（4）设计变更通知单，技术变更核实单；（5）工程质量事故发生后调查和处理资料；（6）隐蔽验收记录及施工日志；（7）竣工图；（8）质量检验评定资料

◆ 考法1：竣工验收的法定5条件

【例题】（2020年真题）建设工程竣工验收应当具备的条件有（   ）。

A. 有完整的技术档案和施工管理资料
B. 有施工企业签署的工程保修书
C. 有工程使用的主要建筑材料的进场试验报告
D. 已经办理工程竣工资料归档手续
E. 有勘察、设计、施工、工程监理等单位分别签署的质量合格文件

【答案】A、B、C、E

◆ 考法2：竣工验收应提交的资料

【例题】（2018年真题）关于竣工验收时应当提交的档案资料的说法，正确的有（   ）。

A. 建设单位应当在建设工程竣工验收后，及时向建设行政主管部门或其他有关部门移交建设项目档案
B. 施工企业应当在合同中明确要求勘察、设计、监理等单位分别提供各环节文件资料
C. 施工企业应当按照归档要求制定统一目录

D. 工程检验评定资料应当由施工企业提交

E. 工程检验评定资料无需在竣工时提交

【答案】A、C

2Z207042 施工单位应提交的档案资料

核心考点及重点提示

	考点	重点提示
1	施工单位提交的档案	★

★不大；★★一般；★★★重要

核心考点及考法

施工单位提交的档案

勘察、设计、施工、监理等单位应将本单位形成的工程文件立卷后向建设单位移交→建设单位应在工程竣工验收后3个月内→向城建档案馆报送工程档案

◆考法：工程档案报送时间

【例题】（2020年真题）根据《城市建设档案管理规定》，建设单位应当在工程竣工验收后（　　）个月内，向城建档案馆报送一套符合规定的建设工程档案。

A. 1　　　　　　　　　　　　B. 3
C. 6　　　　　　　　　　　　D. 12

【答案】B

2Z207043 规划、消防、节能、环保等验收的规定

核心考点及重点提示

	考点	重点提示
1	规划、消防、节能、环保等验收	★★

★不大；★★一般；★★★重要

核心考点及考法

规划、消防、节能、环保等验收

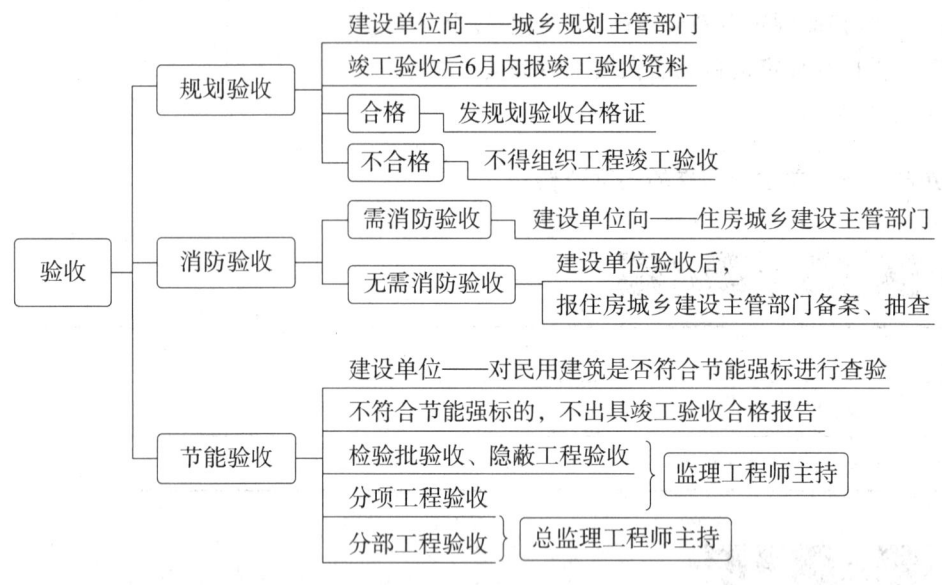

不节能验收
（1）未完成建筑节能工程设计内容的；（2）隐蔽验收记录等技术档案和施工管理资料不完整的；（3）工程使用的主要建筑材料、建筑构配件和设备未提供进场检验报告的，未提供相关的节能性检测报告的；（4）工程存在违反强制性标准的质量问题而未整改完毕的；（5）对监督机构发出的责令整改内容未整改完毕的

重新节能验收
（1）验收组织机构不符合法规及规范要求的；（2）参加验收人员不具备相应资格的；（3）参加验收各方主体验收意见不一致的；（4）验收程序和执行标准不符合要求的；（5）各方提出的问题未整改完毕的

记忆总结：
- 不节能验收——4个未：未完成、未整改、未完整、未报告
- 重新节能验收——4个不：机构人员不合格、意见不一、程序标准不符合、各方提问未改完
- 重新节能验收比不节能验收程度轻点

◆ **考法 1：规划验收**

【例题】关于建设工程竣工规划验收的说法，不正确的是（　　）。

A. 建设工程竣工后，建设单位应当向城乡规划主管部门提出竣工规划验收申请

B. 竣工规划验收合格的，由城乡规划主管部门出具规划认可文件或核发建设工程规划验收合格证

C. 报送有关竣工验收材料必须在竣工验收后 1 年内完成

D. 规划验收不合格的，不得组织竣工验收

【答案】C

◆ **考法 2：消防验收**

【例题】国务院住房和城乡建设主管部门规定应当申请消防验收的建设工程竣工，建设单位应当（　　）。

A. 向公安部门申请消防验收

B. 向住房和城乡建设主管部门申请消防验收

C. 向住房和城乡建设主管部门进行消防备案

D. 自行进行消防验收

【答案】B

◆ 考法 3：节能验收的综合运用

【例题】（2019年真题）根据《建设工程施工质量验收统一标准》，关于建筑节能分部工程验收的说法，正确的是（   ）。

A. 节能工程的检验批验收应当由总监理工程师主持，施工企业相关专业的质量检查员与施工员参加

B. 工程使用的建筑构配件未提供相关节能性检测报告的，监理单位不得组织节能工程验收

C. 节能分部工程验收应当由监理工程师主持，施工企业的项目经理、项目技术负责人参加

D. 参加验收各方主体验收意见不一致的，建筑节能工程验收以监理单位的意见为准

【答案】B

◆ 考法 4：重新节能验收和不节能验收的情形

【例题】（2021年真题）下列情形中，属于应当重新组织建筑节能工程验收的有（   ）。

A. 隐蔽验收记录等技术档案和施工管理资料不完整的

B. 建筑节能工程存在质量缺陷的

C. 参加验收人员不具备相应资格的

D. 参加验收各方主体验收意见不一致的

E. 验收程序和执行标准不符合要求的

【答案】C、D、E

2Z207044 竣工结算、质量争议的规定

核 心 考 点 及 重 点 提 示

	考点	重点提示
1	质量争议的处理（索赔）	★★★
2	有关结算争议的零散规定	★★

★不大；★★一般；★★★重要

核 心 考 点 及 考 法

一、质量争议的处理（索赔）（包括：返修、保修）

（以下内容为2Z207024、2Z207044、2Z207052三部分内容的归纳，此后不再赘述。）

		返修、保修义务	质量责任、费用
建设单位过错	施工过错	施工	施工
	设计过错	施工	建设
	提供的材料设备不符合强制性标准	施工	建设
	直接指定分包商	施工	建设

结论：返修、保修义务——无论谁有过错，均是施工单位负责。

　　　质量责任、损失——谁有错，谁负责。

建设单位擅自占有使用工程——合格，不得主张质量责任。

但，主体、基础——在合理使用寿命内由施工单位承担质量责任。

返修时间——施工中、验收不合格；保修时间——从验收合格后。

承包人过错造成质量不符合约定且承包人不修复、不返工或不改建：

发包人可——请求减少支付工程价款的，应支持。

◆**考法1：返修、保修及质量责任承担**

【例题】（2021年真题）施工合同履行中，关于设计缺陷造成的工程质量问题的说法，正确的是（　　）。

A. 设计单位应当负责返修，费用由设计单位承担

B. 施工企业应当负责返修，费用由施工企业支付

C. 施工企业应当负责返修，费用由建设单位先行承担

D. 建设单位应当负责返修，费用由设计单位承担

【答案】C

【例题】（2018年真题）关于工程质量争议处理的说法，正确的是（　　）。

A. 建设单位直接指定分包人分包专业工程的，应当承担无过错责任

B. 施工企业对施工中出现的施工质量问题应当负责返修

C. 建设工程未经竣工验收，建设单位擅自使用后，以部分质量不符合约定为由主张权利的，应予支持

D. 建设工程竣工时发现的质量缺陷是建设单位的责任，施工企业不承担返修义务

【答案】B

【例题】（2018年真题）关于建设工程返修的说法，正确的是（　　）。

A. 施工企业只对自己原因造成的质量问题负责返修，费用由建设单位承担

B. 施工企业对所有的质量问题均应当负责返修，费用由建设单位承担

C. 施工企业对非自己原因造成的质量问题负责返修，费用由责任人承担

D. 施工企业只对竣工验收时发现的质量问题负责返修并承担费用

【答案】C

◆**考法2：建设单位擅自占有使用工程的质量责任**

【例题】（2016年真题）某基础设施工程未经竣工验收，建设单位提前使用，2年后发现该结构工程出现质量问题。关于该工程质量责任说法正确的是（　　）

A. 设计文件中该工程的合理使用年限内，施工企业应承担质量责任

B. 超过 2 年保修期后，施工企业不承担质量责任

C. 由于建设单位提前使用，施工企业不承担质量责任

D. 施工企业是否承担质量责任，取决于建设单位是否已全额支付工程款

【答案】A

◆ 考法 3：建设单位承担质量责任的几种情形

【例题】（2015 年真题）根据《最高人民法院关于审理建设工程施工合同纠纷案件适用法律问题的解释》，下列情形中，造成建设工程质量缺陷，发包人应当承担过错责任的是（　　）。

A. 未申领施工许可证　　　　　　B. 迟延提供设计文件
C. 拖欠工程款　　　　　　　　　D. 直接指定分包人分包专业工程

【答案】D

二、有关结算争议的零散规定

1. 编审结算文件：

编制：（总）承包编制。

审查：一般项目——发包人或委托相应资质的工程造价咨询机构。
　　　政府投资项目——同级财政部门。

2. 发包人的竣工结算审查期限：

——— 500万元 ——— 2000万元——— 5000万元———
　20天　　　　30天　　　　　45天　　　　60天（接到结算报告和完整资料起算）

3. 发包人要求承包人完成零星项目的：

承包人在收到要求 7 天内向发包人提出签证——未签证，承包人责任自负。

4. 设计变更导致工程量或质量标准变化：

协商→参照订立合同时的建设主管部门发布的计价方法和计价标准结算

◆ 考法 1：编审结算文件

【例题】（2016 年真题）根据《建设工程价款结算暂行办法》，实行总承包的政府投资单项工程项目，竣工总结算的审查人是（　　）。

A. 同级财政部门　　　　　　　　B. 总承包人
C. 发包人　　　　　　　　　　　D. 同级审计部门

【答案】A

◆ 考法 2：发包人的竣工结算审查期限

【例题】根据《建设工程价款结算暂行办法》，单项工程竣工后，承包人应当提交竣工验收报告的同时，向发包人递交竣工结算报告及完整的结算资料。关于发包人应当进行核对（审查）并提出审查意见的时限的说法，正确的是（　　）。

A. 工程竣工结算报告金额 500 万元以下的，从接到竣工结算报告和完整的竣工结算资料之日起 20 天

B. 工程竣工结算报告金额 500 万—2000 万元的，从接到竣工结算报告和完整的竣工结算资料之日起 20 天

C. 工程竣工结算报告金额 2000 万—5000 万元时，从接到竣工结算报告和完整的竣工结算之日起 30 天

D. 工程竣工结算报告金额 5000 万元以上的，从接到竣工结算报告和完整的竣工结算资料之日起 45 天

【答案】A

◆ 考法 3：发包人要求承包人完成零星项目

【例题】发包人要求承包人完成合同以外零星项目，承包人应在接受发包人要求的（　　）内就用工数量和单价、机械台班数量和单价、使用材料和金额等向发包人提出施工签证。

A. 5 天　　　　　　　　　　　　B. 7 天

C. 10 天　　　　　　　　　　　 D. 30 天

【答案】B

◆ 考法 4：设计变更导致工程量或质量标准变化

【例题】（2014 年真题）因设计变更导致建设工程量或质量发生变化，当事人对该部分价款不能协商一致的，可以参照（　　）建设行政主管部门发布的计价方法或者计价标准结算工程款。

A. 签约时的签约地　　　　　　　B. 履行时的签约地

C. 履行时的项目所在地　　　　　D. 签约时的项目所在地

【答案】C

2Z207045　竣工验收报告备案的规定

核心考点及重点提示

	考点	重点提示
1	竣工验收备案	★★

★不大；★★一般；★★★重要

核心考点及考法

竣工验收备案

1. 建设单位——竣工验收合格日起 15 日内，报县以上建设主管部门备案。

2. 质量监督机构——竣工验收之日起 5 日内，向备案机关提交工程质量监督报告。

3. 竣工验收备案提交的资料：

（1）工程竣工验收备案表；（2）工程竣工验收报告；（3）法律、行政法规规定应当由规划等部门出具的认可文件或者准许使用文件；（4）施工单位签署的工程质量保修书。

住宅工程还应当提交《住宅质量保证书》和《住宅使用说明书》。

4. 工程竣工验收备案表一式两份，1份由建设单位保存，1份留备案机关存档。

◆考法1：竣工验收备案的综合运用

【例题】（2017年真题）关于建设工程竣工验收备案的说法，正确的是（   ）。

A. 施工企业自竣工验收合格之日起15日内办理备案

B. 竣工验收备案必须提交监理单位出具的工程正式验收合格证明文件

C. 工程竣工验收完成后，建设单位应向备案机关提交工程质量监督报告

D. 工程竣工验收备案表一式两份，一份由建设单位保存，一份留备案机关存档

【答案】D

◆考法2：竣工验收备案提交的资料

【例题】建设单位办理大型公共建筑工程竣工验收备案应提交的材料不包括（   ）。

A. 工程竣工验收备案表　　　　　　B. 住宅使用说明书

C. 工程竣工验收报告　　　　　　　D. 施工单位签署的工程质量保修书

【答案】B

2Z207050　建设工程质量保修制度

核心考点提纲

1	2Z207051	质量保修书和最低保修期限的规定
2	2Z207052	质量责任的损失赔偿

2Z207051　质量保修书和最低保修期限的规定

核心考点及重点提示

	考点	重点提示
1	质保书	★
2	法定最低保修期	★★★

★不大；★★一般；★★★重要

核心考点及考法

一、质保书

1. 出具质保书时间：承包单位提交工程竣工验收报告时——应向建设单位出具质量保修书。

2. 质保书的内容——应当明确保修范围、保修期限和保修责任等。

◆考法1：质保书出具时间

【例题】建设工程承包单位在（   ）时，应当向建设单位出具质量保修书。

A. 竣工验收合格　　　　　　　　　　B. 合同的履行期限届满
C. 竣工验收备案　　　　　　　　　　D. 提交工程竣工验收报告

【答案】D

◆考法2：质保书内容

【例题】（2020年真题）建设工程承包单位应当向建设单位出具质量保修书，其内容包括建设工程的（　　）。

A. 工程简况和施工管理要求　　　　　B. 保修范围
C. 保修责任　　　　　　　　　　　　D. 保修期限
E. 超过合理使用年限继续使用的条件

【答案】B、C、D

二、法定最低保修期

	保修期——验收合格之日计算——约定的保修期不得低于法定最低期
法定范围	1. 基础、主体——设计文件规定的合理使用年限
	2. 屋面防水工程、有防水要求的卫生间、房间和外墙面的防渗漏——5年
	3. 供热与供冷系统——2个采暖期、供冷期
	4. 电气管线、给排水管道、设备安装和装修工程——2年
约定范围	其他工程

工程超过合理使用年限需要继续使用的：

产权所有人应委托勘察设计单位鉴定——重新界定使用期。

◆考法：质保期

【例题】（2021年真题）根据《建设工程质量管理条例》，关于建设工程质量保修期的说法，正确的有（　　）。

A. 质量保修期的起始日是竣工验收合格之日
B. 对于电气管线工程，建设单位与施工企业经平等协商可以约定5年的质量保修期
C. 建设工程在超过合理使用年限后一律不得继续使用
D. 建设单位与施工企业就景观绿化工程可以约定1年的质量保修期
E. 质量保修期内，施工企业对工程的一切质量缺陷承担责任

【答案】A、B、D

2Z207052　质量责任的损失赔偿

核心考点及重点提示

	考点	重点提示
1	质保金	★★★
2	质量保证金、缺陷责任期、质保期	★★★

★不大；★★一般；★★★重要

核心考点及考法

一、质保金

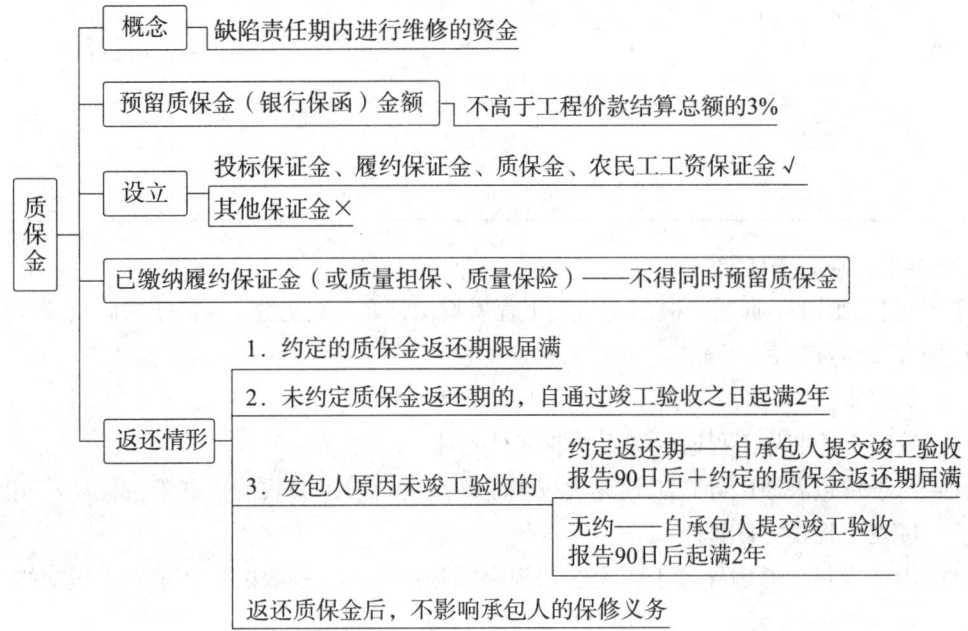

◆考法：质保金的综合理解运用

【例题】（2021年真题）关于建设工程领域保证金的说法，正确的是（   ）。

A. 省级住房城乡建设主管部门有权新设保证金项目

B. 未按规定返还保证金，保证金收取方无需向建筑业企业支付逾期返还违约金

C. 保证金只能以现金方式提交

D. 工程项目竣工前，已经提交履约保证金的，建设单位不得同时预留工程质量保证金

【答案】D

【例题】根据《建设工程质量保证金管理办法》，关于预留质量保证金的说法，正确的是（   ）。

A. 合同约定由承包人以银行保函替代预留保证金的，金额不得高于工程价款结算总额的5%

B. 农民工工资保证金不允许设立

C. 当事人没有约定质保金返还期限的，应当自通过竣工验收之日起满2年返还

D. 返还质保金后，承包人不再承担保修义务

【答案】C

二、质量保证金、缺陷责任期、质保期

	缺陷责任期	质保期
性质	扣质保金的时间	与质保金无关

续表

	缺陷责任期		质保期
起算	1. 一般情况	通过竣工日	竣工验收合格日
	2. 承包人原因导致无法按约竣工验收	从实际通过竣工验收之日起计算	
	3. 发包人原因导致无法按约竣工验收	承包人提交竣工验收报告后90天，自动进入	
期限	一般1年，最长不超过2年（可约定）		如前

◆ **考法：缺陷责任期**

【例题】（2019年真题）根据《建设工程质量保证金管理办法》，关于缺陷责任期确定的说法，正确的有（　　）。

A. 缺陷责任期一般为1年，最长不超过2年

B. 缺陷责任期从工程通过竣工验收之日起计

C. 由于承包人原因导致工程无法按规定期限进行竣工验收的，缺陷责任期从实际通过竣工验收之日起计

D. 由于发包人原因导致工程无法按规定期限进行竣工验收的，在承包人提交竣工验收报告90天后，工程自动进入缺陷责任期

E. 缺陷责任期的期限由法律直接规定

【答案】A、B、C、D

本章模拟强化练习

1. 下列国家标准中，属于强制性国家标准的是（　　）。

A. 工程建设重要的通用的信息技术标准　　B. 工程建设通用的实验方法

C. 工程建设专业专用的术语、符号　　D. 工程建设勘察行业专用的质量要求

【答案】A

2. 关于工程建设标准的说法，正确的是（　　）。

A. 国家标准和行业标准均是强制性标准

B. 工程建设强制性标准由国务院或国务院授权发布

C. 公布国家标准后，原有的行业标准继续实施

D. 国家标准的复审周期一般不超过3年

【答案】B

3. 关于工程建设地方标准和行业标准实施的说法，正确的是（　　）。

A. 工程团体标准由社会团体协调相关市场主体共同制定

B. 工程团体标准仅供本团体成员约定采用

C. 团体标准和企业标准必须高于推荐性国家标准

D. 工程建设地方标准可以在一定范围内与行业标准相抵触

【答案】A

4. 根据《实施工程建设强制性标准监督规定》，对工程建设施工阶段执行安全强制性标准的监督机构是（　　）。

　　A. 建设项目规划审查部门　　　　B. 建筑安全监督管理机构
　　C. 工程质量监督机构　　　　　　D. 工程建设标准批准部门

【答案】B

5. 根据《实施工程建设强制性标准监督规定》，属于强制性标准监督检查内容的有（　　）。

　　A. 工程技术人员是否熟悉、掌握强制性标准
　　B. 工程项目负责人是否熟悉、掌握强制性标准
　　C. 工程项目的安全、质量是否符合强制性标准的规定
　　D. 工程项目所采用的材料、设备是否符合强制性标准的规定
　　E. 工程项目的规划、勘察、设计、施工、验收等是否符合强制性标准的规定

【答案】A、C、D、E

6. 关于建设工程见证取样，说法正确的是（　　）。

　　A. 施工人员对涉及结构安全的试块、试件、材料，应当在建设或监理单位监督下现场取样
　　B. 涉及结构安全的试块、试件、材料见证取样和送检的比例不得低于有关技术标准中规定应取样数量的50%
　　C. 墙体保温材料必须见证取样和送检
　　D. 见证人员由施工企业中具备施工试验知识的专业技术人员担任

【答案】A

7. 根据《建设工程质量检测管理办法》的规定，下列关于检测机构的说法错误的是（　　）。

　　A. 检测机构不得转包检测业务
　　B. 工程质量检测机构是具有独立法人资格的中介机构
　　C. 检测机构不得与建设单位有隶属或者其他利害关系
　　D. 检测人员不得同时受聘于两个或两个以上的检测机构

【答案】C

8. 下列选项中，对施工单位的质量责任和义务表述正确的是（　　）。

　　A. 总承包单位一律不得将主体工程对外分包
　　B. 分包单位应当按照分包合同的约定对建设单位负责
　　C. 总承包单位与每一分包单位就各自分包部分的质量承担连带责任
　　D. 施工单位在施工中发现设计图纸有差错时，应当按照国家标准施工

【答案】C

9. 根据有关法律法规关于工程返修的规定，下列说法正确的是（　　）。

A. 对施工过程中出现质量问题的建设工程,若非施工单位原因造成的,施工单位不负责返修

B. 对施工过程中出现质量问题的建设工程,无论是否施工单位原因造成的,施工单位都应负责返修

C. 对竣工验收不合格的建设工程,若非施工单位原因造成的,施工单位不负责返修

D. 对竣工验收不合格的建设工程,若是施工单位原因造成的,施工单位负责有偿返修

【答案】B

10. 总承包单位经建设单位同意将装修工程分包给某分包单位施工。工程竣工验收发现基础工程出现渗漏,部分房间地面石材出现大面积花斑。对上述质量问题的责任承担说法正确的是( )。

A. 由总承包单位承担质量责任,分包单位不承担质量责任

B. 由总承包单位与分包单位承担连带责任

C. 总承包单位对基础工程承担质量责任,分包单位对地面石材承担质量责任

D. 总承包单位对基础工程承担质量责任,总包单位与分包单位对地面石材承担连带责任

【答案】D

11. 某工程项目验收合格后投入使用,1年后给排水管道出现破裂,经查是由于设计问题造成的质量缺陷。关于该质量责任的说法,正确的是( )。

A. 建设单位负责返修并承担费用

B. 施工单位负责返修并承担费用

C. 施工单位负责维修,费用通过建设单位向设计单位索赔

D. 施工单位负责维修,由建设单位承担费用

【答案】C

12. 发生建设工程质量缺陷的,不应当由发包人承担过错责任的有( )。

A. 发包人提供的设计有缺陷

B. 施工单位购买的材料不符合强制性标准

C. 直接指定分包人分包专业工程

D. 发包人提供的建筑构配件不符合强制性标准

【答案】B

13. 关于设计单位的权利的说法,正确的是( )。

A. 为节约投资成本,设计单位可不依据勘察成果文件进行设计

B. 有特殊要求的专用设备,设计单位可以指定生产厂商或供应商

C. 设计单位有权自行决定将所承揽的工程交由资质等级更高的设计单位完成

D. 设计深度由设计单位酌定

【答案】B

14. 对于建筑材料的检验检测,见证取样时,取样人员应在试样或其包装上作出标识、封志。其标识和封志应标明( )。

A. 工程名称 B. 工程位置
C. 取样日期 D. 样品名称
E. 样品数量

【答案】A、C、D、E

15. 关于工程监理的说法，正确的是（   ）。
A. 监理单位与建设单位之间是法定代理关系
B. 工程监理单位可以分包监理业务
C. 监理单位可以转让监理业务
D. 监理单位不得与被监理工程的设备供应商有隶属关系

【答案】D

16. 根据《建设工程质量管理条例》，下列文件不属于工程监理依据的是（   ）。
A. 设计文件
B. 建设工程承包合同
C. 建设工程承包合同中确认采用的推荐性标准
D. 监理合同

【答案】D

17. 根据《建设工程质量管理条例》，关于工程监理职责和权限的说法，错误的是（   ）。
A. 未经监理工程师签字，建筑材料不得在工程上使用
B. 未经监理工程师签字，建设单位不得拨付工程款
C. 隐蔽工程验收未经监理工程师签字，不得进入下一道工序
D. 未经总监理工程师签字，建设单位不进行竣工验收

【答案】B

18. 某建设项目装修工程涉及建筑主体和承重结构的变动，根据《建设工程质量管理条例》，建设单位在施工前应委托（   ）提出新的设计方案。
A. 监理单位 B. 施工承包单位
C. 原设计单位 D. 其他设计单位
E. 具有相应资质等级的设计单位

【答案】C、E

19. 根据《建设工程质量管理条例》，建设工程承包单位应当向建设单位出具质量保修书的时间是（   ）。
A. 竣工验收时 B. 竣工验收合格后
C. 提交竣工验收报告时 D. 交付使用时

【答案】C

20. 关于建筑工程验收的说法，正确的是（   ）。
A. 分部工程的节能验收应当由监理工程师主持，施工企业的项目经理、项目技术负责人参加

239

B. 对不符合民用建筑节能强制性标准的，建设单位不得出具竣工验收合格报告

C. 建设工程未经消防机构消防验收的，不得使用

D. 建设单位应当在竣工验收后 3 个月内向城乡规划主管部门报送有关竣工验收资料

【答案】B

21. 根据国务院办公厅《关于清理规范工程建设领域保证金的通知》规定，关于建筑业企业在工程建设中需缴纳的保证金，下列说法正确的是（　　）。

A. 不得要求施工单位缴纳农民工工资保证金

B. 已交纳履约保证金的，建设单位不得同时预留工程质量保证金

C. 已提供履约保证担保的，建设单位可以预留工程质量保证金

D. 工程质量保证金不得高于工程结算总额的 5%

【答案】B

22. 以下关于建设工程最低保修期限的说法，符合《建设工程质量管理条例》规定的是（　　）。

A. 装修工程为 5 年
B. 供热与供冷系统为 2 年
C. 屋面防水工程为 5 年
D. 地基基础和主体结构工程为永久

【答案】C

23. 某工程承包单位完成了设计图纸和合同规定的施工任务，建设单位欲组织竣工验收，按照《建设工程质量管理条例》规定的工程竣工验收必备条件不包括的是（　　）。

A. 完整的技术档案和施工管理资料

B. 工程使用的主要建筑材料、建筑构配件和设备的进场试验报告

C. 勘察、设计、施工、工程监理等单位共同签署的质量合格文件

D. 施工单位签署的工程保修书

【答案】C

24. 关于建设工程质量保证金和缺陷责任期的说法，正确的是（　　）。

A. 质保期限届满后，施工单位可要求建设单位退还质保金

B. 质保金是在质保期内用于工程维修的资金

C. 发包人导致竣工迟延的，在承包人提交竣工验收报告后 60 天后，自动进入缺陷责任期

D. 缺陷责任期届满后，施工单位可要求建设单位退还质保金

【答案】D

2Z208000 解决建设工程纠纷法律制度

近三年真题考点分值表

章节		2021年（分）	2020年（分）	2019年（分）
2Z208010	建设工程纠纷的主要种类和法律解决途径	0	0	1
2Z208020	民事诉讼制度	4	4	4
2Z208030	仲裁制度	2	2	2
2Z208040	调解与和解制度	1	1	1
2Z208050	行政强制、行政复议和行政诉讼制度	1	1	1

2Z208010 建设工程纠纷的主要种类和法律解决途径

核心考点提纲

1	2Z208012 民事纠纷的法律解决途径

2Z208012 民事纠纷的法律解决途径

核心考点及重点提示

	考点	重点提示
1	民事纠纷的解决途径	★
2	诉讼与仲裁的特点、制度比较	★★★
3	仲裁适用范围	★

★不大；★★一般；★★★重要

核心考点及考法

一、民事纠纷的解决途径——和解、调解、仲裁、诉讼

◆考法：民事纠纷的解决途径

【例题】下列不属于民事纠纷的解决途径的是（　　）。

A. 和解　　　　　　　　　　　B. 复议

C. 仲裁　　　　　　　　　　　　D. 民事诉讼

【答案】B

二、诉讼与仲裁的特点比较（以下内容为本章跨节总结）

1. 特征比较

诉讼	仲裁
1. 强制性； 2. 公权性——司法审判； 3. 程序性——严格	1. 自愿性——自愿选仲裁委/庭/员、程序、法律和语言等； 2. 专业性——仲裁员是各行业的专家； 3. 独立性——不隶属于行政机关、互相不隶属； 4. 保密性——原则上不公开审理； 5. 快捷性——一裁终局； 6. 执行的强制性和域外执行力： 裁决在公约成员国得到承认和执行

2. 制度比较

1	无协议就可诉讼——强制原则	协议仲裁制度——自愿原则
2	或裁或审（一旦约定了有效仲裁协议，即排除法院管辖）	
3	两审终审——程序严格。 一审、二审、审判监督	一裁终局——快捷性。 裁决作出生效——不得再仲裁、不得起诉
4	简易程序——独任庭，1人；普通程序——合议庭，3人。 仲裁：各自选或各自委托主任指定1名，第3名（首席仲裁员）共同选或共同委托主任指定——少数服从多数，不能形成多数意见，以首裁意见作出	
5	公开审理原则： 国家秘密、个人隐私——不公开 离婚、商业秘密——当事人申请不公开√	应当不公开审理： 但，当事人协议公开√（国家秘密除外）
6	审理方式：书面审——和开庭审（但，当事人协议不开庭的√）（主要方式） 法院：一律公开宣告判决	
7	申请人——无正当理由不出庭或中途退庭＝撤回申请 被申请人——同上——＝缺席判决	

注意：或裁或审、一裁终局的理解：如：约定"有纠纷可以向A法院起诉或B仲裁委申请仲裁"，该约定违反或裁或审原则，无效，当事人应向法院起诉。如：约定"当事人对C仲裁委裁决不服，可以向法院起诉（或可以再次申请仲裁）"，该约定违反一裁终局原则，约定向C仲裁委申请仲裁有效，约定不服起诉（仲裁）则无效。

◆ 考法1：民事诉讼基本特征

【例题】关于民事诉讼基本特征的说法，正确的是（　　）。

A. 自愿性、独立性、保密性　　　　　　B. 公权性、强制性、程序性
C. 强制性、程序性、保密性　　　　　　D. 独立性、专业性、强制性

【答案】B

◆ 考法2：仲裁的基本特征

【例题】关于仲裁的说法，正确的是（　　）。
A. 仲裁委员会隶属行政机关
B. 仲裁以公开审理为原则
C. 仲裁员可以由当事人选定
D. 仲裁裁决作出后可以上诉
【答案】C

三、仲裁适用范围

	能否仲裁	适用《仲裁法》
民商事（合同、财产）纠纷	√	×
人身（婚姻、收养、监护、抚养、继承）、行政	×	×
劳动、农村内部承包合同	√	×

◆ 考法：仲裁的适用范围

【例题】（2018年真题）下列争议中，受《仲裁法》调整的是（　　）。
A. 建设行政主管部门处理的行政争议
B. 劳动争议
C. 农林承包经营合同争议
D. 建设工程施工合同争议
【答案】D

2Z208020　民事诉讼制度

核心考点提纲

1	2Z208021　民事诉讼的法院管辖
2	2Z208022　民事诉讼的当事人和代理人
3	2Z208023　民事诉讼的证据和诉讼时效
4	2Z208024　民事诉讼的审判和执行

2Z208021　民事诉讼的法院管辖

核心考点及重点提示

	考点	重点提示
1	管辖的分类及含义	★
2	地域管辖	★★★
3	管辖权异议	★★

★不大；★★一般；★★★重要

核心考点及考法

一、管辖的分类及含义

1. 管辖分为——级别管辖、地域管辖、移送管辖、指定管辖、管辖权转移。
2. 级别管辖——纵向的审判分工,划分上下级法院分工权限。
3. 地域管辖——横向审判分工,划分同级法院分工权限。
4. 指定管辖——不能行使管辖权或法院之间管辖权争议,由上级法院指定管辖。
5. 移送管辖——发现不属于本院管辖的,应移送;
受移送法院不得再次移送——只能报请上级指定管辖。
6. 管辖权转移——发生在:上下级法院之间的转移。

比如:合同纠纷案由海淀区法院管辖或北京市中院管辖的问题——属级别管辖。
　　　本案由海淀区法院管辖或石景山区法院管辖的问题——属地域管辖。

◆ **考法1:管辖的分类**

【例题】(2019年真题)下列管辖不是《民事诉讼法》规定的民事案件管辖的是( )。
A. 仲裁管辖　　　　　　　　　B. 级别管辖
C. 地域管辖　　　　　　　　　D. 移送管辖
【答案】A

◆ **考法2:几个管辖权的含义**

【例题】(2016年真题)关于人民法院管辖权的说法,正确的是( )。
A. 有管辖权的人民法院由于特殊原因,不能行使管辖权的,移送上级人民法院直接管辖
B. 原告向两个以上有管辖权的人民法院起诉的,由最先受理的人民法院管辖
C. 人民法院之间因管辖权发生争议,报请共同上级人民法院直接管辖
D. 两个以上人民法院都有管辖权的诉讼,原告可以向其中一个人民法院起诉
【答案】D

二、地域管辖

1. 一般管辖——原就被(被告住所地与经常居住地不一致,以经常居住地为准)。
自然人——住所地=户籍地;经常居住地=连续居住满1年地。
法人——住所地=主要办事机构地或营业地。
同一诉讼的多个被告住所地不一致的,可向任何一地诉讼。
2. 特殊管辖——合同纠纷——被告住所地或合同履行地。
3. 专属管辖——不动产所在地——包括:建设施工合同纠纷。
排他性管辖,排除了诉讼当事人协议选择管辖法院的权利。
4. 协议管辖——原告地、被告地、订立地、履行地、标的地。
不得违反专属管辖和级别管辖。

◆ **考法1:一般地域管辖、特殊地域管辖**

【例题】张三与李四在甲地签订机动车买卖合同,约定合同履行地在乙地。后双方因

支付货款发生争议,张三将李四诉至法院请求支付货款。已知张三住所地为丙地,李四住所地为丁地,但李四在戊地已连续居住1年多。则本案的管辖法院应为( )。

A. 甲地 B. 乙地
C. 丙地 D. 丁地
E. 戊地

【答案】B、E

◆ 考法2:专属管辖
【例题】因建设工程施工合同纠纷提起诉讼的管辖法院为( )。

A. 工程所在地法院 B. 被告所在地法院
C. 原告所在地法院 D. 合同签订地法院

【答案】A

◆ 考法3:协议管辖
【例题】(2019年真题)合同双方当事人可以在书面合同中协议选择( )人民法院,以解决双方争议纠纷。

A. 被告住所地 B. 合同备案地
C. 合同签订地 D. 合同履行地
E. 原告住所地

【答案】A、C、D、E

三、管辖权异议

1. 应在提交答辩状期间向法院提出异议——对法院裁定不服,可上诉。
2. 法院认为异议成立,裁定将案件移交有管辖权的法院——异议不成立,裁定驳回申请。
3. 当事人未提出管辖权异议并应诉答辩的——视为受诉人民法院有管辖权。

◆ 考法:管辖权异议
【例题】(2020年真题)关于民事诉讼管辖权异议的说法,正确的是( )。

A. 人民法院受理案件后,当事人对管辖权有异议的,应当在法庭辩论终结前提出
B. 当事人未提出管辖权异议并应诉答辩的,视为受诉人民法院有管辖权
C. 人民法院对当事人提出的异议,审查后认为异议成立的,裁定驳回起诉
D. 对人民法院就级别管辖权异议作出的裁定,当事人不得提起上诉

【答案】B

2Z208022 民事诉讼的当事人和代理人

核心考点及重点提示

考点	重点提示
1 诉讼当事人	★★

考点	重点提示
2 诉讼代理人	★★

★不大；★★一般；★★★重要

核心考点及考法

一、诉讼当事人

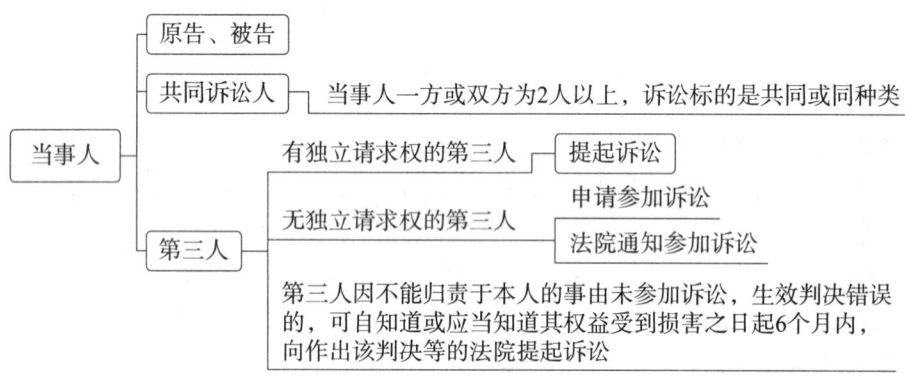

◆ 考法1：共同诉讼人

【例题】（2015年真题）甲装饰公司拖欠某劳务公司10万元工程款，劳务公司多次索要无果，当决定起诉时发现，甲装饰公司已经分立为乙装饰公司和丙运输公司，而乙、丙两个公司对10万元工程欠款的偿还未做明确约定，劳务公司便以乙装饰公司为被告诉至法院，法院受理后通知丙公司应诉。此时，丙公司作为当事人属于（　　）。

A. 共同诉讼人　　　　　　　　　B. 原告
C. 有独立请求权的第三人　　　　D. 无独立请求权的第三人

【答案】A

◆ 考法2：诉讼第三人

【例题】（2015年真题）无独立请求权的第三人，其诉讼权利包括（　　）。

A. 申请提起诉讼　　　　　　　　B. 申请参加诉讼
C. 提起反诉　　　　　　　　　　D. 由法院通知参加诉讼
E. 申请提起公益诉讼

【答案】B、D

【例题】（2014年真题）某有独立请求的第三人，因不能归责于本人的事由未参加诉讼，但有证据证明生效判决的部分内容错误，损害其民事权益，则该第三人行使撤销之诉的法定期间是（　　）个月。

A. 6　　　　　　　　　　　　　B. 12
C. 18　　　　　　　　　　　　　D. 24

【答案】A

【例题】关于民事诉讼中第三人，说法正确的是（ ）。

A. 第三人属于狭义的民事诉讼当事人

B. 人民法院判决承担民事责任的第三人，有当事人的诉讼权利和义务

C. 对当事人双方的诉讼标的，第三人认为有独立请求权的，只能参加诉讼，不得提起诉讼

D. 对当事人双方的诉讼标的，第三人虽然没有独立请求权，但案件处理结果同他有法律上的利害关系的，只能由人民法院通知其参加诉讼

【答案】B

二、诉讼代理人

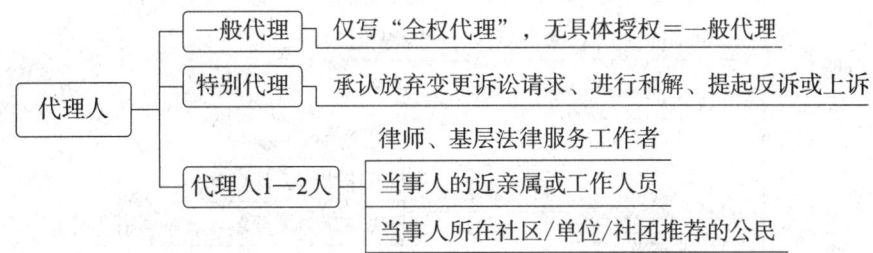

◆考法1：诉讼代理人的代理权限

【例题】（2018年真题）施工企业向某律师出具的民事诉讼授权委托书中仅写明代理权限是"全权代理"。下列与诉讼有关的行为中，该律师享有代理权的是（ ）。

A. 放弃诉讼请求 　　　　B. 与对方当事人进行和解

C. 提起上诉 　　　　　　D. 提供证据

【答案】D

◆考法2：诉讼代理人的范围

【例题】下列关于诉讼代理人的说法，正确的是（ ）。

A. 当事人可以委托1—2个以上的人作为其诉讼代理人

B. 只有律师才能被委托为诉讼代理人

C. 当事人的亲属可以被委托为诉讼代理人

D. 当事人可以委托知名法学者为其进行诉讼代理

【答案】A

2Z208023　民事诉讼的证据和诉讼时效

核心考点及重点提示

	考点	重点提示
1	证据	★★★
2	诉讼时效	★★

★不大；★★一般；★★★重要

247

核心考点及考法

一、证据

1. 证据种类：（要求：掌握种类、掌握每个种类的具体类型和证据要求）

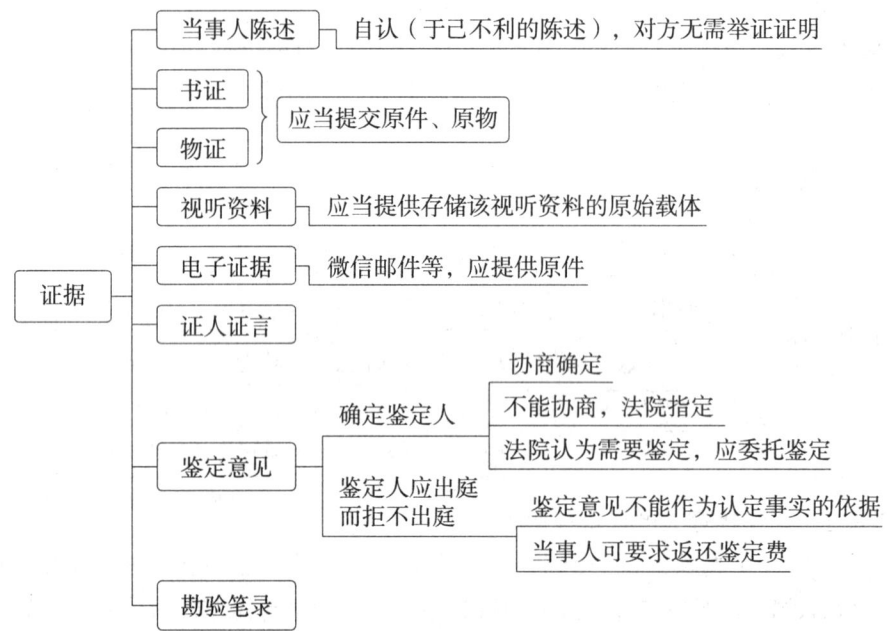

2. 不得单独作为认定事实的证据：

① 当事人陈述；

② 无民事、限制民事行为能力人所作的与其年龄和智力状况不相当的证言；

③ 与一方当事人或代理人有利害关系的证人出具的证言；

④ 存有疑点的视听资料、电子数据；

⑤ 无法与原件、原物核对的复印件、复制品。

记忆总结：小孩证人，陈述有疑点的复印件

3. 举证时限：

① 可法院指定、可当事人协商＋法院准许。

② 法院确定的举证期限：

普通程序：一审≥15天；提供新证据的二审≥10天。

简易程序：不超过15日。

小额诉讼：不超过7日。

4. 质证——证据应当在法庭上出示，并由当事人互相质证。

对涉及国家秘密、商业秘密和个人隐私的证据，不得在公开开庭时出示。

未经质证的证据，不能作为认定案件事实的依据。

◆ 考法1：证据种类

【例题】（2018年真题）在施工合同纠纷的诉讼中，能作为证据的有（　　）。

A. 法律规定 B. 当事人的陈述
C. 施工企业偷录的谈判录音 D. 工程设计图纸
E. 工程质量司法鉴定机构出具的鉴定报告

【答案】B、C、D、E

◆考法2：证据种类的含义

【例题】（2015年真题）根据《民事诉讼法》，下列证据中，属于书证的是（   ）。

A. 录音录像材料 B. 建筑材料样品
C. 工程质重鉴定报告 D. 施工合同

【答案】D

◆考法3：证据的要求和质证

【例题】（2016年真题）根据《民事诉讼法》，关于证据的说法，正确的是（   ）。

A. 书证只能提交原件
B. 证据应当在法庭上出示，并由当事人互相质证
C. 涉及商业秘密的证据需要在法庭出示的，应当在公开开庭时出示
D. 经过公证证明的文书，人民法院可以作为认定事实的根据

【答案】B

◆考法4：鉴定意见

【例题】下列关于司法鉴定意见的说法，正确的是（   ）。

A. 鉴定人只能由当事人协商选择
B. 法院不得自行委托鉴定人进行鉴定
C. 当事人对鉴定意见有异议或者人民法院认为鉴定人有必要出庭的，鉴定人应当出庭作证
D. 鉴定人拒不出庭作证的，鉴定意见可结合其他证据作为认定事实的根据

【答案】C

◆考法5：不得单独作为认定事实的证据

【例题】下列当事人提交的证据中，可以单独作为认定案件事实的是（   ）。

A. 无法与原件、原物核对的复印件、复制品
B. 有其他证据佐证并以合法手段取得的、无疑点的视听资料
C. 与一方当事人或者其代理人有利害关系的证人出具的证言
D. 当事人陈述

【答案】B

◆考法6：举证时限

【例题】（2019年真题）人民法院确定举证期限，当事人提供新的证据的第二审案件不得少于（   ）。

A. 15日 B. 20日
C. 10日 D. 30日

【答案】C

二、诉讼时效

1. 超过诉讼时效请求的规定：

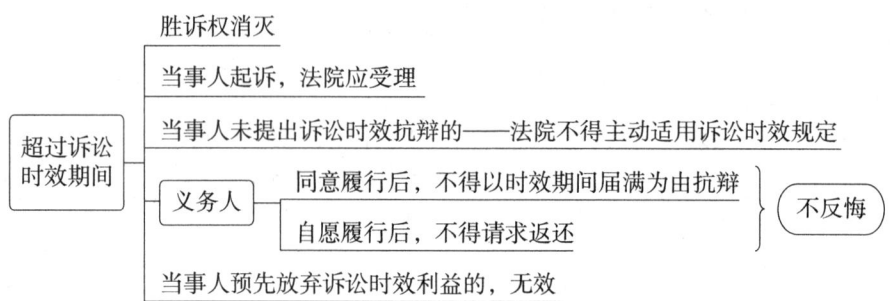

2. 不适用诉讼时效的情形：

（1）支付存款本金及利息请求权；

（2）兑付国债、金融债券以及向不特定对象发行的企业债券本息请求权；

（3）基于投资关系产生的缴付出资请求权。

记忆总结：本息、债权、投资款

3. 诉讼时效期间：

时效	特殊	普通	最长
期间	1年、4年	3年	20年
范围	1年：海上货运向承运人请求赔偿权 4年：国际货物买卖、技术进出口		
起算	从知道或应当知道权利被侵害时计算		从侵害之日起算

4. 诉讼时效中止、中断：

类型	发生时间	发生事由	后果
中止	时效的最后6个月内	不可抗力、其他障碍	中止事由消除后满6个月，时效届满
中断	时效的任何时间内	请求、同意、诉讼仲裁、与诉讼具有同等效力的情形	重新计算时效

中止的障碍（事由）如下：

（1）不可抗力；（2）无民事行为能力人或者限制民事行为能力人没有法定代理人，或者法定代理人死亡、丧失民事行为能力、丧失代理权；（3）继承开始后未确定继承人或者遗产管理人；（4）权利人被义务人或者其他人控制。

记忆总结：天、人、继承、绑架

◆ **考法1：超过诉讼时效请求的规定**

【例题】（2021年真题）关于诉讼时效的说法，正确的是（　　　）。

A. 人民法院应当主动适用诉讼时效的规定

B. 当事人对诉讼时效利益的预先放弃无效

C. 超过诉讼时效期间后权利人起诉的，人民法院不予受理

D. 诉讼时效期届满后，义务人已经自愿履行的，可以请求返还

【答案】B

◆ **考法 2：不适用诉讼时效的情形**

【例题】当事人对债权请求权提出的诉讼时效抗辩中，不能得到法院支持的请求权有（　　）。

A. 延付或拒付租金请求权

B. 寄存财物被丢失的赔偿请求权

C. 兑付国债本息请求权

D. 基于投资关系产生的缴付出资请求权

E. 支付工程款请求权

【答案】C、D

◆ **考法 3：诉讼时效的期间**

【例题】根据《民法典》向人民法院请求保护民事权利的普通诉讼时效期间为（　　）。

A. 1 年　　　　　　　　　　　　B. 2 年

C. 3 年　　　　　　　　　　　　D. 4 年

【答案】C

◆ **考法 4：诉讼时效的起算**

【例题】（2014 年真题）诉讼时效期间应当从（　　）起计算。

A. 侵害行为停止时

B. 当事人知道或应当知道权利被侵害时

C. 当事人权利被侵害并产生损害后果时

D. 当事人提起赔偿主张之日

【答案】B

◆ **考法 5：诉讼时效中止**

【例题】2014 年 5 月 5 日，甲拒绝向乙支付到期货款，乙忙于事务一直未向甲主张权利。2017 年 3 月 5 日，乙因出差遇险无法行使请求权的时间为 20 天。乙请求人民法院保护其权利的诉讼时效期间最晚到（　　）。

A. 2017 年 3 月 25 日　　　　　　B. 2017 年 5 月 25 日

C. 2017 年 9 月 25 日　　　　　　D. 2020 年 3 月 25 日

【答案】C

◆ **考法 6：诉讼时效中断**

【例题】（2021 年真题）下列情形中，可以引起诉讼时效中断的有（　　）。

A. 权利人申请仲裁　　　　　　　B. 不可抗力

C. 义务人同意履行义务　　　　　D. 权利人向义务人提出履行请求

E. 权利人被义务人或者其他人控制

【答案】A、C、D

2Z208024　民事诉讼的审判和执行

核心考点及重点提示

	考点	重点提示
1	一审程序：起诉的条件、审限、送达回证	★★
2	二审程序：上诉期间	★★
3	审监程序	★
4	特别程序	★
5	执行程序	★★

★不大；★★一般；★★★重要

核心考点及考法

一、一审程序

1. 起诉4条件——书面为原则，口头为例外

$$\begin{cases} 有与本案有直接利害关系的原告 \\ 有明确的被告 \\ 有诉讼请求、事实和理由 \\ 属于法院受案管辖范围 \end{cases}$$

2. 受理涉及的几个时间：

法院7日内决定是否立案——立案后5日送达起诉书副本——被告收到副本后15日答辩。

3. 送达日期＝受送达人在送达回证上的签收日期，送达诉讼文书必须有送达回证。

4. 简易程序——事实清楚、权利义务关系明确、争议不大的案件适用简易程序。

5. 审限：

一审简易程序——立案之日起——3月审结。

一审普通程序——立案之日起——6月审结。

二审——判决——3个月审结。

特别程序——立案之日起30日内或者公告期满后30日内审结。

二、二审程序——对未生效的一审判决书、裁定书

1. 上诉期间：

判决书——送达之日起——15日内上诉。

裁定书——送达之日起——10日内上诉。

2. 递交上诉状 —— 应向原审法院提出

　　　　　　　　直接向二审法院提出的，二审法院移交原审法院

三、审监程序

1. 对已生效的、发生错误的判决书、裁定书、调解书。

2. 提出主体——法院、检察院、当事人（在判决书、裁定书生效后 6 个月内申请）。

四、特别程序

1. 适用范围：向人民法院申请司法确认调解协议案、实现担保物权案。

2. 一审终审。

五、执行程序

1. 执行依据——生效文书。

2. 执行法院——一审法院或一审法院同级的被执行的财产所在地法院
   也可委托当地法院执行（执行财产在异地）

3. 执行期间——2 年内申请——可中止、中断。

法律文书规定履行期间的——从最后 1 日起算。

法律文书未规定履行期间的——从文书生效之日起算。

法律文书规定分期履行的——从每次履行期间的最后 1 日起算。

4. 执行异议——当事人、利害关系人、案外人认为执行行为违反法律规定的，可以向法院提出书面异议。

5. 法院自收到申请执行书之日起超过 6 个月未执行的——申请人可向上一级法院申请执行。

6. 执行和解：见本书 Z208040 的内容。

7. 执行中止、终结的情形：

执行中止（暂停：延期、异议、死亡终止）	执行终结（无法执行下去）
（1）申请人表示可以延期执行的；（2）案外人对执行标的提出确有理由异议的；（3）作为一方当事人的公民死亡，需要等待继承人继承权利或承担义务的；（4）作为一方当事人的法人或其他组织终止，尚未确定权利义务承受人的；（5）其他情形，如被执行人确无财产可供执行等	（1）申请人撤销申请的；（2）据以执行的法律文书被撤销的；（3）作为被执行人的公民死亡，无遗产可供执行，又无义务承担人的；（4）追索赡养费、扶养费、抚育费案件的权利人死亡的；（5）作为被执行人的公民因生活困难无力偿还借款，无收入来源，又丧失劳动能力的

◆ 考法 1：一审程序的综合理解运用

【例题】（2015 年真题）关于民事诉讼审判程序的说法，正确的是（   ）。

A. 一审程序包括普通程序和特殊程序　　B. 当事人必须以书面形式起诉

C. 原告必须与案件有直接利害关系　　D. 提交起诉状的同时提交全部证据

【答案】C

◆ 考法 2：一审程序的几个时间等

【例题】关于民事诉讼一审程序的说法，正确的是（   ）。

A. 事实清楚、权利义务关系明确、争议不大的案件应适用普通程序

B. 一审案件应自法院立案之日起 3 月内审结

C. 被告应在收到起诉书副本后 10 日答辩

D. 一审简易程序案件应自法院立案之日起 3 月内审结

【答案】D

◆ **考法 3：起诉的条件**

【例题】当事人提起民事诉讼，应当具备的条件中，不包括（　　）。

A. 原告是与本案有直接利害关系的公民、法人和其他组织

B. 有明确的被告

C. 有具体的诉讼请求、事实和理由

D. 已委托代理律师

【答案】D

◆ **考法 4：送达回证生效时间**

【例题】关于民事诉讼送达的说法，正确的是（　　）。

A. 送达诉讼文书必须有送达回证

B. 诉讼文书寄出的日期为送达日期

C. 法院不得以电子方式送达诉讼文书

D. 送达诉讼文书可以没有送达回证

【答案】A

◆ **考法 5：上诉的相关规定**

【例题】（2016 年真题）关于民事诉讼上诉的说法，正确的是（　　）。

A. 上诉期为 10 日

B. 上诉时应当递交上诉书

C. 上述状应当向第二审人民法院提出

D. 当事人向原审人民法院上诉的，原审法院应当受理

【答案】B

◆ **考法 6：审判监督程序**

【例题】当事人申请再审，应当在判决、裁定发生法律效力后（　　）内提出。

A. 3 个月　　　　　　　　　　B. 6 个月

C. 1 年　　　　　　　　　　　D. 2 年

【答案】B

◆ **考法 7：特别程序**

【例题】有关特别程序的说法，不正确的是（　　）。

A. 解决当事人之间的民事权利义务争议的适用特别程序

B. 实行一审终审

C. 应当在立案之日起 30 日内或公告期满后 30 日内审结

D. 建设工程领域中，申请司法确认调解协议案及实现担保物权案适用特别程序

【答案】A

◆ **考法 8：执行中止和终结的区别**

【例题】（2020 年真题）在民事诉讼执行阶段，人民法院应当裁定中止执行的是（　　）。

A. 案外人对执行标的提出确有理由的异议的
B. 申请人撤销强制执行申请的
C. 据以执行的法律文书被撤销的
D. 作为被执行人的公民因生活困难无力偿还借款无收入来源又丧失劳动能力的

【答案】A

◆ 考法9：执行程序的综合理解运用

【例题】关于民事诉讼执行程序的说法，正确的有（　　）。
A. 具有执行力的裁判文书只能由作出该裁判文书的法院负责执行
B. 执行可以采取查封、扣押、冻结等措施
C. 执行异议审查和复议期间，暂停执行
D. 法院自收到申请执行书之日起超过3个月未执行的，申请执行人可以向上一级人民法院申请执行
E. 当事人强制执行的时间为判决书等法律文书生效之日起2年

【答案】B、E

2Z208030 仲裁制度

核心考点提纲

1	2Z208031	仲裁协议和仲裁受理
2	2Z208032	仲裁审理的法定程序
3	2Z208033	仲裁裁决的执行

2Z208031 仲裁协议和仲裁受理

核心考点及重点提示

	考点	重点提示
1	仲裁协议的形式、内容和效力	★★★
2	对仲裁协议效力的异议	★★★

★不大；★★一般；★★★重要

核心考点及考法

一、仲裁协议的形式、内容和效力

1. 仲裁协议形式——应当书面（合同书、数据电文等），口头无效。
表现为：合同中订立的仲裁条款、事前或事后约定的仲裁协议。

2. 仲裁协议的内容：

{
（1）请求仲裁的意思表示
（2）仲裁事项
（3）选定的仲裁委——约定了2个仲裁委的处理 { 事后协商选1个——协议有效
事后不能选择——协议无效
}
}

3. 仲裁协议的效力

{
（1）对当事人——按约定仲裁
（2）对仲裁委——仲裁委只能对当事人约定的事项仲裁
（3）对法院——排除法院管辖
（4）仲裁独立条款——合同未生效、变更、无效、终止、解除等，不影响仲裁协议的效力
}

◆考法1：仲裁协议的内容

【例题】（2019年真题）有效仲裁协议的内容不包括（   ）。

A. 具体的仲裁事实、理由　　　　B. 请求仲裁的意见表示
C. 仲裁事项　　　　　　　　　　D. 选定的仲裁委员会

【答案】A

◆考法2：仲裁协议的效力

【例题】（2016年真题）关于仲裁协议的说法，正确的是（   ）。

A. 仲裁机构可就当事人在仲裁协议中的约定事项和未约定事项进行裁决
B. 仲裁协议是合同的附属协议，合同无效则仲裁协议无效
C. 仲裁协议可以约定仲裁裁决的强制执行机构
D. 当事人只能向约定的仲裁机构申请仲裁，不可直接提起诉讼

【答案】D

【例题】（2015年真题）下列仲裁协议中，有效的仲裁协议是（   ）。

A. 本合同履行过程中，凡因本合同引起的任何争议，均提请仲裁委员会仲裁
B. 本合同履行过程中，凡因本合同引起的任何争议，可申请仲裁或提起诉讼
C. 本合同履行过程中，凡因本合同引起的任何争议，均提请北京仲裁委员会仲裁
D. 本合同履行过程中，凡因本合同引起的任何争议，应先申请仲裁后提起诉讼

【答案】C

【例题】（2018年真题）关于仲裁的说法，正确的是（   ）。

A. 没有仲裁协议或者仲裁协议无效的，法院对当事人的纠纷应当予以受理
B. 对于仲裁协议有效的仲裁案件，法院仍具有管辖权
C. 只要一方当事人申请仲裁，仲裁委员会都应当予以受理
D. 仲裁裁决作出后，当事人就同一纠纷向法院起诉的，法院应当予以受理

【答案】A

二、对仲裁协议效力的异议

1. 首次开庭前提出——可请求仲裁委决定或法院裁定。

2. 一方主张仲裁，一方主张法院的——由法院裁定。

3. 默认规则：首次开庭前未提异议，而后向法院申请确认仲裁协议无效的，法院不受理。

4. 管辖法院：仲裁协议约定的仲裁委所在地、仲裁协议签订地、申请人住所地、被申请人住所地的——中级人民法院或专门法院。

◆ **考法**：仲裁协议效力的确认主体

【例题】（2021年真题）关于仲裁协议效力确认的说法，正确的是（　　）。

A. 当事人对仲裁协议效力有异议的，应当在仲裁裁决作出前提出

B. 当事人既可以请求仲裁委员会作出决定，也可以请求人民法院裁定

C. 当事人对仲裁委员会就仲裁协议效力作出的决定不服的，可以向人民法院申请撤销该决定

D. 当事人向人民法院申请确认仲裁协议效力的案件，只能由仲裁协议约定的仲裁委员会所在地的中级人民法院管辖

【答案】B

【例题】（2019年真题）当事人对于仲裁协议的效力有异议，一方请求仲裁委员会作出决定，另一方请求人民法院作出裁定的，则该仲裁协议的效力由（　　）。

A. 仲裁协议约定的仲裁委员会所在地的中级人民法院裁定

B. 仲裁协议约定的仲裁委员会决定

C. 仲裁协议约定的仲裁所在地的基层人民法院裁定

D. 申请人住所地的基层人民法院裁定

【答案】A

2Z208032 仲裁审理的法定程序

核心考点及重点提示

	考点	重点提示
1	仲裁庭的组成、审理、裁决	★★★
2	仲裁和解、调解	★

★不大；★★一般；★★★重要

核心考点及考法

一、仲裁庭的组成、审理、裁决（这部分内容在本书2Z208010中已总结讲述，在此不赘述）

◆ **考法1**：仲裁庭的组成

【例题】甲施工企业就施工合同纠纷向仲裁委员会申请仲裁，该仲裁案件由三名仲裁员组成仲裁庭，该案件的仲裁员（　　）。

A. 由甲施工企业选定一名　　　　B. 只能由仲裁委员会主任指定
C. 由甲施工企业选定两名　　　　D. 由甲施工企业选定三名

【答案】A

◆ 考法2：仲裁庭审理

【例题】下列关于仲裁庭的说法，正确的是（　　）。

A. 仲裁机构受理案件的依据是司法行政主管部门的授权
B. 申请人无正当理由不到庭的，仲裁庭可以缺席裁决
C. 仲裁一律不公开进行
D. 仲裁的主要审理方式是开庭审理

【答案】D

◆ 考法3：仲裁裁决的作出

【例题】（2020年真题）仲裁委员会就某施工合同纠纷案件进行仲裁，首席仲裁员甲认为应当裁定合同无效，仲裁员乙和丙认为应当裁定合同有效，则仲裁庭应（　　）。

A. 按甲的意见作出裁决
B. 按乙和丙的意见作出裁决
C. 请示仲裁委员会主任，并按其意见作出裁决
D. 重新组成仲裁庭，经评议后作出裁决

【答案】B

二、仲裁和解、调解（放入2Z208040中总结讲述）

2Z208033　仲裁裁决的执行

核心考点及重点提示

	考点	重点提示
1	仲裁裁决的强制执行时间、管辖法院	★★★
2	不予执行和撤销裁决	★★

★不大；★★一般；★★★重要

核心考点及考法

一、仲裁裁决的强制执行时间、管辖法院

1. 强制执行——向法院申请2年内，可以中止、中断（内容同民事诉讼执行）。
2. 管辖法院——被执行人住所地或财产所在地的中级人民法院。

◆ 考法1：仲裁裁决的强制执行法院

【例题】（2014年真题）根据最高人民法院《关于适用〈中华人民共和国仲裁法〉若

干问题的解释》，当事人申请执行仲裁裁决的案件，由（　　）管辖。

A. 仲裁机构所在地中级人民法院

B. 仲裁机构所在地高级人民法院

C. 被执行人住所地或者被执行财产所在地中级人民法院

D. 被执行人住所地或者被执行财产所在地高级人民法院

【答案】C

◆ 考法2：仲裁裁决的效力的理解

【例题】（2017年真题）关于仲裁裁决执行的说法，正确的是（　　）。

A. 一方当事人不履行仲裁裁决的，另一方当事人可以向仲裁机构申请执行

B. 申请仲裁裁决强制执行的期限为2年，不能中止、中断

C. 仲裁裁决做出后，当事人不服裁决的事项提起诉讼

D. 仲裁裁决被法院裁定不予执行后，当事人就该纠纷可以重新达成仲裁协议，申请仲裁

【答案】D

二、不予执行和撤销裁决

1. 申请情形——无仲裁协议、不属于仲裁范围、组庭或程序违法、证据伪造、隐瞒证据足以影响公正裁决、受贿徇私枉法。（总结：程序违法、贪赃枉法）

2. 撤销裁决的管辖法院：

当事人收到裁决书之日起——6月内向仲裁委所在地的中级人民法院申请。

3. 后果——可重新达成仲裁协议或诉讼。

◆ 考法：不予执行和撤裁的情形、时间、管辖法院

【例题】（2020年真题）关于仲裁裁决撤销的说法，正确的是（　　）。

A. 仲裁庭的组成或者仲裁的程序违反法定程序的，当事人只能申请撤销仲裁裁决，不得申请不予执行仲裁裁决

B. 当事人申请撤销仲裁裁决的，应当在收到裁决书之日起3个月内提出

C. 仲裁裁决被人民法院依法撤销后，当事人不得就该纠纷再行申请仲裁，只能向人民法院起诉

D. 当事人可以向仲裁委员会所在地的中级人民法院申请撤销仲裁裁决

【答案】D

2Z208040　调解与和解制度

核心考点提纲

1	2Z208041	调解的规定
2	2Z208042	和解的规定

2Z208041 调解的规定

核心考点及重点提示

	考点	重点提示
1	人民调解	★★
2	行政调解	★
3	仲裁调解	★★★
4	法院调解	★★★
5	专业机构调解	★

★不大；★★一般；★★★重要

核心考点及考法

一、几个文书

1. 文书生效时间：

调解书——签收生效。

仲裁裁决书——作出生效。

2. 文件的效力——判决书、裁决书、调解书（法院、仲裁）具有同等效力。

3. 有强制执行力的文书：

$$\left\{\begin{array}{l}\text{法院——判决书、调解书}\\ \text{仲裁——裁决书、调解书}\\ \text{和解协议——合同约定}\\ \text{调解协议（法院、仲裁调解除外）}\\ \text{司法确认的人民调解委员会（特邀调解组织、特邀调解员）的调解协议}\end{array}\right.$$

注意：上述文书均有法律约束力+强制执行力

有法律约束力，无强制执行力的文书——人民调解、行政调解、专业机构调解、合同、和解协议。

◆ 考法1：法律文书的强制执行力

【例题】（2014年真题）下列法律文书中，属于可以强制执行的是（　　）。

A. 双方签收的人民法院调解书

B. 双方签收的人民调解委员会制作的调解书

C. 双方签收的建设行政主管部门制作的调解书

D. 一方拒绝签收的仲裁调解书

【答案】A

◆ 考法2：法律文书的生效时间

【例题】人民法院作出的调解书自（　　）生效。

A. 作出 B. 签收
C. 通知 D. 双方达成调解协议

【答案】B

二、5个调解

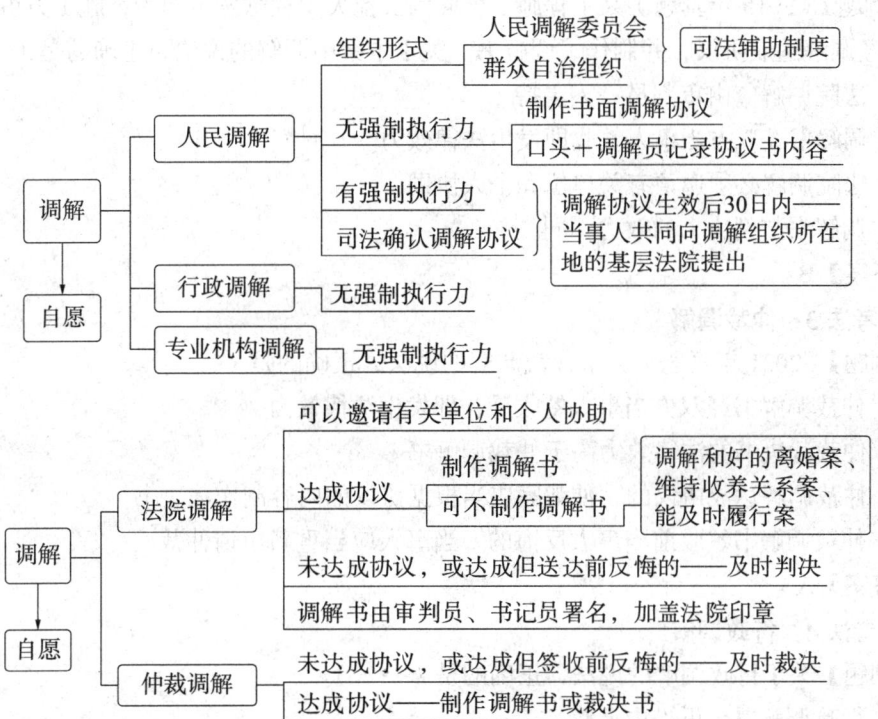

◆ 考法1：人民调解

【例题】（2021年真题）关于人民调解说法，正确的是（　　）。
A. 经人民调解委员会调解达成调解协议的，必须制作调解协议书
B. 经人民调解委员会调解达成调解协议具有法律强制力
C. 调解协议的履行发生争议的，一方当事人可以向人民法院申请强制执行
D. 经人民调解委员会调解达成调解协议后，双方当事人可以共同向调解组织所在地基层人民法院申请司法确认

【答案】D

【例题】（2016年真题）根据《民事诉讼法》，当事人申请司法确认经人民调解委员会调解达成的调解协议，由双方当事人依法共同向（　　）基层人民法院提出。
A. 当事人所在地 B. 调解协议履行地
C. 调解协议签订地 D. 调解组织所在地

【答案】D

◆ 考法2：法院调解

【例题】（2020年真题）根据《民事诉讼法》，关于法院调解的说法，正确的是（　　）。
A. 调解书的效力低于判决书

B. 人民法院进行调解，可以邀请有关单位和个人协助

C. 调解达成的所有协议，人民法院均应当制作调解书

D. 人民法院审理民事案件，在判决作出之前应当进行调解

【答案】B

【例题】（2015年真题）某工程施工合同因被拖欠工程款发生纠纷，施工方诉讼法院，后本案经调解达成协议，并制作了调解书。关于本案中调解的说法，正确的是（   ）。

A. 法院调解应由审判员一人主持

B. 调解书经双方当事人签收即发生法律效力

C. 法院调解必须邀请有关单位和个人协助

D. 调解书与判决书的效力不同

【答案】B

◆ 考法3：仲裁调解

【例题】（2021年真题）关于仲裁调解的说法，正确的是（   ）。

A. 仲裁调解书经双方当事人签收后，即发生法律效力

B. 仲裁裁决书的法律效力高于仲裁调解书

C. 仲裁调解达成协议的，仲裁庭应当根据协议的内容制作裁决书

D. 仲裁调解书签收前当事人反悔的，当事人应当重新申请仲裁

【答案】A

◆ 考法4：行政调解

【例题】关于行政调解的说法，正确的是（   ）。

A. 行政调解属于诉讼内调解

B. 行政调解达成的协议具有强制约束力

C. 行政调解应当事人的申请方可启动

D. 行政机关可以对不属于其职权管辖范围内的纠纷进行调解

【答案】C

2Z208042 和解的规定

核心考点及重点提示

	考点	重点提示
1	和解	★★

★不大；★★一般；★★★重要

核心考点及考法

和解

1. 和解性质：协商——可发生在任何阶段，无强制执行力，口头、书面均可

（1）
- 仲裁阶段和解 —— 可要求仲裁委制作裁决书
  - 可撤回仲裁申请
- 诉讼阶段和解 —— 可要求法院制作调解书
  - 可撤诉
- 执行阶段和解 —— 中止执行

（2）和解后反悔的：
- 诉讼、仲裁阶段 —— 制作了裁决书、调解书的 —— 可直接申请强制执行
  - 撤诉的 —— 仲裁/诉讼阶段 —— 重新申请仲裁/重新起诉
- 执行阶段 —— 可申请恢复原生效判决书的执行或对和解协议起诉

◆考法1：和解的效力

【例题】（2019年真题）关于和解的说法，正确的是（　　）。

A. 和解达成的协议不具有法律效力　　B. 和解达成的协议不具有强制执行力

C. 和解协议必须采用书面形式　　D. 达成和解后当事人不得再行起诉

【答案】B

◆考法2：诉讼和解、仲裁和解的综合理解运用

【例题】关于和解的说法，正确的有（　　）。

A. 当事人申请仲裁后，达成和解协议的，可以撤回仲裁申请

B. 和解协议具有强制执行力

C. 民事诉讼第一审普通程序中，当事人达成和解协议的，应继续进行诉讼程序

D. 民事诉讼第二审人民法院审理上诉案件，不适用和解

E. 当事人申请仲裁后，达成和解协议的，可以请求仲裁庭根据和解协议作出裁决书

【答案】A、E

◆考法3：执行和解

【例题】（2011年真题）甲公司根据生效判决书向法院申请强制执行。执行中与乙公司达成和解协议。和解协议约定：将乙所欠220万元债务减少为200万元，乙自协议生效之日起2个月内还清。协议生效2个月后，乙并未履行协议的约定。下列说法中，正确的是（　　）。

A. 甲可向法院申请恢复原判决的执行　　B. 甲应向乙住所地法院提起民事诉讼

C. 由法院执行和解协议　　D. 由法院依职权恢复原判决的执行

【答案】A

2Z208050 行政强制、行政复议和行政诉讼制度

核心考点提纲

1	2Z208051 行政强制的种类和法定程序
2	2Z208052 行政复议的范围、受理和复议决定
3	2Z208053 行政诉讼的受案范围、审理程序和判决执行

2Z208051 行政强制的种类和法定程序

核心考点及重点提示

	考点	重点提示
1	行政强制措施和强制执行的种类	★
2	申请法院强制执行	★

★不大；★★一般；★★★重要

核心考点及考法

一、行政强制措施和强制执行的种类

强制措施	查封、扣押、扣冻、限制人身自由
强制执行	罚款或滞纳金；划拨存款汇款；拍卖或依法处理查封扣押的场所、设施、财物；排除妨碍、恢复原状；代履行

◆ **考法：强制措施和执行种类的区别**

【例题】（2020年真题）关于行政强制的说法，正确的是（　　）。
A. 尚未制定法律、行政法规，且属于地方性事务的，地方性法规可以设定冻结存款、汇款的行政强制措施
B. 查封场所、设施或者财物属于行政强制执行
C. 排除妨碍、恢复原状属于行政强制措施
D. 法律、法规以外的其他规范性文件不得设定行政强制措施
【答案】D

二、申请法院强制执行

当事人不复议或诉讼，又不履行行政决定的，无强制执行权的行政机关——可以自期限届满之日起3个月内，申请法院强制执行。

◆ **考法：申请法院强制执行**

【例题】根据《行政强制法》，法律没有规定行政机关强制执行的，作出行政决定的行政机关应当申请强制执行的机关是（　　）。
A. 人民法院　　　　　　　　　　B. 人民政府
C. 公安机关　　　　　　　　　　D. 监察机关
【答案】A

2Z208052 行政复议的范围、受理和复议决定

核心考点及重点提示

	考点	重点提示
1	行政复议的一般规定	★★
2	行政复议的范围	★★★

★不大；★★一般；★★★重要

核心考点及考法

一、行政复议的一般规定

1. 当事人可选择复议或诉讼：1 或 2
   - （1）60日复议（知道日算）——复议机关在受理后60日内作出复议决定——不服，收到复议决定后15日内诉讼
   - （2）6月诉讼（知道日算）

2. 行政复议——提出——口头、书面。
   审查——原则采取书面审查方式。
   被申请人——作出行为的行政机关。

3. 复议机关——上一级。
   政府工作部门的行政行为——向本级政府，或者上一级主管部门申请复议。

4. 不得同时：行政复议期间——不得起诉；行政诉讼（受理后）期间——不得复议。

5. 行政复议期间，原具体行政行为不停止执行（诉讼相同）：
   例外：（1）被申请人认为需要停止；
   （2）复议机关认为需要停止；
   （3）申请人申请停止，复议机关认为要求合理，决定停止。

◆ 考法1：复议机关

【例题】（2019年真题）某施工企业对某市辖区建筑工程质量监督站以该区建设行政主管部门名义作出通报批评结果不服而申请复议，该复议可以向（　　）提出。
A. 市质量监督站　　　　　　　　B. 区质量监督站
C. 区建设行政主管部门　　　　　D. 市建设行政主管部门
【答案】D

◆ 考法2：复议的一般规定

【例题】关于行政复议的说法，正确的是（　　）。
A. 公民、法人或者其他组织认为具体行政行为侵犯其合法权益的，可以自知道该具体行政行为之日起30日内提出行政复议申请

265

B. 对行政机关作出的具体行政行为不服的，不得直接向法院起诉
C. 公民向法院提起行政诉讼，人民法院已经受理的，仍可以申请行政复议
D. 申请人可以口头提出行政复议申请，行政复议原则上采取书面审查方式

【答案】D

二、行政复议的范围

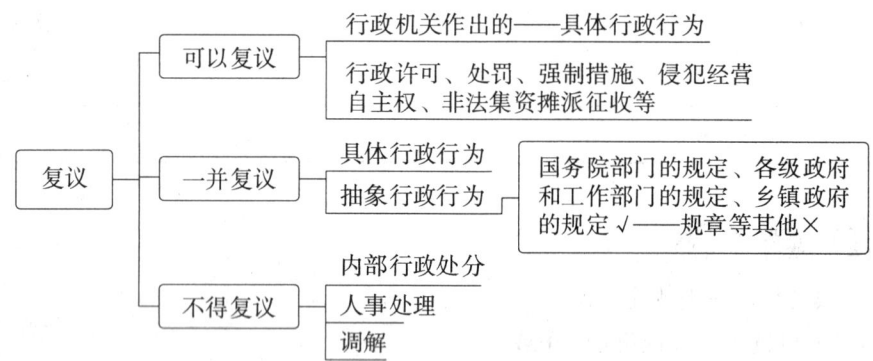

注意：抽象行政行为是指行政立法行为。当事人若要就抽象行政行为复议，就要同时满足2个要件：
　　　1.立法称谓为《…规定》；2.不得单独，只能与具体行政行为一并申请

◆**考法：行政复议的范围**

【例题】（2017年真题）关于行政复议的说法，正确的是（　　）。

A. 行政复议既可以解决行政争议，也可以解决民事或者其他争议
B. 在行政复议中随时可以调解
C. 行政复议可以应申请一并审查抽象行政行为
D. 行政复议决定具有终局性

【答案】C

【例题】（2016年真题）行政机关作出的下列决定中，当事人不能申请行政复议的是（　　）。

A. 罚款、没收非法财物等行政处罚决定
B. 行政处分或者其他人事处理决定
C. 限制人身自由的行政强制措施决定
D. 有关许可证、执照等证书变更、中止、撤销的决定

【答案】B

2Z208053 行政诉讼的受案范围、审理程序和判决执行

核心考点及重点提示

	考点	重点提示
1	行政诉讼的范围	★

续表

考点		重点提示
2	行政诉讼的一般规定	★

★不大；★★一般；★★★重要

核心考点及考法

一、行政诉讼的范围：基本同行政复议范围

不属于行政诉讼范围的是：

（1）公安、国家安全等机关依照刑事诉讼法的明确授权实施的行为；（2）调解行为以及法律规定的仲裁行为；（3）行政指导行为；（4）驳回当事人对行政行为提起申诉的重复处理行为；（5）行政机关作出的不产生外部法律效力的行为；（6）行政机关为作出行政行为而实施的准备、论证、研究、层报、咨询等过程性行为；（7）行政机关根据人民法院的生效裁判、协助执行通知书作出的执行行为，但行政机关扩大执行范围或采取违法方式实施的除外；（8）上级行政机关基于内部层级监督关系对下级行政机关作出的听取报告、执法检查、督促履责等行为；（9）行政机关针对信访事项作出的登记、受理、交办、转送、复查、复核意见等行为；（10）对公民、法人或者其他组织权利义务不产生实际影响的行为。

◆**考法：行政诉讼的范围**

【例题】（2018年）根据《行政诉讼法》，下列情形中属于行政诉讼受案范围的是（　　）。

A. 对于限制人身自由的行政强制措施不服的

B. 国防、外交等国家行为

C. 行政法规、规章或者行政机关制定、发布的具有普遍的约束力的决定、命令

D. 行政机关对行政机关人员的奖惩、任免等决定

【答案】A

二、行政诉讼的一般规定

1. 管辖法院——最初作出行政行为的行政机关所在地法院（不动产依不动产所在地法院）。

2. 2个法院都有管辖权的——最先立案的法院管辖。

3. 行政诉讼原则不能调解。

◆**考法：行政诉讼的一般规定**

【例题】根据《行政诉讼法》，因不动产提起的行政诉讼，由（　　）人民法院管辖。

A. 原告住所地

B. 被告住所地

C. 由原告选择被告住所地或不动产所在地

D. 不动产所在地

【答案】D

本章模拟强化练习

1. 下列关于解决合同纠纷方式的说法中，正确的是（　　）。
   A. 对仲裁裁决不服可以向人民法院起诉
   B. 和解协议具有强制执行的效力
   C. 当事人解决民事纠纷的方式包括和解、仲裁、诉讼，不包括行政调解
   D. 对仲裁裁决不服，不得再次申请仲裁
   【答案】D

2. 下列纠纷中，适用《仲裁法》仲裁的是（　　）。
   A. 继承纠纷　　　　　　　　　　B. 行政纠纷
   C. 拖欠工程款纠纷　　　　　　　D. 劳动合同纠纷
   【答案】C

3. 按照法院的辖区和民事案件隶属关系，划分同级法院受理第一审民事案件的分工和权限称之为（　　）。
   A. 级别管辖　　　　　　　　　　B. 指定管辖
   C. 移送管辖　　　　　　　　　　D. 地域管辖
   【答案】D

4. 甲地的建设单位与乙地的施工单位在丙地签订了建设工程施工合同，合同约定：若发生争议，向甲地法院起诉。若甲方就工程质量发生纠纷诉至法院，该案应由（　　）管辖。
   A. 甲地法院　　　　　　　　　　B. 乙地法院
   C. 丙地法院　　　　　　　　　　D. 乙地法院或丙地法院
   【答案】C

5. 根据《民事诉讼法》的规定，合同双方当事人可以在书面合同中协议选择（　　）人民法院管辖，但不得违反级别管辖和专属管辖。
   A. 被告住所地　　　　　　　　　B. 合同履行地
   C. 侵权行为地　　　　　　　　　D. 原告住所地
   E. 标的物所在地
   【答案】A、B、D、E

6. 当事人对法院管辖权有异议，应当在（　　）提出。
   A. 第一次开庭时　　　　　　　　B. 提交答辩状期间
   C. 被告收到起诉状副本之日起15日内　　D. 法庭辩论终结前
   E. 第一审判决作出前
   【答案】B、C

7. 甲公司与乙公司就工程款纠纷诉至法院，甲公司委托赵律师全权代理诉讼，但未作具体的授权。则赵律师在诉讼中有权实施的行为是（　　）。

A. 提起反诉 B. 提出和解

C. 提出管辖权异议 D. 部分变更诉讼请求

【答案】C

8. 下面关于诉讼代理人的表述中,正确的是( )。

A. 当事人可以委托多人作为诉讼代理人

B. 委托他人进行诉讼代理,可以向法院作出口头授权委托

C. 诉讼代理人代为承认、放弃、变更诉讼请求,该代理行为为一般代理

D. 诉讼代理人代为进行和解,提起反诉和上诉,必须有委托人的特别授权

【答案】D

9. 民事诉讼的证据包括( )。

A. 微信聊天记录 B. 物证

C. 视听资料 D. 科学试验

E. 当事人陈述

【答案】A、B、C、E

10. 下列证据中,属于民事证据中书证的是( )。

A. 法律 B. 代理词

C. 施工合同复印件 D. 建筑施工规范

【答案】C

11. 关于证据,以下说法正确的有( )。

A. 所有证据都应该在法庭上出示

B. 复印件不得作为证据被采信

C. 未成年人不得作为证人

D. 有关一方当事人庭审中的自认,对方无需举证证明

E. 当事人应当在举证期内申请鉴定

【答案】D、E

12. 下列关于举证时限的说法,错误的是( )。

A. 举证时限是指法律规定或法院、仲裁机构指定的当事人能够有效举证的期限

B. 当事人逾期提交的证据材料,人民法院审理时应组织质证

C. 证据未经质证则不得采信

D. 当事人应当在举证期限内向人民法院提交证据材料

【答案】B

13. 以下适用诉讼时效的情形是( )。

A. 支付存款本息请求权 B. 兑付债券本息请求权

C. 缴付公司出资请求权 D. 支付工程款请求权

【答案】D

14. 根据《民法典》的规定,关于民事诉讼时效的说法,正确的是( )。

A. 当事人超过诉讼时效起诉的,法院不予受理

B. 当事人可以通过协议改变诉讼时效

C. 在诉讼时效期间内，当事人因不可抗力不能行使请求权的，诉讼时效中止

D. 人民法院在审理案件时，不应主动适用诉讼时效

【答案】D

15. 2020年2月1日，甲公司与乙银行签订借款合同，约定借款期限为1年。2021年12月30日，乙银行向甲公司请求返还借款，此时，本纠纷的诉讼时效（　　）。

A. 中断　　　　　　　　　　B. 中止

C. 终止　　　　　　　　　　D. 届满

【答案】A

16. 根据《民事诉讼法》的规定，起诉必须符合的条件有（　　）。

A. 有充分的证据　　　　　　B. 有明确的被告

C. 属于法院受理民事诉讼的范围　　D. 有书面的起诉书

E. 原告是与本案有间接利害关系的公民

【答案】B、C

17. 甲施工单位诉乙建设单位拖欠工程款纠纷一案，由某人民法院开庭审理。甲施工单位经传票传唤，无正当理由拒不到庭，则人民法院可以（　　）。

A. 按照撤诉处理　　　　　　B. 中止审理

C. 终结审理　　　　　　　　D. 缺席判决

【答案】A

18. 对人民法院作出的一审民事判决不服，提起上诉的期限为判决书送达之日起（　　）日。

A. 5　　　　　　　　　　　　B. 7

C. 10　　　　　　　　　　　D. 15

【答案】D

19. 适用特别程序审理的案件，实行一审终审，并且应当在立案之日起（　　）日内审结。

A. 15　　　　　　　　　　　B. 30

C. 45　　　　　　　　　　　D. 60

【答案】B

20. 下列法律文书中，具有强制执行效力的是（　　）。

A. 当事人双方在仲裁程序中达成的和解协议

B. 由行政主管部门主持达成的调解书

C. 人民法院在民事案件审理中制作的调解书

D. 在人民调解委员会组织下达成的调解协议

【答案】C

21. 某人民法院终审判决，建设单位应于2020年12月31日前付清施工单位工程款。建设单位未履行判决。依照有关法律规定，施工单位申请执行的期限不得迟于（　　）。

A. 2021年1月1日　　　　　　　　B. 2021年12月31日
C. 2022年1月1日　　　　　　　　D. 2022年12月31日

【答案】D

22. 根据《民事诉讼法》，人民法院自收到强制执行申请书之日起超过6个月未执行的，申请人可以向（　　）人民法院申请强制执行。

A. 原审　　　　　　　　　　　　B. 上一级
C. 原告所在地　　　　　　　　　D. 被告所在地

【答案】B

23. 下列各项中，属于人民法院应当裁定中止执行的情形有（　　）。

A. 申请人撤销申请的
B. 案外人对执行标的提出确有理由的异议的
C. 作为一方当事人的公民死亡，需要等待继承人继承权利或者承担义务的
D. 只追索赡养费、抚养费、抚育费案件的权利人死亡的
E. 作为被执行人的公民因生活困难无力偿还借款，无收入来源，又丧失劳动能力的

【答案】B、C

24. 下列选项中，属于人民法院应当裁定终结执行情形的有（　　）。

A. 案外人提出执行异议
B. 据以执行的法律文书被撤销的
C. 作为被执行人的公民死亡
D. 追索赡养费、扶养费、抚育费案件的权利人死亡的
E. 被执行人确无财产可供执行

【答案】B、D

25. 根据《仲裁法》规定，仲裁协议中应当具有的内容有（　　）。

A. 仲裁事项　　　　　　　　　　B. 选定的仲裁委员会
C. 请求仲裁的意思表示　　　　　D. 仲裁费用承担
E. 选定仲裁员

【答案】A、B、C

26. 下列仲裁协议约定的内容中，属于无效仲裁条款的是（　　）。

A. 仲裁协议约定了两个仲裁机构
B. 当事人约定争议可以向仲裁机构申请仲裁也可以向人民法院起诉
C. 劳动合同约定发生劳动争议向北京仲裁委员会申请仲裁
D. 双方因履行合同发生纠纷向北京仲裁委员会申请仲裁

【答案】D

27. 甲乙在施工合同中约定有关合同的任何纠纷均向重庆仲裁委员会提请仲裁。后来，双方因质量缺陷发生争议，乙方将甲方诉至人民法院。在庭审答辩程序中，甲方向法庭出示了双方约定的仲裁协议，此时人民法院应当（　　）。

A. 驳回起诉　　　　　　　　　　B. 继续审理

C. 终结审理 D. 将案件移交合同约定的仲裁机构

【答案】B

28. 甲总承包单位将其承建的工程分包给乙承包单位，双方订立分包合同并约定因本合同发生的一切争议均由某仲裁委员会裁决。后双方因质量问题发生争议，同时发现该分包行为未经建设单位同意。下列关于本案仲裁协议效力的说法，正确的是（　　）。

A. 分包合同无效，则仲裁协议无效

B. 分包合同有效，则仲裁协议有效

C. 分包合同效力待定，则仲裁协议效力待定

D. 分包合同效力与仲裁协议效力没有相关性

【答案】D

29. 关于仲裁开庭和审理的说法，正确的是（　　）。

A. 仲裁员只能由仲裁委员会主任指定

B. 仲裁审理案件应当公开进行

C. 当事人可以协议书面审理

D. 涉及商业秘密的案件一律不得公开审理

【答案】C

30. 仲裁裁决书的生效时间是（　　）。

A. 合议之日 B. 公示之日
C. 作出之日 D. 收到之日

【答案】C

31. 甲乙双方的合同纠纷于 2019 年 1 月 1 日开庭仲裁，庭审中经仲裁庭调解，双方达成了调解协议，次日，仲裁庭根据调解协议制定了调解书，1 月 5 日调解书交由双方签收。根据《仲裁法》有关规定，则下列说法正确的有（　　）。

A. 该调解书与仲裁裁决书具有同等法律效力

B. 该调解书自 2019 年 1 月 2 日产生法律效力

C. 仲裁调解书具有强制执行力

D. 申请人签收调解书后，申请人应撤回仲裁申请

E. 该调解书自 2019 年 1 月 5 日产生法律效力

【答案】A、C、E

32. 甲乙在履行合同过程中发生争议，双方对合同中的仲裁条款效力有异议，甲、乙分别向仲裁机构和法院申请确认仲裁协议的效力，则下列说法正确的是（　　）。

A. 由仲裁委员会作出决定 B. 由人民法院裁定
C. 由先收到申请一方决定 D. 由仲裁委员会和人民法院协商确定

【答案】B

33. 甲、乙、丙三人组成仲裁庭，其中甲为当事人双方共同选定的仲裁员。案件评议中，三位仲裁员关于该案裁决意见不一致，则有关仲裁裁决的说法，正确的是（　　）。

A. 仲裁裁决应按乙、丙的意见作出

B. 乙、丙应服从并按甲的意见作出仲裁裁决

C. 应将甲、乙、丙各自的意见全部列出提交仲裁委员会主任作出决定

D. 应按甲的意见作出仲裁裁决，同时必须在评议笔录中如实记载乙、丙的意见

【答案】D

34. 下列有关仲裁协议效力的说法，正确的有（　　）。

A. 发生纠纷后，当事人既可以按照仲裁协议约定向仲裁机构申请仲裁，也可以就该纠纷向人民法院提起诉讼

B. 有效的仲裁协议不排除人民法院对仲裁协议约定的争议事项的司法管辖权

C. 仲裁协议是仲裁委员会受理仲裁案件的前提，是仲裁庭审理和裁决案件的依据

D. 仲裁庭只能对当事人约定的仲裁事项裁决，不能超出仲裁协议约定范围进行裁决

E. 合同被撤销后，不影响合同中约定的仲裁条款效力

【答案】C、D、E

35. 关于仲裁和解与调解的说法，正确的有（　　）。

A. 当事人在仲裁程序中达成和解协议的，应当撤回申请

B. 当事人在仲裁程序中达成和解协议的，可以要求仲裁委员会根据和解协议制作裁决书

C. 仲裁调解书自作出即具有法律效力

D. 双方和解并撤回仲裁申请后，一方不履行和解协议的，另一方可要求恢复仲裁庭审程序

E. 仲裁调解书与裁决书的执行效力是相同的

【答案】B、E

36. 根据最高人民法院《关于适用〈中华人民共和国仲裁法〉若干问题的解释》，当事人申请执行仲裁裁决的案件，由（　　）管辖。

A. 仲裁机构所在地基层人民法院

B. 仲裁机构所在地中级人民法院

C. 被执行人住所地或者被执行财产所在地中级人民法院

D. 被执行人住所地或者被执行财产所在地基层人民法院

【答案】C

37. 根据《仲裁法》的规定，当事人可以向仲裁委员会所在地的中级人民法院申请撤销裁决的情形不包括（　　）。

A. 仲裁程序违法

B. 裁决的事项不属于仲裁协议的范围

C. 合议庭的仲裁员对该案不能形成一致性意见

D. 裁决所依据的证据是伪造的

【答案】C

38. 甲公司员工张某因酒后驾驶机动车被公安机关行政拘留15天，并处罚款200元。此后，甲公司以此为由对张某作出降职降薪。下列说法正确的是（　　）。

A. 张某可以就行政拘留提起行政复议　　B. 张某不得就罚款直接提起行政诉讼
C. 张某可以就降职降薪提起行政复议　　D. 张某只能就上述处理进行申诉

【答案】A

39. 根据《人民调解法》规定，经人民调解委员会调解后达成的调解协议，当事人可以自调解协议生效之日起（　　）日内共同向调解组织所在地人民法院申请司法确认。

A. 30　　　　　　　　　　　　　B. 60
C. 90　　　　　　　　　　　　　D. 180

【答案】A

40. 行政强制措施不包括（　　）。

A. 冻结存款　　　　　　　　　　B. 限制公民人身自由
C. 扣押财物　　　　　　　　　　D. 罚款

【答案】D

41. 可以提起行政复议的事项包括（　　）。

A. 行政许可　　　　　　　　　　B. 行政奖励
C. 政府摊派行为　　　　　　　　D. 政府发布造价指导信息
E. 行政机关对交通事故纠纷作出的调解

【答案】A、B、C

42. 某地方建设行政管理部门于2021年5月1日针对某施工企业无证施工的情况，给予了相应的行政处罚决定，建筑公司于2021年5月6日收到该处罚通知，建筑公司对此不服的话最迟应于（　　）前提起行政复议。

A. 2021年6月1日　　　　　　　B. 2021年6月6日
C. 2021年7月1日　　　　　　　D. 2021年7月6日

【答案】D

43. 施工单位对建设行政管理部门下列行为提起行政诉讼，人民法院应当受理的是（　　）。

A. 对施工现场侵权赔偿纠纷进行的调解
B. 撤销施工单位资质证书的决定
C. 因工作人员违章违纪而给予的行政处分
D. 关于资质证书颁发的条件不符合法律规定

【答案】B

44. 某市甲区国土资源局根据市政府总体规划进行某地棚户区改造，对不服拆迁决定的张某住房进行强行拆除。张某对此不服提起行政复议，则可以作复议机关的有（　　）。

A. 省政府　　　　　　　　　　　B. 市政府
C. 甲区政府　　　　　　　　　　D. 甲区国土资源局
E. 市国土资源局

【答案】C、E

近年真题篇

2021年度全国二级建造师执业资格考试试卷

一、单项选择题（共60题，每题1分。每题的备选项中，只有1个最符合题意）

1. 关于法人在建设工程中的地位的说法，正确的是（   ）。
   A. 建设单位应当具备法人资格
   B. 建设工程中的法人可以不具有民事行为能力
   C. 非营利法人可以成为建设单位
   D. 建设单位应当独立承担民事责任

2. 建设工程代理行为终止的情形是（   ）。
   A. 被代理人丧失民事行为能力　　B. 代理事项难以完成
   C. 发生不可抗力　　　　　　　　D. 代理人辞去委托

3. 建设用地使用权自（   ）时设立。
   A. 占用　　　　　　　　　　　　B. 登记
   C. 申请　　　　　　　　　　　　D. 使用

4. 关于建设工程债的说法，正确的是（   ）。
   A. 施工合同债是发生在建设单位和施工企业之间的债
   B. 在材料设备买卖合同中，材料设备的买方只能是施工企业
   C. 在施工合同中，对于完成施工任务，施工企业是债权人，建设单位是债务人
   D. 在施工合同中，对于支付工程款，建设单位是债权人，施工企业是债务人

5. 下列使用注册商标的情形中，应当承担行政责任的是（   ）。
   A. 自行改变注册商标的
   B. 改变注册商标的注册人名称、地址或者其他注册事项的
   C. 转让注册商标的
   D. 连续2年停止使用注册商标的

6. 关于抵押权的说法，正确的是（   ）。
   A. 以动产抵押的，抵押权自合同生效时设立
   B. 抵押权可以与债权分离而单独转让
   C. 同一财产向两个以上债权人抵押，抵押权未登记的，拍卖抵押财产所得的价款按照抵押合同订立的顺序清偿
   D. 同一财产向两个以上债权人抵押的，拍卖抵押财产所得的价款按照登记的债权比例清偿

7. 关于保险索赔的说法，正确的是（   ）。
   A. 投保人可以在保险事故发生后的任意时间向保险人提出索赔
   B. 投保人仅需在保险事故发生后收集证据

C. 保险单上载明的保险财产修理费超过赔偿金额的，应当按照修理费全额赔偿

D. 一个建设工程项目同时由多家保险公司承保的，应当按照约定的比例分别向不同的保险公司提出索赔要求

8. 下列法律责任中，属于刑事责任的是（　　）。

A. 罚款　　　　　　　　　　　　B. 没收违法所得

C. 没收财产　　　　　　　　　　D. 拘留

9. 在申请领取施工许可证应当具备的条件中，关于施工图纸及技术资料的说法，正确的是（　　）。

A. 有施工方案设计即可　　　　　B. 有初步设计图纸并通过初步设计审查

C. 有经审查合格的施工图设计文件　D. 有注册执业人员签章的施工图

10. 关于建筑业企业资质证书使用与延续的说法，正确的是（　　）。

A. 企业资质情况可以通过扫描建筑业企业资质证书复印件的二维码查询

B. 企业跨地区参加招标投标活动，应当提供建筑业企业资质证书原件

C. 建筑业企业资质证书有效期为 3 年

D. 延续申请应当于建筑企业资质证书有效期届满 1 个月前提出

11. 关于二级建造师执业的说法，正确的是（　　）。

A. 建造师未受聘于施工企业也可以担任该企业施工项目负责人

B. 注册建造师担任施工项目负责人期间一律不得更换

C. 注册建造师担任施工项目负责人期间一律不得变更注册到另一企业

D. 二级建造师可以在造价咨询企业执业

12. 下列情形中，注册建造师将被处以吊销执业资格证书，5年内不予注册的是（　　）。

A. 因过错造成重大质量事故的

B. 在执业过程中实施商业贿赂的

C. 允许他人以自己的名义从事执业活动的

D. 未办理变更注册而继续执业的

13. 关于评标的说法，正确的是（　　）。

A. 招标人可以不向评标委员会提供评标所必需的信息

B. 投标文件未经投标单位盖章和单位负责人签字，评标委员会不应当直接否决其投标

C. 投标报价低于成本或者高于招标文件设定的最高投标限价时，评标委员会应当否决其投标

D. 评标过程中，评标委员会成员不能继续评标被更换后，由更换后的评标委员会成员继续进行评审

14. 关于投标人资格预审的说法，正确的是（　　）。

A. 依法必须进行招标的项目提交资格预审申请文件的时间，自资格预审文件停止发售之日起不得少于 5 日

B. 依法必须进行招标的项目的资格预审公告，应当在国务院住房城乡建设主管部门指定的媒介发布

C. 在不同媒介发布的同一招标项目的资格预审公告的内容可以根据特定情况存在差异

D. 指定媒介发布依法必须进行招标的项目的境内资格预审公告，可以收取适当的成本费用

15. 关于投标保证金的说法，正确的是（　　）。

A. 投标保证金有效期应当超出投标有效期

B. 投标人撤回已提交的投标文件，招标人可以不退还投标保证金

C. 投标截止后投标人撤销投标文件的，招标人可以不退还投标保证金

D. 投标保证金的上限为招标项目估算价的 5%

16. 下列国有资金占控股或者主导地位的依法必须进行招标的项目，可以采取邀请招标的是（　　）。

A. 省、自治区、直辖市人民政府确定的地方重点项目

B. 由于技术复杂导致公开招标程序复杂的项目

C. 受资金条件限制，只有少量潜在投标人可供选择的项目

D. 采用公开招标方式的费用占项目合同金额的比例过大的项目

17. 关于两阶段招标的说法，正确的是（　　）。

A. 对技术复杂或者无法精确拟定技术规格的项目，招标人必须分两阶段进行招标

B. 第一阶段，投标人按照招标公告或者投标邀请书的要求提交带报价的技术建议

C. 第二阶段，投标人按照招标文件的要求提交包括最终技术方案和投标报价的投标文件

D. 招标人要求投标人提交投标保证金的，应当在第一阶段提出

18. 下列投标文件中，应当拒收的是（　　）。

A. 提前送达的投标文件

B. 投标联合体提交的未附共同投标协议的投标文件

C. 未通过资格预审的申请人提交的投标文件

D. 未提交投标保证金的投标文件

19. 招标人与投标人串通投标的情形是（　　）。

A. 招标人仅将招标文件的澄清内容通知了提问的投标人

B. 招标人间接向投标人透露评标委员会的成员信息

C. 招标人接收了未按照招标文件要求密封的投标文件

D. 与招标人存在利害关系的法人投标

20. 关于投标人的说法，正确的是（　　）。

A. 存在管理关系的不同单位，可以参加未划分标段的同一招标项目投标

B. 投标人发生合并、分立、破产等重大变化的，其投标无效

C. 单位负责人为同一人的不同单位，可以参加同一标段投标

D. 投标人不再具备资格预审文件、招标文件规定的资格条件的，其投标无效

21. 下列行为中，属于施工企业业务承揽不良行为的是（　　）。

A. 超越本单位资质等级承揽工程的

B. 允许其他单位或者个人以本单位名义承揽工程的
C. 涂改、伪造、出借、转让《建筑业企业资质证书》的
D. 不按照与招标人订立的合同履行义务，情节严重的

22. 根据《建筑市场信用管理暂行办法》，不良信用信息公开期限一般为（   ），并不得低于相关行政处罚期限。

   A. 3 个月至 1 年   B. 6 个月至 3 年
   C. 1 年至 3 年   D. 3 年至 5 年

23. 甲施工企业与乙钢材供应商订立钢材采购合同，合同价款为 1000 万元，约定定金为 300 万元。甲实际支付定金 100 万元，乙按照合同约定开始供货。后在合同履行过程中，双方发生争议。关于本案中定金的说法，正确的是（   ）。

   A. 双方约定 300 万元的定金因为超过合同价款的 20% 而无效
   B. 视为变更约定的定金数额为 200 万元
   C. 若甲违约，致使合同目的不能实现，则应当向乙支付 100 万元
   D. 若乙违约，致使合同目的不能实现，则应当向甲返还 200 万元

24. 关于合同形式的说法，正确的是（   ）。

   A. 合同可以采用书面形式、口头形式或者其他形式
   B. 电子邮件不能视为书面形式
   C. 书面形式仅指合同书形式
   D. 默示合同是指当事人默认的合同

25. 关于欠付工程款的利息支付的说法，正确的是（   ）。

   A. 机关、事业单位与中小企业订立施工合同，可以约定逾期支付工程款的利息为合同订立时 1 年期贷款市场报价利率的 50%
   B. 机关、事业单位与中小企业订立施工合同未约定逾期付款利息，按照每日利率万分之三支付逾期利息
   C. 当事人对工程款支付时间约定不明，建设工程未交付的，起算逾期付款利息的时间为提交竣工结算文件之日
   D. 当事人对工程款支付时间没有约定，建设工程已实际交付的，起算逾期付款利息的时间为竣工验收之日

26. 关于建设工程价款优先受偿权的说法，正确的是（   ）。

   A. 建设工程价款优先受偿权与抵押权效力相当，优于其他债权
   B. 装饰装修工程的承包人，无权主张建设工程价款优先受偿权
   C. 承包人就逾期支付建设工程价款的利息、违约金、损害赔偿金等主张优先受偿的，人民法院不予支持
   D. 建设工程价款优先受偿权的起算日为建设工程竣工验收之日

27. 关于无效合同法律后果的说法，正确的是（   ）。

   A. 无效合同自被确认为无效时起没有法律约束力
   B. 合同无效的，不影响合同中有关解决争议方法的条款的效力

C. 无效合同的当事人因该合同取得的财产，应当折价补偿

D. 无效合同中双方都有过错的，仅需承担各自的损失

28. 根据《民法典》，下列合同的免责条款中，无效的是（   ）。

A. 因重大过失造成对方财产损失的免责条款

B. 因轻微过失违约无需承担违约责任的条款

C. 因不可抗力造成对方财产损失的免责条款

D. 因市场价格波动造成对方财产损失的免责条款

29. 关于可撤销合同的说法，正确的是（   ）。

A. 代理权终止后，代理人以被代理人的名义订立的合同，可以撤销

B. 当事人只能以提起诉讼的方式行使撤销权

C. 当事人可以放弃撤销权

D. 被撤销的合同自法院判决生效之日起失去法律约束力

30. 关于建设工程款结算的说法，正确的是（   ）。

A. 对争议的工程量，承包人能够证明发包人同意其施工，但未能提供签证文件证明工程量发生的，不得按照当事人提供的其他证据确认实际发生的工程量结算工程款

B. 当事人就同一建设工程订立的数份施工合同均无效，但建设工程质量合格的，当事人可以请求参照最后订立的合同约定折价补偿承包人

C. 当事人就同一建设工程订立的数份施工合同均无效，建设工程质量不合格的，当事人可以请求参照实际履行的合同约定折价补偿承包人

D. 当事人在诉讼前已经对建设工程价款结算达成协议，诉讼中一方当事人申请对工程造价进行鉴定的，人民法院不予准许

31. 用人单位自用工之日起超过1个月不满1年未与劳动者订立书面劳动合同的，应当向劳动者每月支付（   ）的工资。

A. 1倍　　　　　　　　　　　　B. 2倍

C. 3倍　　　　　　　　　　　　D. 5倍

32. 某女职工与用人单位订立劳动合同从事后勤工作，约定劳动合同期限为2年。关于该女职工权益保护的说法，正确的是（   ）。

A. 公司应当定期安排该女职工进行健康检查

B. 公司可以安排该女职工在经期从事国家规定的第3级体力劳动强度的劳动

C. 若该女职工已怀孕5个月，公司不得安排夜班劳动

D. 若该女职工哺乳的孩子已满18个月，公司可以安排夜班劳动

33. 除当事人另有约定外，出卖人出卖交由承运人运输的在途标的物毁损、灭失的风险自（   ）起由买受人承担。

A. 合同成立时　　　　　　　　　B. 合同生效时

C. 标的物交付时　　　　　　　　D. 运输行为完成时

34. 关于借款合同利息的说法，正确的是（   ）。

A. 借款合同对支付利息没有约定的，视为没有利息

B. 借款的利息可以预先在本金中扣除

C. 对支付利息的期限没有约定的,应当在返还借款时一并支付

D. 借款人提前返还借款的,应当按照借款合同约定的期间支付利息

35. 当事人未依照法律、行政法规规定办理租赁合同登记备案手续的,租赁合同( )。

A. 有效
B. 无效
C. 效力待定
D. 效力不受影响

36. 根据《绿色施工导则》,力争再利用和回收率达到30%的是( )。

A. 建筑垃圾
B. 碎石类建筑垃圾
C. 建筑物拆除产生的废弃物
D. 土石方类建筑垃圾

37. 根据《绿色施工导则》,关于临时用地保护的说法,正确的是( )。

A. 优化基坑施工方案,保持对土地的扰动

B. 红线外临时占地不得占用农田和耕地

C. 施工周期无论长短,均按临时绿化处理

D. 工程完工后,及时对红线外占地恢复原地形、地貌

38. 关于用能单位法定义务的说法,正确的是( )。

A. 用能单位应当按照一切从简的原则,加强节能管理

B. 用能单位应当对各类能源的消费实行统一计量和统计

C. 用能单位不得对能源消费实行包费制

D. 用能单位应当建立循环经济制度

39. 根据《文物保护法》,受国家保护的文物是( )。

A. 古建筑

B. 近代史迹

C. 历史上工艺美术品

D. 反映历史上各民族社会制度的代表性实物

40. 关于建筑施工企业安全生产许可证的说法,正确的是( )。

A. 企业在安全生产许可证有效期内未发生死亡事故的,安全生产许可证自动续期

B. 安全生产许可证的有效期为5年

C. 安全生产许可证有效期满前30天可以向原颁发管理机关办理延期手续

D. 安全生产许可证遗失补办,由申请人告知资质许可机关,由资质许可机关在官网发布信息

41. 下列建筑施工条件中,属于建筑施工企业取得安全生产许可证应当具备的条件是( )。

A. 为职工办理了意外伤害保险

B. 保证本单位生产经营条件所需资金的投入

C. 管理人员和作业人员每年至少进行2次安全生产教育培训并考核合格

D. 依法参加工伤保险,为从业人员交纳保险费

42. 下列安全生产职责中,属于建设工程项目专职安全生产管理人员职责的是(　　)。

    A. 组织制定并实施生产安全事故应急救援预案

    B. 保证本单位安全生产投入的有效实施

    C. 现场监督危险性较大工程安全专项施工方案实施情况

    D. 督促、检查企业的安全生产工作,及时消除生产安全事故隐患

43. 根据《危险性较大的分部分项工程安全管理规定》,关于危大工程专项施工方案的说法,正确的是(　　)。

    A. 危大工程实行施工总承包的,专项施工方案应当由施工总承包单位编制

    B. 危大工程实行分包的,专项施工方案应当由相关专业分包单位组织编制

    C. 分包单位组织编制的专项施工方案应当由分包单位负责人签字并加盖单位公章

    D. 超过一定规模的危大工程,建设单位应当组织专家会议论证专项施工方案

44. 根据《关于进一步加强建设工程施工现场消防安全工作的通知》,关于施工现场消防安全的说法,正确的是(　　)。

    A. 施工企业应当在施工组织设计中编制消防安全技术措施和专项施工方案

    B. 禁止在施工现场动用明火

    C. 施工现场的办公、生活区与作业区在满足防火要求的前提下可以混合设置

    D. 不得在尚未竣工的建筑物内设置作业区

45. 下列职责中,属于施工生产安全事故调查组职责的是(　　)。

    A. 查明事故发生的间接经济损失　　B. 追究责任人的法律责任
    C. 提出对受伤人员的赔偿方案　　　D. 提出对事故责任者的处理建议

46. 某施工现场发生了工程整体垮塌,造成 7000 万元的直接经济损失。该生产安全事故属于(　　)。

    A. 一般事故　　　　　　　　　　　B. 较大事故
    C. 重大事故　　　　　　　　　　　D. 特别重大事故

47. 根据《建设工程安全生产管理条例》,应当由施工起重机械安装单位承担法律责任的情形是(　　)。

    A. 未审查拆装方案的

    B. 未审查安全施工措施的

    C. 未由专业技术人员现场监督的

    D. 未向建设单位进行安全使用说明,办理移交手续的

48. 关于工程建设强制性标准实施的说法,正确的是(　　)。

    A. 强制性国家标准发布后实施前,企业应当继续执行原强制性国家标准

    B. 建设工程设计文件中可能影响建设工程质量和安全且无国家技术标准的新材料,一律不得使用

    C. 工程建设中采用国际标准,而现行强制标准未作规定的,建设单位应当向省级住房城乡建设主管部门备案

    D. 工程建设标准批准部门应当将强制性标准监督检查结果在一定范围内公告

49. 施工人员对涉及结构安全的试块，应当现场采样并提交检测，负责见证监督的单位是（　　）。

A. 监理单位或者建设单位

B. 设计单位或者监理单位

C. 建设工程质量监督机构或者监理单位

D. 施工图审查机构或者建设单位

50. 关于工程质量检测的说法，正确的是（　　）。

A. 检测机构应当建立档案管理制度，并应当单独建立检测结果不合格项目台账

B. 应当由施工企业委托具有相应资质的检测机构进行检测

C. 检测机构可以监制建筑材料、构配件和设备

D. 检测报告经设计单位或者工程监理单位确认后，由建设单位归档

51. 施工合同履行中，关于设计缺陷造成的工程质量问题的说法，正确的是（　　）。

A. 设计单位应当负责返修，费用由设计单位承担

B. 施工企业应当负责返修，费用由施工企业垫付

C. 施工企业应当负责返修，费用由建设单位先行承担

D. 建设单位应当负责返修，费用由设计单位承担

52. 关于建设工程领域保证金的说法，正确的是（　　）。

A. 省级住房城乡建设主管部门有权新设保证金项目

B. 未按规定返还保证金，保证金收取方无需向建筑业企业支付逾期返还违约金

C. 保证金只能以现金方式提交

D. 工程项目竣工前，已经提交履约保证金的，建设单位不得同时预留工程质量保证金

53. 建筑节能分部工程验收的主持人应当是（　　）。

A. 施工企业项目经理

B. 设计单位节能设计负责人

C. 施工企业技术负责人

D. 总监理工程师（建设单位项目负责人）

54. 下列纠纷中，属于侵权纠纷的是（　　）。

A. 发承包双方因转包工程引起的纠纷

B. 发承包双方因工程质量问题引起的纠纷

C. 发承包双方因台风导致工期延误引起的纠纷

D. 工地塔吊倒塌造成毗邻建筑物毁损引起的纠纷

55. 关于移送管辖的说法，正确的是（　　）。

A. 移送管辖仅限于上下级法院之间

B. 移送管辖与管辖权转移的程序完全相同

C. 移送管辖是没有管辖权的法院把案件移送给有管辖权的法院审理

D. 受移送的法院认为受移送的案件不属于本院管辖的，可以再自行移送

56. 关于诉讼时效的说法，正确的是（　　）。

A. 人民法院应当主动适用诉讼时效的规定

B. 当事人对诉讼时效利益的预先放弃无效

C. 超过诉讼时效期间后权利人起诉的，人民法院不予受理

D. 诉讼时效期间届满后，义务人已经自愿履行的，可以请求返还

57. 关于仲裁协议效力确认的说法，正确的是（   ）。

A. 当事人对仲裁协议效力有异议的，应当在仲裁裁决作出前提出

B. 当事人既可以请求仲裁委员会作出决定，也可以请求人民法院裁定

C. 当事人对仲裁委员会就仲裁协议效力作出的决定不服的，可以向人民法院申请撤销该决定

D. 当事人向人民法院申请确认仲裁协议效力的案件，只能由仲裁协议约定的仲裁委员会所在地的中级人民法院管辖

58. 关于仲裁调解的说法，正确的是（   ）。

A. 仲裁裁决书的法律效力高于仲裁调解书

B. 仲裁调解达成协议的，仲裁庭应当根据协议的内容制作裁决书

C. 仲裁调解书经双方当事人签收后，即发生法律效力

D. 仲裁调解书签收前当事人反悔的，当事人应当重新申请仲裁

59. 关于人民调解的说法，正确的是（   ）。

A. 经人民调解委员会调解达成调解协议的，必须制作调解协议书

B. 经人民调解委员会调解达成的调解协议具有法律强制力

C. 调解协议的履行发生争议的，一方当事人可以向人民法院申请强制执行

D. 经人民调解委员会调解达成调解协议后，双方当事人可以共同向调解组织所在地基层人民法院申请司法确认

60. 关于行政复议决定的说法，正确的是（   ）。

A. 行政复议一律采取书面审查的办法

B. 行政复议决定作出前，申请人不得撤回行政复议申请

C. 行政复议机关决定撤销该具体行政行为的，可以责令被申请人在一定期限内重新作出具体行政行为

D. 申请人不得在申请行政复议时一并提出行政赔偿请求

二、多项选择题（共20题，每题2分。每题的备选项中，有2个或2个以上符合题意，至少有1个错项。错选，本题不得分；少选，所选的每个选项得0.5分）

61. 关于法的效力层级的说法，正确的有（   ）。

A. 自治条例依法对法律、行政法规、地方性法规作变通规定的，在本自治地方适用自治条例的规定

B. 行政法规的法律效力仅次于宪法

C. 宪法是国家的根本大法，具有最高的法律效力

D. 法律之间对同一事项的新的一般规定与旧的特别规定不一致，不能确定如何适用时，由全国人民代表大会常务委员会裁决

E. 省、自治区、直辖市的人民代表大会及其常务委员会制定的地方性法规,报全国人民代表大会常务委员会和国务院备案

62. 关于建设用地使用权的说法,正确的有( )。
A. 建设用地使用权可以在土地的地表、地上或者地下分别设立
B. 设立建设用地使用权,可以采取出让或者划拨等方式
C. 建设用地使用权人应当合理利用土地,不得改变土地用途
D. 建设用地使用权消灭的,该土地使用权人应当及时办理注销登记
E. 建设用地使用权只能存在于国家所有的土地上

63. 根据《民法典》,受损失的人可以请求得利人返还取得的利益的有( )。
A. 为履行道德义务进行的给付
B. 一方当事人按照合同约定先行给付,后该合同被确认无效
C. 债务到期之前的清偿
D. 无处分权人处分他人财产而取得利益
E. 明知无给付义务而进行的债务清偿

64. 关于商标专用权的说法,正确的有( )。
A. 商标专用权包括使用权和禁止权两个方面
B. 商标专用权是商标所有人对其设计的商标所享有的权利
C. 商标专用权的内容包括财产权和人身权
D. 注册商标的有效期为10年,自核准注册之日起计算
E. 商标专用权人可以将商标连同企业或者商誉同时转让,也可以将商标单独转让

65. 根据《民法典》,保证合同担保的范围包括( )。
A. 主债权及利息 B. 定金
C. 违约金 D. 损害赔偿金
E. 实现债权的费用

66. 招标人的下列行为中,属于以不合理的条件限制、排斥潜在投标人或者投标人的有( )。
A. 就同一招标项目向投标人提供有差别的项目信息
B. 设定与合同履行有关的资格条件
C. 以投标人的业绩、奖项作为加分条件
D. 对潜在投标人采取不同的资格审查标准
E. 指定特定的专利、商标、品牌、原产地或者供应商

67. 关于依法必须招标的项目公示中标候选人的说法,正确的有( )。
A. 招标人应当自收到评标报告之日起5日内公示中标候选人
B. 中标候选人公示期不得少于3日
C. 投标人对评标结果有异议的,应当在中标候选人公示期间提出
D. 招标人应当自收到对评标结果的异议之日起5日内作出答复
E. 招标人在对评标结果的异议作出答复前,可以暂停招标投标活动

68. 关于联合体投标的说法，正确的有（   ）。

    A. 联合体投标一般适用于大型的或者结构复杂的建设项目

    B. 联合体至少一方应当具备承担招标项目的相应能力

    C. 由同一专业的单位组成的联合体，按照资质等级较高的单位确定资质等级

    D. 联合体中标的，联合体各方应当共同与招标人订立合同

    E. 联合体中标的，联合体各方就中标项目向招标人承担按份责任

69. 根据《房屋建筑和市政基础设施项目工程总承包管理办法》，关于工程总承包单位的说法，正确的有（   ）。

    A. 工程总承包单位应当同时具有与工程规模相适应的工程设计资质和施工资质

    B. 工程总承包单位可以由具有相应资质的设计单位和施工企业组成联合体

    C. 工程总承包单位可以是工程总承包项目的代建单位或者造价咨询单位

    D. 工程总承包单位应当具有相应的项目管理体系和项目管理能力、财务和风险承担能力

    E. 工程总承包单位应当具有与发包工程相类似的设计、施工或者工程总承包业绩

70. 根据《建筑工程施工发包与承包计价管理办法》，下列情形中，属于发承包双方应当在合同中约定合同价款调整方法的有（   ）。

    A. 工程造价管理机构发布价格调整信息的

    B. 施工企业根据施工现场实际情况更改施工组织设计造成费用增加的

    C. 市场价格发生变化的

    D. 国家有关政策变化影响合同价款的

    E. 经批准变更设计的

71. 关于未成年工劳动保护的说法，正确的有（   ）。

    A. 用人单位在未成年工上岗前应当对其进行有关的职业安全卫生教育和培训

    B. 用人单位不得安排未成年工从事矿山井下的劳动

    C. 用人单位不得安排未成年工从事建设工程施工的劳动

    D. 用人单位应当对未成年工定期进行健康检查

    E. 用人单位不得安排未成年工从事国家规定的第4级体力劳动强度的劳动

72. 根据《劳动合同法》，劳动合同终止的情形有（   ）。

    A. 用人单位营业执照到期的

    B. 用人单位进入破产重整程序的

    C. 劳动者开始依法享受基本养老保险待遇的

    D. 劳动者死亡，或者被人民法院宣告死亡或者宣告失踪的

    E. 用人单位决定提前解散的

73. 下列纠纷中，属于劳动争议范围的有（   ）。

    A. 劳动者与用人单位在履行劳动合同过程中发生的纠纷

    B. 劳动者请求社会保险经办机构发放社会保险金的纠纷

    C. 劳动者与用人单位因住房制度改革产生的公有住房转让纠纷

D. 因除名、辞退和辞职、离职发生的纠纷

E. 劳动者退休后，与尚未参加社会保险统筹的原用人单位因追索养老金、医疗费、工伤保险待遇和其他社会保险待遇而发生的纠纷

74. 下列条款中，劳动合同应当具备的条款有（　　）。

A. 试用期
B. 社会保险
C. 劳动合同期限
D. 工作内容和工作地点
E. 工作方法与要求

75. 根据《民法典》，租赁合同的承租人可以随时解除合同的情形有（　　）。

A. 租赁物在承租人按照租赁合同占有期限内发生所有权变动的
B. 当事人对租赁期限没有约定或者约定不明确，依法仍不能确定的
C. 出租人不同意承租人对租赁物进行改善或者增设他物的
D. 租赁物危及承租人安全或者健康的，承租人订立合同时明知该租赁物质量不合格的
E. 租赁物被司法机关依法查封扣押的

76. 关于施工现场大气污染防治的说法，正确的有（　　）。

A. 小型工程的工程造价可以不列支防治扬尘污染的费用
B. 暂时不能开工的施工工地，施工企业应当对裸露地面进行覆盖
C. 施工合同应当明确施工企业扬尘污染防治责任
D. 工程渣土、建筑垃圾应当进行资源化处理
E. 施工工地应当公示扬尘污染防治相关信息

77. 下列责任中，建设单位的安全责任有（　　）。

A. 申请中断道路交通的批准手续
B. 向施工企业提供真实、准确和完整的有关资料
C. 确定建设工程安全作业环境及安全施工措施所需费用
D. 编制安全技术措施和安全专项施工方案
E. 总体协调总分包单位的安全生产

78. 下列情形中，属于应当重新组织建筑节能工程验收的有（　　）。

A. 隐蔽验收记录等技术档案和施工管理资料不完整的
B. 参加验收人员不具备相应资格的
C. 参加验收各方主体验收意见不一致的
D. 验收程序和执行标准不符合要求的
E. 建筑节能工程存在质量缺陷的

79. 根据《建设工程质量管理条例》，关于建设工程质量保修期的说法，正确的有（　　）。

A. 质量保修期的起始日是竣工验收合格之日
B. 建设工程在超过合理使用年限后一律不得继续使用
C. 质量保修期内，施工企业对工程的一切质量缺陷承担责任
D. 对于电气管线工程，建设单位与施工企业经平等协商可以约定5年的质量保修期

E. 建设单位与施工企业就景观绿化工程可以约定 1 年的质量保修期

80. 下列情形中,可以引起诉讼时效中断的有(　　)。

A. 不可抗力
B. 权利人申请仲裁
C. 义务人同意履行义务
D. 权利人向义务人提出履行请求
E. 权利人被义务人或者其他人控制

参 考 答 案

1. C	2. D	3. B	4. A	5. A
6. A	7. D	8. C	9. C	10. A
11. D	12. A	13. C	14. A	15. C
16. D	17. C	18. C	19. B	20. D
21. D	22. B	23. D	24. A	25. C
26. C	27. B	28. A	29. C	30. D
31. B	32. D	33. A	34. A	35. D
36. A	37. D	38. C	39. D	40. D
41. D	42. C	43. A	44. A	45. D
46. C	47. C	48. D	49. A	50. A
51. C	52. D	53. D	54. D	55. C
56. B	57. B	58. C	59. D	60. C

61. A、C、D、E
62. A、B、C、E
63. B、D
64. A、D、E
65. A、C、D、E
66. A、D、E
67. B、C
68. A、D
69. A、B、D、E
70. A、D、E
71. A、B、D、E
72. C、D、E
73. A、D、E
74. B、C、D
75. B、D
76. C、D、E
77. A、B、C
78. B、C、D
79. A、D、E
80. B、C、D

2020年度全国二级建造师执业资格考试试卷

一、单项选择题（共60题，每题1分。每题的备选项中，只有1个最符合题意）

1. 关于法人成立的说法，正确的是（   ）。
   A. 特别法人的产生可以不经过法定的程序
   B. 法人的名称不得与其他法人的名称相同或者相近
   C. 法人能够独立承担民事责任
   D. 法人可以不设法定代表人

2. 关于承担代理责任的说法，正确的是（   ）。
   A. 代理行为的法律后果由被代理人和代理人共同承担
   B. 被代理人应当知道代理人的代理行为违法未作反对表示的，由被代理人承担责任
   C. 代理人不完全履行职责，造成被代理人损害的，应当承担民事责任
   D. 代理人和相对人恶意串通，损害被代理人合法权益的，代理人和相对人应当承担按份责任

3. 关于土地所有权的说法，正确的是（   ）。
   A. 中华人民共和国境内的全部土地属于国家所有
   B. 城市郊区的土地，除由法律规定属于农民集体所有的以外，属于国家所有
   C. 宅基地属于农民家庭所有
   D. 自留山属于农民集体所有

4. 关于债的基本法律关系的说法，正确的是（   ）。
   A. 债是不特定当事人之间的法律关系
   B. 债权人可以向债务人以外的任何人主张自己的权利
   C. 债权为请求特定人为特定行为作为或者不作为的权利
   D. 债权是绝对权

5. 关于知识产权的期限性的说法，正确的是（   ）。
   A. 期限由当事人约定
   B. 超过期限，权利经注销消灭
   C. 期限的设定与社会公共利益相关
   D. 期限的设定与国家之间的利益相关

6. 下列主体中，具有保证人资格的是（   ）。
   A. 公益事业单位
   B. 建筑行业协会
   C. 清算中的法人
   D. 国有金融机构

7. 关于保险主体的说法，正确的是（   ）。
   A. 被保险人负有支付保险费的义务
   B. 投保人可以与被保险人不一致
   C. 受益人应当是被保险人
   D. 被保险人不得为两个以上

8. 根据《最高人民法院关于审理建设工程施工合同纠纷案件适用法律问题的解释

(二)》，关于工程价款结算的说法，正确的是（   ）。

A. 当事人就同一建设工程订立的数份建设工程施工合同均无效，建设工程质量合格，可以直接参照最后订立的合同结算建设工程价款

B. 当事人就同一建设工程订立的数份建设工程施工合同均无效，建设工程质量不合格，可以参照实际履行的合同结算建设工程价款

C. 当事人就同一建设工程订立的数份建设工程施工合同均无效，建设工程质量合格，可以请求参照实际履行的合同结算建设工程价款

D. 当事人签订的建设工程施工合同与招标文件、投标文件、中标通知书载明的工程范围、建设工期、工程质量、工程价款不一致的，应当将建设工程施工合同作为结算建设工程价款的依据

9. 根据《全国建筑市场各方主体不良行为记录认定标准》，以他人名义投标骗取中标的，属于（   ）行为。

A. 承揽业务不良 B. 资质不良
C. 工程质量不良 D. 工程安全不良

10. 关于二级建造师执业岗位的说法，正确的是（   ）。

A. 二级建造师可以在设计单位担任注册结构工程师

B. 二级建造师只能受聘并注册于施工企业

C. 二级建造师可以担任中小型项目的项目经理

D. 二级建造师执业岗位限于工程项目施工的项目经理

11. 关于招标文件的说法，正确的是（   ）。

A. 招标人对已发出的招标文件进行必要的澄清的，该澄清的内容不得再次澄清

B. 招标人对已发出的招标文件进行必要的修改的，应当在招标文件要求提交投标文件截止时间至少 10 日前

C. 招标人对已发出的招标文件进行必要的修改的，应当以电话等即时通讯方式及时通知所有获取招标文件的潜在招标人

D. 招标文件不得要求或者标明特定的生产供应者以及含有倾向或者排斥潜在投标人的内容

12. 关于违约责任的说法，正确的是（   ）。

A. 违约责任主要具有惩罚性，旨在惩罚违约方的违约行为

B. 守约方需证明违约方主观上存在违约的故意，方能要求违约方承担违约责任

C. 违约方违约后继续履行合同的，守约方不得再要求其支付违约金

D. 守约方发生的经济损失大于违约金的，守约方可以要求违约方按照实际损失予以赔偿

13. 下列全部使用国有资金投资的项目中，依法必须进行招标的项目是（   ）。

A. 施工单项合同估算价在 400 万元以上

B. 重要设备、材料等货物的采购，单项合同估算价在 200 万元以下

C. 勘察单项合同估算价在 100 万元以下

D. 监理单项合同估算价在 50 万元以上

14. 关于劳动合同试用期的说法，正确的是（　　）。

A. 初次订立劳动合同的，可以仅约定试用期，而不约定劳动合同期限

B. 试用期不包含在劳动合同期限之内

C. 同一用人单位与同一劳动者只能约定 1 次试用期

D. 劳动合同期限不满 1 年的，不得约定试用期

15. 施工企业在施工过程中发现设计文件和图纸有差错的，应当（　　）。

A. 及时提出意见和建议

B. 继续按照设计文件和图纸进行施工

C. 由施工企业技术负责人按照技术标准修改设计文件和图纸

D. 按照通常做法施工

16. 关于民事诉讼管辖权异议的说法，正确的是（　　）。

A. 人民法院受理案件后，当事人对管辖权有异议的，应当在法庭辩论终结前提出

B. 人民法院对当事人提出的异议，审查后认为异议成立的，裁定驳回起诉

C. 当事人未提出管辖权异议并应诉答辩的，视为受诉人民法院有管辖权

D. 对人民法院就级别管辖权异议作出的裁定，当事人不得提起上诉

17. 根据《城市建设档案管理规定》，建设单位应当在工程竣工验收后（　　）个月内，向城建档案馆报送一套符合规定的建设工程档案。

A. 1　　　　　　　　　　　　B. 6

C. 12　　　　　　　　　　　 D. 3

18. 关于合同解除的说法，正确的是（　　）。

A. 无效合同、可撤销合同可以导致合同解除

B. 合同解除可以视为当事人之间未发生合同关系，或者合同尚存的权利义务不再履行

C. 合同当事人不得根据自己的意愿解除合同

D. 享有合同解除权的一方无需向对方提出解除合同的意思表示，合同可以自动解除

19. 建设工程施工合同约定承包人垫资至基础工程完工，约定垫资利率为全国银行间同业拆借中心公布的贷款市场报价利率的 2 倍。基础工程完工后，发包人未能按约定支付垫资款项及其利息，双方发生争议。关于该项目垫资及其利息的说法，正确的是（　　）。

A. 关于垫资的约定无效

B. 承包人主张该项目垫资应当按照工程欠款进行处理的，人民法院不予支持

C. 约定的垫资金额过高，导致建设工程施工合同无效

D. 承包人向人民法院请求发包人按照约定支付利息的，人民法院应当全部支持

20. 关于两阶段招标的说法，正确的是（　　）。

A. 实施两阶段招标，招标人要求投标人提交投标保证金的，应当在第一阶段提出

B. 第一阶段投标人应当提交带报价的技术建议

C. 对于无法精确拟定技术规格的项目，招标人可以分两阶段进行招标

D. 招标人应当在第一阶段之前向所有潜在投标人提供招标文件

21. 根据《关于进一步做好建筑业工伤保险工作的意见》，关于建筑施工企业参加工伤保险的说法，正确的是（   ）。

   A. 按用人单位参保的建筑施工企业应当以社会保险总额为基数缴纳工伤保险费用

   B. 建设项目的工伤保险费用由施工总承包单位在项目开工前一次性代缴

   C. 以建设项目为单位参保的，可以按照招标控制价的一定比例计算缴纳工伤保险费

   D. 建筑施工企业应当在投标报价中将工伤保险费用单独列支，作为可竞争费

22. 关于公布建筑市场诚信行为的说法，正确的是（   ）。

   A. 优良行为记录信息的公布期限一般为 6 个月

   B. 不良行为记录信息公布期限一般为 5 年

   C. 对整改确有实效的单位，信息发布部门可以直接取消公布其不良行为

   D. 对于整改不力的单位，信息发布部门可以延长其不良行为记录信息公布期限

23. 关于招标投标投诉与处理的说法，正确的是（   ）。

   A. 行政监督部门应当自受理投诉之日起 30 个工作日内作出书面处理决定；需要检验、检测、鉴定、专家评审的，所需时间计算在内

   B. 投标人或者其他利害关系人认为招标投标活动不符合法律、行政法规规定的，可以自知道或者应当知道之日起 10 日内向有关行政监督部门投诉

   C. 投标人或者其他利害关系人没有证明材料可以提出投诉

   D. 投诉人就同一事项向两个以上有权受理的行政监督部门投诉的，前述部门均应当进行处理

24. 施工企业在施工中偷工减料，造成建筑工程质量不符合规定的质量标准，且情节严重。住房城乡建设主管部门对该施工企业实施的处罚不包括（   ）。

   A. 责令停业整顿　　　　　　　　B. 降低资质等级

   C. 吊销资质证书　　　　　　　　D. 吊销营业执照

25. 根据《建筑施工企业安全生产许可证管理规定》，建筑施工企业取得安全生产许可证应当具备条件的是（   ）。

   A. 为职工办理意外伤害保险

   B. 配备兼职安全生产管理人员

   C. 有职业危害防治措施，并为安全生产管理人员配备合格的安全防护用具与防护服装

   D. 特种作业人员取得特种作业操作资格证书

26. 根据《建设工程质量管理条例》，建设单位应当在施工前委托原设计单位或者具有相应资质等级的设计单位提出设计方案的是涉及（   ）的装修工程。

   A. 建筑承重结构变动　　　　　　B. 改变建筑局部使用功能

   C. 增加内部装饰　　　　　　　　D. 增加投资额度

27. 下列争议中，属于侵权纠纷的是（   ）。

   A. 构筑物倒塌造成毗邻建筑物毁损引起的争议

   B. 承发包双方因转包工程引起的争议

   C. 承发包双方因工程质量不合格问题引起的争议

D. 承发包双方因台风导致工期延误引起的争议

28. 关于劳动合同履行的说法，正确的是（　　）。

A. 用人单位变更名称，原劳动合同可终止

B. 用人单位变更投资人不影响劳动合同的履行

C. 用人单位发生合并或者分立，原劳动合同解除

D. 用人单位变更法定代表人，应当重新订立劳动合同

29. 关于向城镇排水设施排放污水的说法，正确的是（　　）。

A. 各类施工作业需要排水的，由施工企业申请领取排水许可证

B. 施工作业排水许可证的有效期，由建设行政主管部门根据工期确定

C. 城镇排水主管部门实施排水许可不得收费

D. 排水户应当按照实际需要的排水类别、总量排放污水

30. 下列投标人的情形中，属于以他人名义投标的是（　　）。

A. 使用通过受让或者租借的方式获取的资质证书投标

B. 使用伪造、变造的许可证件投标

C. 提供虚假的财务状况或者业绩投标

D. 提供虚假的信用状况投标

31. 关于仲裁裁决撤销的说法，正确的是（　　）。

A. 仲裁庭的组成或者仲裁的程序违反法定程序的，当事人只能申请撤销仲裁裁决，不得申请不予执行仲裁裁决

B. 当事人申请撤销仲裁裁决的，应当在收到裁决书之日起 3 个月内提出

C. 当事人可以向仲裁委员会所在地的中级人民法院申请撤销仲裁裁决

D. 仲裁裁决被人民法院依法撤销后，当事人不得就该纠纷再行申请仲裁，只能向人民法院起诉

32. 根据《消防法》，关于施工企业的消防安全职责的说法，正确的是（　　）。

A. 按照地方标准或者企业标准配置消防设施、器材

B. 非重点工程施工现场应当定期组织消防安全培训和消防演练

C. 对建筑消防设施每年至少进行一次全面检测，确保完好有效

D. 重点工程的施工现场应当每周至少进行一次防火巡查，并建立巡查记录

33. 关于施工企业项目负责人安全生产责任的说法，正确的是（　　）。

A. 应当监控分部分项工程的安全生产情况

B. 应当对工程项目落实带班制度负责

C. 每月带班生产时间不得少于本月施工时间的 60%

D. 每月带班检查时间不得少于其工作日的 25%

34. 《建设工程施工合同（示范文本）》由（　　）三部分组成。

A. 合同协议书、通用合同条款、专用合同条款

B. 合同总则、合同分则、合同附则

C. 合同总则、通用条件、专用条件

D. 合同协议书、合同条款、合同附件

35. 某建设工程施工合同约定的开工日期为3月1日，发包人于3月10日向承包人发出开工通知，开工通知载明的开工日期为3月20日。接到开工通知后，承包人由于人员、设备未能及时到位，3月30日才正式进场施工。根据《最高人民法院关于审理建设工程施工合同纠纷案件适用法律问题的解释（二）》，该项目开工日期应当为（   ）。

A. 3月1日
B. 3月10日
C. 3月30日
D. 3月20日

36. 资质许可机关应当注销建筑业企业资质的情形是（   ）。
A. 施工企业发生合并、分立、重组以及改制的
B. 施工企业资质证书有效期届满，未依法申请延续的
C. 施工企业被责令停产整顿的
D. 施工企业名称、地址、法定代表人发生变更的

37. 租赁合同可以约定租赁期限，租赁期限的上限为（   ）年。
A. 10
B. 20
C. 25
D. 30

38. 关于施工许可证适用范围的说法，正确的是（   ）。
A. 工程投资额在50万元以下的建筑工程，可以不申请办理施工许可证
B. 房屋建筑配套的线路、管道、设备的安装工程，无需申请办理施工许可证
C. 实行开工报告批准制度的建设工程，不再领取施工许可证
D. 建筑面积超过300平方米的临时性房屋建筑需办理施工许可证

39. 根据《历史文化名城名镇名村保护条例》，在历史文化名城、名镇、名村保护范围内可以进行的活动是（   ）。
A. 开山、采石、开矿等破坏传统格局和历史风貌的活动
B. 在核心保护范围内举办大型群众性活动
C. 占用保护规划确定保留的道路
D. 为响应国家扶贫政策修建生产爆炸性物品的工厂

40. 关于投标文件修改的说法，正确的是（   ）。
A. 投标人不得修改已提交投标文件的实质性内容
B. 投标人对已提交的投标文件，仅能修改一次
C. 投标人在招标文件要求提交投标文件的截止时间前，可以修改已提交的投标文件
D. 投标人修改已提交的投标文件，修改的内容应当作为一个独立文件

41. 根据《民事诉讼法》，关于法院调解的说法，正确的是（   ）。
A. 调解书的效力低于判决书
B. 人民法院进行调解，可以邀请有关单位和个人协助
C. 调解达成的所有协议，人民法院均应当制作调解书
D. 人民法院审理民事案件，在判决作出之前应当进行调解

42. 关于建设工程质量保修期限的说法，正确的是（   ）。

A. 建设工程的法定保修期限为其最低保修期限

B. 地基基础工程的主体结构的保修期不低于50年

C. 建设单位与施工企业在保修合同中约定的保修期限应当高于法定的最低保修期限

D. 建设工程超过主体结构保修期的，不得继续使用

43. 关于货运合同法律特征的说法，正确的是（　　）。

A. 货运合同的收货人和托运人可以是同一人，也可以不是同一人

B. 货运合同是单务、有偿合同

C. 货运合同是实践合同

D. 货运合同的标的是货物

44. 根据《实施工程建设强制性标准监督规定》，对工程建设规划阶段执行强制性标准的情况实施监督的机构是（　　）。

A. 施工图设计文件审查单位　　B. 建筑安全监督管理机构

C. 工程质量监督机构　　D. 建设项目规划审查机构

45. 根据《绿色施工导则》，关于施工总平面布局的说法，正确的是（　　）。

A. 施工现场围墙可以采用连续封闭的轻钢结构预制装配式活动围挡，减少建筑垃圾，保护土地

B. 施工现场搅拌站、仓库等布置应当尽量远离已有交通线路

C. 施工现场道路应当尽量多布置临时道路，在施工现场形成环形道路

D. 生活区与生产区可以分开布置，并设置标准的分隔设施

46. 根据《生产安全事故应急条例》，应急救援队伍根据救援命令参加生产安全事故应急救援所耗费用，由（　　）承担。

A. 有关人民政府　　B. 应急救援队伍

C. 事故责任个人　　D. 事故责任单位

47. 下列施工合同履行中的损失，应当由承包人承担的是（　　）。

A. 监理工程师未及时检查隐蔽工程造成的损失

B. 中途设计变更造成的损失

C. 图纸不合理造成的损失

D. 自行采购不合格建筑材料造成的损失

48. 下列情形中，属于投标人相互串通投标的是（　　）。

A. 两个以上投标人的投标文件具有特殊标记

B. 不同投标人的投标文件在同一文印店装订

C. 投标人之间协商投标报价等投标文件的实质性内容

D. 不同投标人的投标保函由同一银行开具

49. 根据《合同法》，关于承揽合同的说法，正确的是（　　）。

A. 承揽人可以将承揽的主要工作交由第三人完成，承揽人无须就第三人完成的工作成果向定作人负责

B. 承揽人可以与定作人约定，承揽人使用定作人的设备完成主要工作

C. 承揽人在完成工作过程中，要接受定作人的指挥管理

D. 承揽人工作期间，定作人不得对其进行监督检验

50. 关于行政强制的说法，正确的是（　　）。

A. 法律、法规以外的其他规范性文件不得设定行政强制措施

B. 尚未制定法律、行政法规，且属于地方性事务的，地方性法规可以设定冻结存款、汇款的行政强制措施

C. 查封场所、设施或者财物属于行政强制执行

D. 排除妨碍、恢复原状属于行政强制措施

51. 建设工程施工合同无效，但已完工程验收合格，应当返还财产。关于返还财产的说法，正确的是（　　）。

A. 返还财产是指将已完工程拆除后返还施工企业

B. 折价返还应当按照建安工程费用适当下浮

C. 折价返还应当按照合同约定的价款进行

D. 折价返还可以按照当地市场价、定额量据实结算

52. 发包人可以解除建设工程施工合同的情形是（　　）。

A. 承包人将承包的工程分包给不具备相应资质的单位的

B. 发包人未按约定支付工程价款，承包人停工的

C. 已经完成的建设工程质量不合格的

D. 承包人未按合同约定的期限完工的

53. 仲裁委员会就某施工合同纠纷案件进行仲裁，首席仲裁员甲认为应当裁定合同无效，仲裁员乙和丙认为应当裁定合同有效，则仲裁庭应当（　　）。

A. 按甲的意见作出裁决

B. 请示仲裁委员会主任，并按其意见作出裁决

C. 重新组成仲裁庭，经评议后作出裁决

D. 按乙和丙的意见作出裁决

54. 关于建设工程暂估价的说法，正确的是（　　）。

A. 暂估价由投标人在投标文件中自主确定

B. 工程总承包依法招标后，不免除暂估价项目的招标要求

C. 暂估价的适用范围仅包括工程和货物

D. 暂估价在招标文件中体现的是不确定的项目

55. 施工作业人员张某在作业过程中，发现吊装预制构件未绑扎牢固而失衡摆动，即将脱落直接危及人身安全，随即停止作业并迅速躲避。该情形属于张某行使（　　）。

A. 知情权　　　　　　　　　　B. 紧急避险权

C. 拒绝违章指挥权　　　　　　D. 正当防卫权

56. 关于取得二级建造师资格证书的人员申请注册的说法，正确的是（　　）。

A. 注册不受年龄的限制

B. 可以申请在两个单位注册

C. 受到的刑事处罚与执业活动无关的，不影响注册

D. 聘用单位不符合注册单位要求的，不予注册

57. 在民事诉讼执行阶段，人民法院应当裁定中止执行的是（　　）。

A. 申请人撤销强制执行申请的

B. 据以执行的法律文书被撤销的

C. 案外人对执行标的提出确有理由的异议的

D. 作为被执行人的公民因生活困难无力偿还借款，无收入来源，又丧失劳动能力的

58. 根据《安全生产法》，生产安全事故发生后，生产经营单位的主要负责人的下列违法行为中，可能处以 15 日以下拘留的是（　　）。

A. 不立即组织抢救　　　　　　　　B. 在事故调查处理期间擅离职守

C. 逃匿　　　　　　　　　　　　　D. 谎报、瞒报事故

59. 当事人一方不履行合同义务或者履行合同义务不符合约定的，应当承担的违约责任是（　　）。

A. 继续履行、采取补救措施或者赔偿损失

B. 继续履行、消除危险或者赔偿损失

C. 返还财产、赔礼道歉或者采取补救措施

D. 恢复原状、赔偿损失或者支付违约金

60. 根据《绿色施工导则》，关于非传统水源利用的说法，正确的是（　　）。

A. 现场机具、设备、车辆冲洗、喷洒路面、绿化浇灌等用水，优先采用非传统水源，尽量不使用市政自来水

B. 可以采用地下水搅拌、地下水养护，有条件的地区和工程应当收集雨水养护

C. 处于基坑降水阶段的工地，地下水不得作为生活用水

D. 施工中非传统水源和循环水的再利用量力争大于 20%

二、多项选择题（共 20 题，每题 2 分。每题的备选项中，有 2 个或 2 个以上符合题意，至少有 1 个错项。错选，本题不得分；少选，所选的每个选项得 0.5 分）

61. 关于劳务派遣的说法，正确的有（　　）。

A. 劳务派遣的显著特征是劳动者的聘用与使用分离

B. 实施劳务派遣的，由用工单位与劳动者订立劳动合同

C. 经营劳务派遣业务，应当向劳动行政部门依法申请行政许可

D. 劳务派遣可以在替代性的工作岗位上实施

E. 被派遣劳动者在无工作期间，劳务派遣单位无需向其支付报酬

62. 关于中标的说法，正确的有（　　）。

A. 在确定中标人前，招标人不得与投标人就投标价格、投标方案等实质性内容进行谈判

B. 中标人确定后，招标人应当公示中标通知书

C. 中标人确定后，招标人无须将中标结果通知所有未中标的投标人

D. 中标人确定后，招标人应当向中标人发出中标通知书

E. 中标通知书对招标人和中标人具有法律效力

63. 关于投标保证金的说法，正确的有（   ）。

A. 退还投标保证金时，无须退还保证金利息

B. 招标人在招标文件中可以要求投标人提交投标保证金

C. 投标保证金有效期应当与投标有效期一致

D. 投标保证金不得超过招标项目结算价的2%

E. 中标人无正当理由不与招标人订立合同，取消其中标资格，投标保证金不予退还

64. 出卖人就其出卖的标的物承担权利瑕疵担保义务，下列标的物的瑕疵，属于权利瑕疵的有（   ）。

A. 出卖人对出卖的标的物没有所有权

B. 出卖人对出卖的标的物没有处分权

C. 标的物质量不符合合同约定

D. 第三人对标的物享有抵押权

E. 标的物包装不符合合同约定

65. 根据《招标投标法》，可以不进行招标的工程项目有（   ）。

A. 涉及国家秘密的工程项目

B. 涉及抢险救灾的工程项目

C. 利用扶贫资金实行以工代赈、需要使用农民工的工程项目

D. 国有企业开发建设的商住两用的工程项目

E. 涉及国家安全的工程项目

66. 下列二级建造师受聘和注册的情形中，属于"挂证"的有（   ）。

A. 属于军队自主择业人员，受聘并注册在丙施工企业

B. 在丁施工企业工作，受聘并注册在丁施工企业

C. 在某事业单位工作，受聘并注册在甲施工企业

D. 在某监理单位工作，受聘并注册在乙施工企业

E. 某大学教师，受聘并注册在该大学所属的监理单位

67. 建设工程竣工验收应当具备的条件有（   ）。

A. 已经办理工程竣工资料归档手续

B. 有完整的技术档案和施工管理资料

C. 有施工企业签署的工程保修书

D. 有工程使用的主要建筑材料的进场试验报告

E. 有勘察、设计、施工、工程监理等单位分别签署的质量合格文件

68. 下列纠纷中，属于劳动争议范围的有（   ）。

A. 家庭与家政服务人员之间的纠纷

B. 因劳动保护发生的纠纷

C. 个体工匠与学徒之间的纠纷

D. 劳动者与用人单位未订立书面劳动合同，但已经形成劳动关系后发生的纠纷

E. 劳动者请求社会保险经办机构发放社会保险金的纠纷

69. 建设工程承包单位应当向建设单位出具质量保修书，其内容包括建设工程的（　　）。

A. 保修范围　　　　　　　　　　B. 保修期限
C. 保修责任　　　　　　　　　　D. 工程简况和施工管理要求
E. 超过合理使用年限继续使用的条件

70. 根据《拖欠农民工工资"黑名单"管理暂行办法》，人力资源社会保障行政部门应当自查处违法行为并作出行政处理或者处罚决定后将其列入拖欠工资"黑名单"的情形有（　　）。

A. 克扣、无故拖欠农民工工资报酬，数额达到认定拒不支付劳动报酬罪数额标准的
B. 将劳务违法分包给不具备用工主体资格的组织和个人造成拖欠农民工工资报酬的
C. 将劳务转包给不具备用工主体资格的组织和个人造成拖欠农民工工资报酬的
D. 因拖欠农民工工资违法行为引发极端事件造成严重不良社会影响的
E. 因拖欠农民工工资违法行为引发群体性事件造成严重不良社会影响的

71. 关于法的效力层级的说法，正确的有（　　）。

A. 宪法至上
B. 一般法高于特别法
C. 新法优于旧法
D. 任何机关和个人不得裁决法律适用情况
E. 上位法优于下位法

72. 在城市市区噪声敏感建筑物集中区域内，禁止夜间进行产生环境噪声污染的建筑施工作业，但（　　）除外。

A. 抢修作业　　　　　　　　　　B. 抢险作业
C. 经监理单位同意的　　　　　　D. 因生产工艺上要求必须连续作业的
E. 因特殊需要必须连续作业的

73. 关于建设工程联合共同承包的说法，正确的有（　　）。

A. 对于中小型或者结构不复杂的工程，无须采用联合共同承包方式
B. 两个以上具备承包资格的单位共同组成的联合体不具有法人资格
C. 联合共同承包的各方对承包合同的履行承担连带责任
D. 两个以上不同资质等级的单位实行联合共同承包的，可以按照资质等级高的单位的业务许可范围承揽工程
E. 联合共同承包的各方应当与建设单位分别订立合同

74. 授予专利权的发明和实用新型，应当具备的条件有（　　）。

A. 富有美感　　　　　　　　　　B. 适于工业应用
C. 新颖性　　　　　　　　　　　D. 实用性
E. 创造性

75. 物权的种类包括（　　）。

A. 所有权 B. 占有
C. 担保物权 D. 不当得利
E. 用益物权

76. 下列建设工程施工合同中,应当被认定为无效的有（   ）。
A. 某劳务分包企业借用某建筑施工企业的施工总承包一级资质承揽工程订立的合同
B. 某使用世界银行援助资金的项目,发包人未经招标与承包人订立的合同
C. 某建筑施工企业,未取得施工总承包资质证书,承揽施工总承包工程订立的合同
D. 某建设工程项目,施工总承包单位将主体结构的劳务分包给具有劳务资质的企业订立的合同
E. 某建设工程项目,发包人未取得建设工程规划许可证与承包人订立的合同,但发包人在一审法院辩论终结前取得了建设工程规划许可证

77. 用人单位可以直接解除劳动合同的情形有（   ）。
A. 劳动者患病,在规定的医疗期满后不能从事原工作,也不能从事由用人单位另行安排的工作的
B. 劳动者不能胜任工作,经过培训或者调整工作岗位,仍不能胜任工作的
C. 在试用期间被证明不符合录用条件的
D. 劳动者同时与其他用人单位建立劳动关系,对完成本单位的工作任务造成严重影响的
E. 被依法追究刑事责任的

78. 根据《建筑起重机械安全监督管理规定》,不得出租、使用的建筑起重机械有（   ）。
A. 属于有可能淘汰或者限制使用的
B. 超过安全技术标准或者制造厂家规定的使用年限的
C. 经检验达不到安全技术标准规定的
D. 没有完整安全技术档案的
E. 没有齐全有效的安全保护装置的

79. 根据《民法总则》,关于民事诉讼时效的说法,正确的有（   ）。
A. 超过诉讼时效期间,权利人的胜诉权消灭
B. 诉讼时效期间届满后,义务人自愿履行债务的,不得请求返还
C. 向人民法院请求保护民事权利的诉讼时效期间均为3年
D. 当事人违反法律规定,预先放弃诉讼时效利益的,人民法院不予认可
E. 超过诉讼时效期间,当事人起诉的,人民法院不予受理

80. 财产抵押时,抵押权自抵押合同生效时设立的有（   ）。
A. 原材料 B. 交通运输工具
C. 建设用地使用权 D. 正在建造的建筑物
E. 生产设备

参 考 答 案

1. C   2. C   3. D   4. C   5. C
6. D   7. B   8. C   9. A   10. C
11. D   12. D   13. A   14. C   15. A
16. C   17. D   18. B   19. B   20. C
21. B   22. D   23. B   24. D   25. D
26. A   27. A   28. B   29. C   30. A
31. C   32. C   33. B   34. A   35. D
36. B   37. B   38. C   39. B   40. C
41. B   42. A   43. A   44. D   45. A
46. D   47. D   48. C   49. B   50. A
51. D   52. A   53. D   54. B   55. B
56. D   57. C   58. C   59. A   60. A

61. A、C、D   62. A、D、E   63. B、C、E   64. A、B、D
65. A、B、C、E 66. C、D   67. B、C、D、E 68. B、D
69. A、B、C   70. A、D、E   71. A、C、E   72. A、B、D、E
73. A、B、C   74. C、D、E   75. A、C、E   76. A、B、C、E
77. C、D、E   78. B、C、D、E 79. A、B、D   80. A、B、E

模拟预测篇

模拟预测试卷一

一、**单项选择题**（共60题，每题1分。每题的备选项中，只有1个最符合题意）

1. 某施工企业法定代表人赵某超出本公司章程的规定权限与水泥经销商乙订立了水泥采购合同，水泥经销商乙不了解该施工企业的内部规定，不知道赵某超出公司章程的规定权限而与赵某签订了买卖合同，则该买卖合同（　　）。
   A. 可以撤销　　　　　　　　　　B. 无效
   C. 有效　　　　　　　　　　　　D. 效力待定

2. 以下说法正确的是（　　）。
   A. 法人分为营利性法人、非营利性法人和社团法人
   B. 建设单位及施工单位可以是法人或非法人组织
   C. 项目经理部的行为由该项目经理部自行承担
   D. 具有独立经费的机关从核准登记之日起取得法人资格

3. 根据《民法典》规定，下列关于代理的说法，正确的是（　　）。
   A. 代理人一般以被代理人名义实施民事法律行为
   B. 代理的法律后果由代理人自行承担
   C. 建设工程承包活动属于法定代理
   D. 建设工程招标活动不得委托代理

4. （　　）由代理人和第三人承担连带责任。
   A. 代理人不履行职责，损害被代理人利益的
   B. 第三人知道代理人无权代理的，仍与代理人实施民事行为
   C. 被代理人明知代理人无权代理但不否认，由此给第三人带来的损失
   D. 代理人明知代理事项违法而代理的

5. 以下关于物权变动，说法正确的是（　　）。
   A. 国家所有的自然资源，所有权经登记设定
   B. 船舶、航空器和机动车的所有权自交付设定
   C. 船舶、航空器和机动车等物权的设立、变更、转让和消灭，未经登记，不发生法律效力
   D. 当事人之间变更不动产物权关系的，未经登记，不影响合同效力

6. 下列关于地役权的说法正确的是（　　）。
   A. 地役权可以设立在动产和不动产之上
   B. 地役权的取得必需要向登记机构申请地役权登记，登记后才设立
   C. 地役权是按照当事人约定设立的担保物权
   D. 地役权自地役权合同生效时设立

7. 关于物权保护的说法，正确的是（　　）。
   A. 物权受到侵害的，权利人不能通过和解方式解决
   B. 侵害物权造成权利人损害的，权利人既可请求损害赔偿，也可请求承担其他民事责任
   C. 侵害物权的，承担民事责任后，不再承担行政责任
   D. 物权的归属、内容发生争议的，利害关系人应当请求返还原物

8. 甲建筑设备生产企业将乙施工单位订购的价值20万元的某设备错发给了丙，甲随后向丙索回该设备并交付给乙，乙因丙曾使用过该设备造成部分磨损，而要求甲减少价款1万元，关于本案中债的性质说法正确的是（　　）。
   A. 丙向甲返还设备属于无因管理之债
   B. 乙向甲支付设备款属于合同之债
   C. 甲向乙少收1万元货款属于侵权之债
   D. 丙擅自使用该设备，对乙应承担侵权之债

9. 下列关于知识产权的保护时间，说法正确的是（　　）。
   A. 商标保护期限为10年，自申请日开始计算
   B. 外观设计保护期限为15年，自申请日开始计算
   C. 著作权保护期限是作者终生及死后第50年
   D. 商标权人在期限届满前6个月，可向商标局申请续展注册商标

10. 甲发现乙公司正在实施侵犯其专利权的行为，如不及时制止将会使其合法权益受到严重损害，则甲采取的措施中说法不正确的是（　　）。
    A. 甲可以在起诉前向法院申请采取责令停止侵权的措施
    B. 甲只能在起诉后向法院申请采取责令停止侵权的措施
    C. 甲向法院提出责令停止侵权申请时，应当提供担保
    D. 法院应在48小时内作出裁定，当事人对裁定不服的，可以申请复议

11. 甲乙双方签订买卖合同，丙为乙的债务提供保证，但保证合同未约定保证方式及保证期间。关于该保证合同的说法，正确的有（　　）。
    A. 丙的保证方式为连带保证
    B. 债务履约期限届满，债务人乙不能清偿到期债务的，债权人有权直接要求保证人承担保证责任
    C. 保证期间为主债务履行期届满之日起3个月内
    D. 若乙下落不明且无财产可供执行的，债权人甲可以直接向保证人丙请求承担保证责任

12. 根据《物权法》的相关规定，（　　）作为抵押物的，其抵押权自合同生效时设立。
    A. 在建船舶   B. 建设用地使用权
    C. 房屋   D. 正在加工的工程模板

13. 关于抵押实现的说法，正确的是（　　）。
    A. 抵押物折价后，其价款超过债权数额的部分归债务人所有，不足部分由债务人清偿

B. 债务履行期届满抵押权人未受清偿的，可以与债务人协议以拍卖该抵押物所得价款受偿

C. 同一财产向两个以上债权人抵押，登记的抵押权人优先于未登记的抵押权人受偿

D. 抵押人在抵押期间，不得转让抵押物

14. 关于担保的说法，正确的是（　　）。

A. 甲以自有的一台电脑向乙提供担保，该担保方式为抵押

B. 抵押人只能是债务人

C. 在运输合同中，托运人拒付运费的情况下，承运人可以行使留置权

D. 以汇票、支票作为质押财产的，自质押合同生效之日起，质权设定

15. 关于保险合同的说法，正确的是（　　）。

A. 人身保险合同分为人寿保险、伤害保险、健康保险

B. 财产保险合同中保险合同的转让不需通知保险人

C. 保险人对人身保险的保费可以以诉讼方式要求投保人支付

D. 财产保险合同是以人身、财产及有关利益为保险标的的保险合同

16. 属于行政责任的有（　　）。

A. 有期徒刑　　　　　　　　B. 罚金

C. 拘留　　　　　　　　　　D. 赔偿损失

17. 下列行为中，构成重大责任事故罪行为的是（　　）。

A. 施工单位降低工程质量标准，导致重大安全事故

B. 包工头单某素来与工人梁某不和，明知某行为违反安全管理的规定，可能会发生重大伤亡事故，仍然强迫梁某实施这一行为，导致梁某死亡

C. 工地脚手架因质量问题倒塌，致使多人死伤

D. 工地施工人员不按安全生产规定，擅自将废弃的建筑用钉子扔到周围的地上，造成15人被扎伤

18. 有关施工许可证的说法，正确的是（　　）。

A. 可以延期，但不得超过1次

B. 中止施工满1年的工程在恢复施工前，建设单位应重办施工许可证

C. 领取施工许可证后，最长6个月内应当施工

D. 在规定期限内不开工，也不申请延期的，施工许可证废止，若要开工，应重新办理施工许可证

19. 甲大学与乙公司签订建设工程施工合同，由乙为甲承建教学楼。乙将主体结构的施工分包给丙工程队。后整个教学楼工程验收合格，甲向乙支付了部分工程款，乙未向丙支付工程款。下列表述是正确的是（　　）。

A. 乙、丙之间分包合同有效

B. 甲应在欠付范围内承担支付责任

C. 丙只能以乙为被告诉请支付工程款

D. 丙可以甲为被告诉请支付工程款，但法院应当追加乙为被告

20. 关于建筑企业资质证书的申请和延续的说法，不正确的是（   ）。

A. 企业首次申请或增项申请资质，应当申请最低等级资质

B. 企业合并、分立，需承继原建筑业企业资质的，应重新核定资质等级

C. 建筑企业只能申请一项建筑业企业资质

D. 建筑业企业资质证有效期届满前 3 个月，企业应当向原资质许可机关提出延续申请

21. 以下关于建造师注册管理的说法，正确的是（   ）。

A. 李某应当在取得建造师资格证书后 3 年内注册，否则不予注册

B. 张某与原单位解除劳动关系，欲到另一单位担任项目经理，则应由新聘用企业办理执业证书的变更注册

C. 非承包人原因停工超过 120 天，注册建造师可以担任其他项目的负责人

D. 王某在注册证书有效期内变更了证书的，证书有效期相应顺延

22. 下列关于招标，说法正确的是（   ）。

A. 某厂房建设工程，施工单项合同估算价在人民币 800 万元的工程应当招标

B. 需要采用不可替代的专利技术的，可以不进行招标

C. 采取邀请招标的，招标人应当从符合相应资格条件的供应商中指定三家供应商，以投标邀请书的方式邀请其参加投标

D. 技术复杂、有特殊要求或受自然环境限制，只有少量潜在投标人可供选择的，可以公开招标

23. 关于招标方式的说法，正确的是（   ）。

A. 公开招标是招标人以招标公告的方式邀请特定的法人或者其他组织投标

B. 邀请招标是指招标人以投标邀请书的方式邀请三个以上不特定的法人或者其他组织投标

C. 政府采购工程依法不进行招标的，可以由相关部门自己决定合适的发包方式

D. 国有资金占控股或者主导地位的依法必须进行招标的项目，应当公开招标

24. 关于资格审查，下列说法正确的是（   ）。

A. 依法必须进行招标的项目提交资格预审申请文件的时间，自资格预审文件停止发售之日起不得少于 5 日

B. 潜在投标人或者其他利害关系人对资格预审文件有异议的，应当在提交资格预审申请文件截止时间前 3 日提出

C. 招标人修改资格预审文件的，应当在提交资格预审申请文件截止时间至少 5 日前，以书面形式通知所有获取资格预审文件的潜在投标人

D. 通过资格预审的申请人少于 5 个的，应当重新招标

25. 关于评标，说法正确的是（   ）。

A. 评委会可以要求投标人对投标文件澄清、修改，但澄清修改不能超出投标书范围或改变实质内容

B. 评委会应按招标文件公布的评标标准和方法进行评标

C. 设有标底的，评委会应根据标底进行评审和比较

D. 评委会认为投标人未交投标保证金的，应当否决投标

26. 某工程项目招标投标出现的下列情形中，应当视为投标人相互串通投标的有（   ）。

A. 投标人以向招标人或评委会成员行贿的手段，谋取中标
B. 两份投标文件的投标报价呈规律性差异
C. 投标人提供虚假的项目负责人的劳动关系证明
D. 投标内定了中标人后再去投标

27. 关于投标文件撤回和撤销的说法，正确的是（   ）。

A. 投标人可以选择电话或书面方式通知招标人撤回投标文件
B. 招标人收取的投标保证金，应当自收到投标人撤回通知之日起 10 日内退还
C. 投标截止时间后投标人撤销投标文件的，招标人应当退还投标保证金
D. 投标人撤回已提交的投标文件，应当在投标截止时间前通知招标人

28. 下列关于中标和签订合同的说法，不正确的是（   ）。

A. 招标人可以授权评标委员会直接确定中标人
B. 当事人就同一建设工程另行订立的建设工程合同与招标文件、中标的投标文件的实质性条款不一致的，当事人请求按照招标文件、中标的投标文件作为结算依据，法院应当支持
C. 招标人和中标人应当自中标通知书收到之日起 30 日内，按照招标文件和中标人的投标文件订立书面合同
D. 招标人应当自收到评标报告之日起 3 日内公示中标候选人，公示期不得少于 3 日

29. 关于招标人终止招标要求的说法，正确的是（   ）。

A. 以口头形式通知被邀请的或者已经获取资格预审文件、招标文件的潜在投标人
B. 已经发售的资格预审文件、招标文件招标人无须退还所收取的资格预审文件、招标文件的费用
C. 已经收取投标保证金的应当及时退还投标保证金，但不必退还利息
D. 应当及时发布公告

30. 下列关于投标保证金的表述中，正确的是（   ）。

A. 投标保证金不得超过投标报价的 2%
B. 招标人在投标有效期内可挪用投标保证金
C. 投标保证金的有效期与投标有效期不同
D. 实行两阶段招标的，招标人应在第二阶段要求投标人交纳投标保证金

31. 根据《全国建筑市场各方主体不良行为记录认定标准》的规定，不属于工程质量不良行为认定标准的有（   ）。

A. 不履行保修义务或者拖延履行保修义务的
B. 工程竣工验收后，不向建设单位出具质量保修书的
C. 未对涉及结构安全的试块、试件以及有关材料取样检测的
D. 不按照与投标人订立的合同履行义务，情节严重的

32. 根据《招标投标违法行为记录公告暂行办法》，关于建筑市场诚信行为公告的说法，正确的是（   ）。

   A. 建筑市场诚信信息分为良好信用信息和不良信用信息

   B. 诚信行为记录的公告期限都是 3 年

   C. 行政处理决定在被行政复议或行政诉讼期间，公告部门不停止对违法行为记录的公告

   D. 各级住房城乡建设主管部门通过省级建筑市场监管一体化平台及时公布信用信息

33. 2019 年 10 月 1 日，某学校就拟新建教学楼与某施工企业签订了建设工程合同。监理人发出的开工通知中载明的开工日期为 2019 年 12 月 1 日，但在 2019 年 11 月 1 日施工企业经得学校同意后已实际进场施工。该工程的开工日期应为（   ）。

   A. 2019 年 10 月 1 日   B. 2019 年 11 月 1 日

   C. 2019 年 12 月 1 日   D. 2020 年 1 月 1 日

34. 关于建设工程合同结算价格的请求，法院可能不予支持的是（   ）。

   A. 一个工程的数份施工合同无效，但质量合格的，承包人请求参照实际履行的合同约定支付工程价款

   B. 一个工程的数份施工合同无效，但质量合格的，实际履行的合同难以确定的，承包人请求参照最后签订的合同支付工程价款

   C. 施工单位要求建设单位按照工程量清单结算工程价款的

   D. 施工合同与招标投标文件关于工程价款约定不一致的，承包人请求按照中标的投标文件的规定支付工程价款

35. 某建设工程施工合同约定建设单位应于 2020 年 3 月 30 日前支付工程款。2020 年 2 月 20 日工程实际竣工并交付建设单位使用。2020 年 3 月 5 日施工单位提交竣工结算文件。由于发包人未按约定付工程款，承包人欲行使工程价款优先受偿权，其最迟必须在（   ）前行使。

   A. 2020 年 9 月 30 日   B. 2021 年 9 月 5 日

   C. 2021 年 8 月 20 日   D. 2021 年 9 月 30 日

36. 施工企业与材料供应商于 2019 年 3 月 1 日签订了一份新型材料采购合同，3 月 15 日发现原来对此材料有重大误解，根本无法使用。依据《民法典》，下列说法正确的是（   ）。

   A. 施工企业与材料供应商订立的合同属于无效合同

   B. 施工企业自 2019 年 3 月 1 日到 2020 年 3 月 1 日之间有撤销该合同的权利

   C. 若该合同终止，则合同中独立存在的有关争议解决方法的条款无效

   D. 施工企业与材料供应商订立的合同属于可撤销合同

37. 根据我国法律规定，下列合同转让行为有效的是（   ）。

   A. 某教授与施工企业约定培训 1 次，但因培训当天临时有急事，便让自己的博士生代为授课

   B. 甲因急需用钱便将对乙享有的 1 万元债权转让给了第三人，并通知了乙

C. 建设单位到期不能支付工程款，书面通知施工企业其已将债务转让给第三人，请施工企业向第三人主张债权

D. 监理单位将监理合同概括转让给其他具有相应监理资质的监理单位

38. 下列情形中，不必然会导致劳动合同无效或者部分无效的是（　　）。

A. 以欺诈的手段，使对方在违背真实意思的情况下订立

B. 乘人之危，使对方在违背真实意思的情况下订立

C. 用人单位免除自己的法定责任、排除劳动者权利的

D. 订立劳动合同是不公平的

39. 根据《劳动法》规定，用人单位不应当支付劳动者经济补偿金的情况有（　　）。

A. 用人单位提出解除劳动合同，小张表示同意

B. 因试用期不符合录用条件，单位解除了与小王的劳动关系

C. 小李不能胜任工作，单位将其调动岗位后，小李仍不能胜任工作，则单位解除劳动合同的

D. 用人单位濒临破产进行法定整顿期间，将小胡裁员

40. 根据《劳动法》的规定，用人单位可以解除劳动合同的情形是（　　）。

A. 职工患病在规定的医疗期内

B. 职工因工负伤的

C. 女职工在孕期的

D. 在本单位连续工作满15年，距法定退休年龄还有2年

41. 关于劳动合同订立的说法，正确的是（　　）。

A. 试用期包含在劳动合同期限内　　B. 固定期限劳动合同不能超过10年

C. 商业保险是劳动合同的必备条款　　D. 劳动关系自劳动合同订立之日起建立

42. 关于劳动合同试用期的说法，正确的是（　　）。

A. 劳动合同可以只约定试用期

B. 试用期不包含在劳动合同期限内

C. 试用期最长为6个月

D. 期限3个月以下、以完成一定工作任务为期限的劳动合同不得约定试用期

43. 根据《劳动合同法》，下列关于劳务派遣的说法，正确的是（　　）。

A. 劳动者的聘用与使用分离

B. 施工单位对专职安全管理岗位全部实行劳务派遣

C. 劳动者在工作中发生工伤的，由用工单位承担工伤保险赔偿责任

D. 在劳务派遣中，用工单位应当与劳动者订立劳动合同

44. 某施工企业与职工小张因为劳动报酬拖欠的问题产生了争议，小张准备去当地劳动争议仲裁委员会申请仲裁。依据《劳动法》的规定，下列说法不正确的是（　　）。

A. 小张可以向法院申请支付令

B. 必须要有仲裁协议，小张才可以向劳动仲裁委员会申请仲裁

C. 小张在劳动关系存续期间发生的该争议，不受1年仲裁时效期间的限制

D. 小张可以经单位劳动争议调解委员会调解，调解不成，再向劳动仲裁委员会申请仲裁

45. 根据《合同法》，关于定作人权利和义务的说法，正确的是（   ）。

A. 承揽人有权随时解除承揽合同，造成损失的应当赔偿
B. 没有约定报酬支付期限的，且无法达成协议，也没有交易习惯和有关条款的，定作人应当在承揽人交付工作成果时支付
C. 报酬约定不清的，定作人有权拒付
D. 因定作人提供的图纸不合理导致损失的，定作人与承揽人承担连带责任

46. 2019年3月1日，张某与李某约定，由张某出借10万元给李某，借款利息为本金的40%，借款期届满，本息一并偿还，借款期1年。当天，张某按约将借款交付给李某。2020年3月1日，李某偿还张某本金10万元，但只支付了利息2万元。双方就此发生纠纷诉至法院。下列说法正确是（   ）。

A. 借款合同自双方当事人签字之日起生效
B. 该合同中的利息约定无效，李某无须偿还张某利息
C. 法院应当判决李某还应支付张某4000元利息
D. 法院应当判决李某还应支付张某2万元利息

47. 根据《合同法》，关于融资租赁合同的说法不正确的是（   ）。

A. 承租人经催告后，在合理期限仍不支付租金的，出租人可以收回租赁物
B. 融资租赁合同是属于涉及三方当事人的合同
C. 承租人占有租赁物期间，因租赁物造成第三人的人身伤害或财产损害的，出租人应承担责任
D. 租赁物不属于承租人的破产财产

48. 以下说法正确的是（   ）。

A. 禁止夜间进行建筑施工作业
B. 因特殊需要必须连续作业的，必须有县级以上地方人民政府建设行政主管部门的证明
C. 因特殊需要必须连续作业的，必须事先告知附近居民并获得其同意
D. 禁止夜间进行产生环境噪声污染的建筑施工作业，但因特殊需要必须连续作业的除外

49. 根据绿色施工导则规定，关于施工节能的说法，正确的是（   ）。

A. 应优先采用自来水作为混凝土搅拌水
B. 临时设施占地面积有效利用率应大于80%
C. 照明设计的照度不应超过最低照度的20%
D. 必须采购施工现场500公里以内生产的建筑材料

50. 关于受国家保护的文物范围的说法，正确的是（   ）。

A. 古人类化石属于受国家保护的文物
B. 石刻、壁画受国家保护

C. 具有科学价值的古脊椎动物化石同文物一样受国家保护

D. 反映历史上某时代社会生产的艺术品受国家保护

51. 在全国重点文物保护单位的保护范围内进行爆破、钻探、挖掘作业的，必须经（　　）批准。

  A. 国务院文物行政部门　　　　　B. 省级人民政府

  C. 国务院　　　　　　　　　　　D. 省级文物行政部门

52. 根据《安全生产许可证条例》，下列选项中关于企业取得安全生产许可证的条件，说法错误的是（　　）。

  A. 建立、健全安全生产责任制，制定完备的安全生产规章制度和操作规程

  B. 有生产安全事故应急救援预案、组织、器材、设备

  C. 依法参加工伤保险，为从业人员缴纳保险费

  D. 对所有的分部分项工程及施工现场建立预防、监控措施和应急预案

53. 关于施工总包单位与分包单位安全责任的划分，下列表述错误的是（　　）。

  A. 由总包单位对现场负总责，分包单位对分包工程负责

  B. 总包单位统一组织编制建设工程生产安全事故应急救援预案

  C. 总包单位和分包单位统一建立应急救援组织或者配备应急救援人员

  D. 由总包单位负责上报事故

54. 按照《建设工程安全生产管理条例》的规定，不属于建设单位安全责任范围的是（　　）。

  A. 对工程主体或承重结构装修的，委托原设计单位或相应资质等级的设计单位修改设计方案

  B. 向施工单位提供准确的地下管线资料

  C. 编制概算时，确定安全作业环境及安全施工措施费用

  D. 为施工现场从事特种作业的施工人员提供安全保障

55. 在建重点工程施工企业的消防安全教育工作要求主要有（　　）。

  A. 建设工程施工结束后应当对施工人员开展消防安全总结

  B. 每周进行防火巡查并做好巡查记录

  C. 对明火作业人员进行每年至少一次消防安全教育

  D. 每半年组织一次灭火和应急疏散演练

56. 关于建设工程依法实行工程监理的说法，正确的是（　　）。

  A. 建设单位应当委托该工程的设计单位进行工程监理

  B. 建设单位应当委托具有相应资质等级的工程监理单位进行监理

  C. 工程监理单位不能与建设单位有隶属关系

  D. 工程监理单位不能与该工程的设计单位有利害关系

57. 以下说法正确的是（　　）。

  A. 建设单位应向公安机关消防机构申请消防验收

  B. 分部工程的节能验收由监理工程师主持

C. 不符合节能强制性标准的，建设单位不出具竣工验收合格报告

D. 不需要消防验收的工程，建设单位在验收后报消防机构备案抽查

58. 关于建设工程质量保证金的说法，正确的是（　　）。

A. 提交了履约保证金的，可以同时预留工程质量保证金

B. 建设工程质量保证金预留比例不得高于工程价款结算总额的5%

C. 承包人以银行保函替代保证金的，银行保函金额不得超过工程价款结算总额的5%

D. 发包人在缺陷责任期满后，收到申请日起14日内审核，审核通过的14日内退还质保金

59. 甲公司与乙公司约定：2015年3月5日甲公司支付乙公司工程款。合同到期后，甲公司未能支付该笔工程款。下列关于诉讼时效，说法不正确的是（　　）。

A. 本案诉讼时效截止到2018年3月5日

B. 2018年1月3日，乙公司所在地发生洪灾，导致其不能行使请求权的，诉讼时效中止

C. 诉讼时效期间内，乙公司同意偿还甲公司工程款的，诉讼时效中断

D. 一旦诉讼时效经过，则乙公司不能向人民法院提起诉讼

60. 当事人未申请行政复议，直接向法院提起行政诉讼的，除法律另有规定的以外，应当在知道作出具体行政行为之日起（　　）个月内提出。

A. 1　　　　　　　　　　　　　　B. 2

C. 3　　　　　　　　　　　　　　D. 6

二、**多项选择题**（共20题，每题2分。每题的备选项中，有2个或2个以上符合题意，至少有一个错项。错选，本题不得分；少选，所选的每个选项得0.5分）

61. 关于施工企业资质证书的申请、延续和变更的说法，正确的有（　　）。

A. 企业首次申请资质应当申请最低等级资质，但增项申请资质不必受此限制

B. 施工企业发生合并需承继原建筑业企业资质的，需要重新核定建筑业企业资质等级

C. 被撤回建筑业企业资质的企业，可以在资质被撤回后6个月内，向资质许可证机关提出核定低于原等级同类别资质的申请

D. 企业在1年内发生过1次以上质量安全事故的，资质许可机关不批准企业的资质升级和增项

E. 资质证书遗失的，申请人应告知资质许可机关，由许可机关在官网发布信息

62. 根据《招标投标法实施条例》，关于投标保证金的说法正确的有（　　）。

A. 投标保证金有效期应当与投标有效期一致

B. 投标保证金不得超过招标项目估算价的2%，并不得超过80万元

C. 两阶段招标中要求提交投标保证金的，应当在第一阶段提出

D. 招标人应当在中标通知书发出后，5日内退还中标人的投标保证金

E. 未中标人的投标保证金及银行同期贷款利息，招标人应当在中标合同签订后5日内退还

63. 关于联合体投标，说法正确的有（　　）。

A. 大型或结构复杂的工程可以实施联合体投标

B. 联合体投标，按低资质确定联合体资质

C. 联合体投标时给建设单位造成损失的，由联合体各方向建设单位承担连带责任

D. 联合体资格预审后，不得改变、更换联合体成员

E. 联合体投标后，联合体成员甲可与他人组成新的联合体对该项目投标

64. 根据《建设工程质量管理条例》，下列行为中不属于违法分包的有（   ）。

A. 未在施工现场设立项目管理机构或不履行管理义务，未对该工程的施工活动进行组织管理

B. 总承包单位将建设工程主体结构的施工分包给具备相应资质条件的单位

C. 施工企业借用他人资质证书承揽工程

D. 总承包合同中未约定，但经建设单位同意的，总承包单位可以将主体工程进行分包

E. 联合体承包后，一方成员仅向他方收取管理费并不实际施工管理的

65. 下列施工合同解除的说法，正确的有（   ）。

A. 建设单位延期支付工程款，施工单位有权解除合同

B. 合同中没有约定解除异议期的，最长 3 个月

C. 施工企业已完成的建设工程质量不合格，并且拒绝修复的，建设单位有权解除合同

D. 施工企业施工组织不力，导致工期一再延误，使该工程项目已无投产价值的，建设单位有权解除合同并要求施工单位承担违约责任

E. 解除通知应自到达对方时解除生效

66. 6 月 1 日，甲乙双方签订建材买卖合同，总价款为 100 万元，约定由买方支付定金 30 万元。由于资金周转困难，买方于 6 月 10 日交付了 25 万元，卖方予以签收。下列说法正确的有（   ）。

A. 买卖合同是主合同，定金合同是从合同

B. 买卖合同自 6 月 10 日成立

C. 买卖合同自 6 月 1 日成立

D. 若卖方不能交付，应返还 50 万元

E. 若买方不履行购买义务，仍可要求卖方返还 5 万元

67. 某建筑公司签订的以下劳动合同中，试用期约定合法的有（   ）。

A. 公司与甲书面约定，试用期 2 个月，待试用期满，再根据甲的能力和表现决定是否签订劳动合同

B. 公司与电工乙约定，劳动合同期限为某项目开工日至竣工日，试用期 1 个月

C. 公司与丙约定，劳动合同期限为 5 年，其中试用期不超过 6 个月

D. 公司与业务员丁签订 1 年劳动合同，约定合同期限内包含 3 个月试用期

E. 在试用期内戊的工资按照约定正式期工资的 80% 支付，且不低于当地最低工资标准

68. 根据《绿色施工导则》，关于非传统水源利用的说法，正确的有（   ）。

A. 优先采用雨水搅拌、雨水养护，有条件的地区和工程应当采用中水养护

B. 现场机具、设备等的用水、优先采用非传统水源，尽量不使用市政自来水

C. 处于基坑降水阶段的工地，宜优先采用雨水作为混凝土搅拌用水

D. 大型施工现场，尤其是雨量充沛地区的大型施工现场建立雨水收集利用系统，充分收集自然降水用于施工和生活中适宜的部位

E. 力争施工中非传统水源的循环水的再利用量大于30%

69．关于分包工程发生质量、安全、进度等问题给建设单位造成损失的责任承担说法，正确的有（　　）。

A. 分包单位只对建设单位负责

B. 总承包单位承担的责任超过其应承担份额的，有权向分包单位追偿

C. 建设单位只能向给其造成损失的分包单位主张权利

D. 建设单位与分包单位无合同关系，无权向分包单位主张权利

E. 分包工程给建设单位造成损失的，建设单位可以要求总包单位与分包单位承担连带赔偿责任

70．关于项目负责人带班生产的说法，正确的有（　　）。

A. 项目负责人带班生产，是指项目负责人在施工现场组织协调工程项目的质量安全生产活动

B. 项目负责人带班时，应加强对重点部位关键环节的控制，及时消除隐患

C. 项目负责人要认真做好代班生产记录并签字存档备查

D. 项目负责人每月带班不少于本月施工时间的60%

E. 项目负责人因其他事务需离开施工现场时，应向工程项目的建设单位请假

71．根据《建设工程安全生产管理条例》，属于建设单位安全责任的有（　　）。

A. 审查专项施工方案

B. 编制概算时，确定工程安全作业环境及安全施工措施所需费用

C. 将拆除工程的有关资料报送有关部门备案

D. 保证设计文件符合工程建设强制性标准

E. 为从事特种作业的施工人员办理意外伤害保险

72．根据《工伤保险条例》，可以认定为工伤的有（　　）。

A. 李某取得革命伤残军人证后到企业工作，旧伤复发

B. 张某患病后，精神抑郁，酗酒过度需要进行治疗

C. 杨某在开车下班途中，发生交通事故受伤，该事故责任认定书中认定杨某对此负次要责任

D. 陈某因从事本职工作患有职业病

E. 刘某在抢险救灾中遭受了伤害

73．某脚手架倒塌事故造成分包方2人死亡，10人重伤，直接经济损失800万元，事故发生8天后两名重伤患者不治身亡，则下列说法正确的有（　　）。

A. 该事故属于较大事故

B. 单位负责人接到报告后,应在1小时内向县以上安全监督部门报告

C. 由于分包单位操作失误造成的事故,由分包单位上报事故

D. 事故报告后30日内发生人员新伤亡的,应该在7日内补报

E. 该事故由省级人民政府组织事故调查组进行调查

74. 根据《标准化法》,下列标准中应当制定为强制性标准的有(   )。

A. 工程建设勘察、规划、设计、施工及验收等通用的质量标准

B. 工程建设重要的通用的制图方法标准

C. 工程建设重要的通用的试验检验和评定方法标准

D. 工程建设重要的通用的信息管理标准

E. 工程建设通用的有关安全卫生和环境保护的标准

75. 在保修期内,下列情形中说法不正确的有(   )。

A. 建设单位提供的设计图纸有缺陷,造成工程质量缺陷的,由施工单位负责维修,设计单位承担质量责任

B. 建设单位提供的工程设备不符合强制性标准,引发工程质量缺陷,由施工单位负责维修,建设单位承担质量责任

C. 建设单位直接指定分包单位的,当分包工程发生质量缺陷的,由总包单位和分包单位对建设单位承担连带责任

D. 发包人未组织竣工验收擅自使用工程,主体结构出现质量缺陷,由施工单位负责维修,施工单位在工程合理使用寿命内承担责任

E. 不可抗力导致的工程质量缺陷的,由施工单位负责维修,建设单位承担各项费用损失

76. 根据《建设工程质量管理条例》规定,设计单位及设计文件的要求有(   )。

A. 设计文件应符合国家规定的设计深度要求,注明工程合理使用年限

B. 设计文件应注明工程建筑材料的规格、型号、性能等技术指标

C. 设计单位应就审查合格的施工图设计文件向施工单位作出详细说明

D. 指定建筑材料生产厂、供应商

E. 设计单位应参加质量事故分析,并就设计错误导致的质量问题提出技术处理方案

77. 根据《建设工程质量管理条例》规定,某建设工程已经完工,拟进行工程竣工验收,关于此工程验收,下列说法正确的有(   )。

A. 建设单位收到建设工程竣工报告后,应当组织设计、施工、工程监理等有关单位进行竣工验收

B. 建设工程竣工验收应当完成建设工程设计和合同约定的主要内容

C. 有工程使用的各项建筑材料、建筑构配件和设备的进场试验报告

D. 有勘察、设计、施工、工程监理等单位分别签署的质量合格文件

E. 有施工单位签署的工程保修书

78. 建设单位与施工单位希望通过仲裁方式解决施工合同纠纷。下列有关仲裁协议说法不正确的有(   )。

A. 双方以电子数据方式达成的请求仲裁的协议，该仲裁约定无效

B. 在发生争议后，通过电话达成的请求仲裁的协议，该仲裁约定无效

C. 双方在合同中约定："所有争议提交重庆仲裁委员会解决"，该仲裁约定有效

D. 双方仅在建设工程合同中约定："质量纠纷提交重庆仲裁委员会"，则有关质量、工程款等纠纷均可提请仲裁

E. 双方在合同中约定："有纠纷可向重庆仲裁委申请仲裁，仲裁不服可向人民法院起诉"，该约定全部无效

79. 当事人可以在收到仲裁裁决书之日起 6 个月内向仲裁委员会所在地中级人民法院申请撤销裁决的情形有（　　）

A. 没有仲裁协议的

B. 裁决的事项不属于仲裁协议的范围或仲裁委员会无权仲裁的

C. 对方当事人向仲裁庭隐瞒了足以影响公正裁决的证据的

D. 仲裁庭的组成或仲裁程序违反法定程序的

E. 当事人庭审过程中向仲裁庭提出了仲裁协议效力的异议，仲裁庭不予认可的

80. 根据《行政诉讼法》，下列情形中属于行政诉讼受案范围的有（　　）。

A. 对于限制人身自由的行政强制措施不服的

B. 行政机关为作出行政行为而实施的准备、论证、研究、层报、咨询等过程性行为

C. 对仲裁裁决书不服的

D. 行政机关执行法院生效判决书的执行行为

E. 行政机关对相对人作出的行政强制措施

参 考 答 案

1. C	2. B	3. A	4. B	5. D
6. D	7. B	8. B	9. B	10. B
11. D	12. A	13. C	14. C	15. A
16. C	17. B	18. D	19. B	20. C
21. B	22. B	23. D	24. A	25. B
26. B	27. D	28. C	29. D	30. D
31. D	32. C	33. B	34. C	35. D
36. D	37. B	38. A	39. B	40. B
41. A	42. D	43. A	44. B	45. B
46. C	47. C	48. D	49. C	50. D
51. B	52. D	53. C	54. D	55. D
56. B	57. C	58. D	59. D	60. D

61. B、E
62. A、B
63. A、C、D
64. A、C、E
65. B、C、D、E
66. A、C、E
67. C、E
68. B、D、E
69. B、E
70. A、B、C、E
71. B、C
72. C、D
73. A、B
74. B、C、E
75. A、C、E
76. A、B、C、E
77. A、D、E
78. A、D、E
79. A、B、C、D
80. A、E

模拟预测试卷二

一、单项选择题（共60题，每题1分。每题的备选项中，只有1个最符合题意）

1. 根据《立法法》的规定，地方性法规、规章之间，同一机关制定的新的一般规定与旧的特别规定不一致时，由（   ）裁决。
   A. 最高人民法院   B. 制定机关
   C. 最高人民检察院   D. 国务院

2. 根据《民法典》规定，以下关于法人设立条件的说法，正确的是（   ）。
   A. 法人应有自己的名称、组织机构、享有所有权的住所、财产或经费
   B. 法人应当依法登记成立
   C. 法人应独立承担民事责任
   D. 法人应当有技术负责人

3. 关于代理的说法，正确的是（   ）。
   A. 经被代理人同意的转代理，代理人不再承担责任
   B. 同一代理事项有数位代理人的，分别行使代理权
   C. 表见代理属于无权代理，代理行为无效
   D. 被代理人明知代理人无权代理但不反对的，代理行为有效

4. 关于土地所有权，下列说法不正确的是（   ）。
   A. 处分权能是所有权的核心权能
   B. 用益物权是权利人对他人所有的不动产或者动产，依法享有占有、使用、收益和处分的权利
   C. 无人居住的海岛、矿藏、水域属于国家所有
   D. 土地承包经营期限为50年

5. 下列关于建设用地使用权转让说法不正确的是（   ）。
   A. 应当在地上、地下、地表一并设立建设用地使用权
   B. 当事人应当采用书面形式订立建设用地使用权转让协议
   C. 应向登记机构申请变更登记
   D. 附着于该土地上的建筑物等应一并转移

6. 下列关于商标专用权的说法中正确的是（   ）。
   A. 商标专用权的保护对象是商标
   B. 商标专用权只包括禁止权
   C. 商标专用权的内容包括人身权和财产权
   D. 不以使用为目的的恶意抢注，不授予注册商标

7. 以下不属于知识产权种类的是（   ）。

A. 外观设计 B. 个人信息
C. 地理标志 D. 商业秘密

8. 关于担保，说法正确的是（   ）。

A. 担保是用益物权

B. 担保只能由当事人约定产生

C. 抵押权、质权、留置权和定金都是担保物权

D. 担保合同是从合同，即使无效，也不影响主合同效力

9. 根据《民法典》，在法律没有特别规定的情况下，下列财产不可以抵押的是（   ）。

A. 生产设备 B. 建设用地使用权
C. 正在建设的建筑物 D. 集体所有的宅基地使用权

10. 关于质权的说法，正确的是（   ）。

A. 质押分为动产质押和权利质押

B. 设立动产质押债务人可不移交该动产

C. 权利质押自权利凭证交付给质权人时生效

D. 质权是一种法定的担保物权

11. 安装工程一切险所承保的损失范围包括（   ）。

A. 因设计错误或原材料缺陷引起的保险财产本身的损失

B. 因超负荷、超电压引起的电气设备本身的损失

C. 因施工机具失灵造成的本身的损失

D. 因自然灾害和意外事故造成的损失和费用

12. 某施工单位为降低造价，在施工中偷工减料，故意使用不合格的建筑材料、构配件和设备，降低工程质量，导致建筑工程坍塌，致使多人重伤、死亡。该施工单位的行为已经构成（   ）。

A. 重大劳动安全事故罪 B. 强令违章冒险作业罪
C. 重大责任事故罪 D. 工程重大安全事故罪

13. 需要办理施工许可证的建设工程是（   ）。

A. 施工单位搭建的临时设施

B. 抢险救灾的房屋建筑

C. 城镇市政大型基础设施工程

D. 建筑面积 200m² 以上的农民自建低层住宅

14. 施工企业的资质被撤销的情形是（   ）。

A. 许可机关超越法定职权准予资质许可的

B. 资质证书有效期届满，未依法申请延续的

C. 施工企业不再具备资质所要求条件，且逾期未整改的

D. 施工企业依法终止的

15. 根据《注册建造师执业管理办法》，属于注册建造师可以担任两个及以上建设工程施工项目负责人的情形是（   ）。

A. 同一工程相邻分段发包的

B. 合同约定的工程验收不合格的

C. 因非承包方原因致使工程项目停工 120 天

D. 合同约定工程提交竣工验收报告，但建设单位一直拖延不验收的

16. 下列情形中不予注册的是（   ）。

A. 李某因执业活动受到刑事处罚，自处罚执行完毕之日起至申请注册之日止正好满五年

B. 赵某从原单位离职，由新聘用单位进行建造师执业证书注册

C. 王某因工伤被鉴定为无行为能力人

D. 张某由于在今年的施工过程中擅自修改图纸而受到了处分

17. 关于招标基本程序，以下说法正确的是（   ）。

A. 招标代理机构不得在所代理的招标项目中投标或为投标人提供咨询

B. 全部使用国有资金的工程项目招标，应当设定最低投标限价

C. 招标项目设有标底的，招标人应当在中标结果确定时公布

D. 非国有资金投资的建设工程应当采用工程量清单计价

18. 关于建设工程招标投标交易场所的表述中，不正确的是（   ）。

A. 招标投标交易场所以营利为目的

B. 国家鼓励利用信息网络进行电子招标投标

C. 招标投标交易场所不得与行政监督部门存在隶属关系

D. 依法应当招标项目的招标公告应当在国家指定媒介上发布

19. 关于投标文件的送达与签收的说法，正确的是（   ）。

A. 招标人收到投标文件后应当签收并拆封

B. 投标人少于五人的，招标人应当依法重新招标

C. 在招标文件要求提交投标文件的截止时间后送达的投标文件，招标人可以拒收

D. 投标人应当在招标文件要求提交投标文件的截止时间前，将投标文件送达投标地点

20. 甲公司是排名第一的中标候选人，有（   ）情形时，招标人可以按照评标委员会提出的中标候选人名单依次排序确定其他中标候选人为中标人，也可以重新招标。

A. 甲的财务状况出现问题　　　　B. 甲被查实存在违法行为

C. 甲与他人产生诉讼纠纷　　　　D. 甲放弃中标

21. 下列投标行为无效的是（   ）。

A. 投标人甲在投标截止时间前撤回投标书

B. 投标人乙在评委会的要求下对投标书进行澄清、说明

C. 投标人丙与招标人无隶属关系或利害关系

D. 投标人丁未通过资格预审

22. 下列情形之中，属于投标人以弄虚作假的方式骗取中标的是（   ）。

A. 不同投标人的投标文件相互混装

B. 属于同一集团、协会、商会等组织成员的投标人按照该组织要求协同投标

C. 招标人授权投标人撤换、修改投标文件

D. 投标人提供虚假财产报表

23. 关于确定中标人，说法正确的是（　　）。

A. 中标人应当是能够完全满足招标文件规定的各项评价标准，并且经评审的投标价格最低

B. 招标人可以委托评委会确定中标人

C. 中标候选人财务状况有较大变化，可能影响履约能力的，招标人可以在发出中标通知后重做审查确认

D. 招标人确定中标人后，应当在10日内报告招标投标行政监督管理部门

24. 关于建筑市场诚信行为公布的说法，正确的是（　　）。

A. 良好行为记录信息公布期限一般为9个月到3年

B. 对整改确有实效的，经批准可以缩短其不良行为记录信息公布期限，但最短不得少于6个月

C. 被公告的招标投标当事人申请行政复议的，公告部门应停止违法行为记录的公告

D. 企业被行政机关处以警告、罚款的，应当作为不良记录予以公告

25. 根据《建设工程质量管理条例》，下列分包的情形中，不属于违法分包的是（　　）。

A. 总承包单位将部分工程分包给不具有相应资质的单位

B. 合同没有约定，也未经建设单位认可，承包单位将专业工程交由他人完成

C. 施工总承包单位将承包工程的钢结构主体工程分包给了具有相应资质的单位

D. 分包单位将其承包的工程再分包

26. 根据《全国建筑市场各方主体不良行为记录认定标准》，属于施工单位承揽不良行为的是（　　）。

A. 未及时支付农民工工资的　　B. 以欺骗手段取得资质证书承揽工程的

C. 未在规定期限内办理资质变更手续的　　D. 违法分包、转包

27. 甲建设单位与乙施工单位签订某办公楼的施工总承包合同，乙施工单位3月10日提交竣工验收报告，甲建设单位因自身原因，迟迟未进行竣工验收，并于8月10日擅自搬入办公楼使用，同时于8月20日组织验收，验收合格，8月25日办理竣工验收备案。本案例中，竣工日为（　　）。

A. 8月10日　　　　　　　　　　B. 8月15日

C. 3月10日　　　　　　　　　　D. 8月25日

28. 关于建设工程合同一方当事人违约后，另一方当事人采取措施防止损失扩大的说法，正确的是（　　）。

A. 当事人因防止损失扩大而支出的合理费用，由自己承担

B. 守约方没有采取适当措施致使损失扩大的，可以就扩大的损失要求赔偿

C. 接到违约方的通知后，守约方应当及时采取措施防止损失扩大

D. 未接到违约方的通知，守约方无需采取措施防止损失扩大

29. 甲建设单位跟乙建材商签订合同购买100吨某标号水泥，约定10月31日前交货。

9月30日，建设单位提出要延长1个月交货期，但乙建材商未予表态。10月31日，乙建材商把100吨该标号的水泥送至建设单位，建设单位拒收。以下说法正确的是（   ）。

A. 乙建材商应该赔偿甲建设单位的损失

B. 甲建设单位可以根据实际情况，部分接收

C. 由于合同已变更，乙建材商应停止送货

D. 甲建设单位拒绝接收，应承担违约责任

30. 乙施工企业向甲建设单位主张工程款，甲以工程质量不合格为由拒绝支付，乙将其债权转让给丙并通知了甲。下列说法，正确的是（   ）。

A. 乙的债权属于法定不得转让的债权

B. 甲可以向丙行使因质量原因拒绝支付的抗辩权

C. 乙转让债权应当经过甲同意

D. 丙无权向甲主张工程款支付请求

31. 关于违约金条款的适用，下列说法正确的有（   ）。

A. 约定的违约金过分低于造成的损失的，当事人可以请求人民法院或者仲裁机构予以增加

B. 违约方支付迟延履行违约金后，另一方仍有权要求其继续履行

C. 当事人既约定违约金，又约定定金的，一方违约时，对方可以同时适用违约金条款或定金条款

D. 约定的违约金高于造成的损失的，当事人可以请求人民法院或者仲裁机构按实际损失金额调减

32. 甲乙双方的施工合同约定工程应于2010年5月10日竣工，但是乙方因为管理不善导致工程拖期，在5月20日到5月25日该地区发生洪灾，造成工期一再拖延，最后竣工时间为2010年5月31日。甲方在支付乙方工程费用时，拟按照合同约定扣除因乙方工程拖期的违约费用，那么甲方应该计算（   ）天的拖期违约损失。

A. 15　　　　　　　　　　　B. 16

C. 17　　　　　　　　　　　D. 21

33. 关于施工合同示范文本的说法，正确的是（   ）。

A. 示范文本是最规范、最完备的施工合同文本

B. 国有资金占主导或者控股地位的依法必须招标的项目，其施工合同必须采用示范文本

C. 示范文本中的所有条款均为法定条款

D. 是否采用是示范文本并不影响合同的成立与生效

34. 2019年2月，某国有企业改制需与员工签订劳动合同，下列人员向所在单位提出订立无固定期限劳动合同，其中不满足订立无固定期限劳动合同法定条件的是（   ）。

A. 赵先生2018年10月入职企业后，该企业在2019年2月才决定与之签订书面劳动合同

B. 张女士于2008年1月份入职后，一直在该企业工作

C. 55岁的王先生于1989年入职，距离法定退休年龄不足5年

D. 李女士已经连续与企业签订两次固定期限劳动合同，再次续订劳动合同时，该企业将李女士提升为市场部部长

35. 在下列情形中，用人单位可以解除劳动合同，但应当提前30天通知或额外支付一个月工资以解除劳动合同的是（　　）。

A. 小王在试用期内迟到早退，不符合录用条件

B. 小李因盗窃被判刑

C. 小张在外出执行任务时负伤，失去左腿

D. 小吴下班时间酗酒摔伤住院，出院后不能从事原工作也拒不从事单位另行安排的工作

36. 甲施工企业与乙劳务派遣公司签订了劳务派遣合同，由乙向甲派遣员工丁某，以下说法正确的是（　　）。

A. 在派遣期间甲被宣告破产，因派遣期未满，甲施工企业不得将丁某退回

B. 甲施工企业应安排丁某在该单位存续不超过1年的岗位工作

C. 在派遣期间，丁某被退回，乙劳务派遣公司不再向其支付劳动报酬

D. 丁某在用工期间发生了工伤的，由乙劳务派遣公司承担工伤责任

37. 下列各项中，用人单位经济性裁员时，应当优先留用的是（　　）。

A. 订立短期劳动合同的劳动者　　　B. 订立无固定期限劳动合同的劳动者

C. 女职工　　　　　　　　　　　D. 年老体弱的职工

38. 关于用人单位与劳动者发生劳动争议申请劳动仲裁的说法，正确的是（　　）。

A. 劳动关系存续期间因拖欠劳动报酬发生争议的，不受仲裁时效期间的限制

B. 双方必须先经本单位劳动争议调解委员会调解，调解不成的，才可以向劳动仲裁委员会申请仲裁

C. 劳动争议申请仲裁的时效期限为2年

D. 仲裁的诉讼时效期间从劳动者权益被侵害之日起计算

39. 在买卖合同中，标的物在订立合同之前已为买受人占有，合同生效即视为完成交付的方式，称为（　　）。

A. 拟制交付　　　　　　　　　　B. 占有改定

C. 现实交付　　　　　　　　　　D. 简易交付

40. 关于租赁合同的说法，正确的是（　　）。

A. 租赁期限超过20年的，超过部分无效

B. 租赁期限超过6个月的，可以采用书面形式

C. 租赁合同应当采用书面形式，当事人未采用的，视为租赁合同未生效

D. 租赁物在租赁期间发生所有权变动的，租赁合同解除

41. 甲厂与乙运输公司签订货物运输合同，但货物在运输过程中因不可抗力灭失，则乙（　　）。

A. 可以要求甲支付运费　　　　　B. 不可以要求甲支付运费

C. 可要求甲支付一半运费　　　　　　D. 根据公平原则，可要求甲适当支付运费

42. 关于承揽合同中解除权的说法，正确的是（　　）。
A. 定作人可以随时解除合同，造成承揽人损失的，应该赔偿损失
B. 承揽人将承揽的工作交由第三人完成的，定作人有权解除合同
C. 定作人不履行协助义务的，承揽人可以解除合同
D. 承揽人可以随时解除合同，造成定作人损失的，应该赔偿损失

43. 下列关于噪声污染防治的说法，错误的是（　　）。
A. 在高校附近，禁止夜间进行产生环境噪声污染的建筑施工作业
B. 因煤气管道抢修、抢险作业要求，可以在夜间连续作业
C. 建设项目可能产生环境噪声污染的，建设单位必须提出环境影响报告书，规定环境噪音污染的防治措施
D. 建设工程必须夜间施工的，施工单位应在开工 15 日以前向建设主管部门申报

44. 关于安全生产许可证，说法错误的是（　　）。
A. 没有施工生产许可证，不发安全生产许可证
B. 建筑施工企业应当申请安全生产许可证
C. 安全生产许可证有效期内，无死亡事故的，经原发证机关同意，不再审查证书有效期延长 3 年
D. 施工企业应当在安全许可证有效期届满前 3 个月向原发证机关申请延期

45. 以下关于施工总承包的安全责任，说法不正确的是（　　）。
A. 上报安全事故　　　　　　　　　　B. 购买一切险
C. 购买意外险　　　　　　　　　　　D. 编制专项施工方案

46. 以下关于培训考核，说法不正确的是（　　）。
A. 三类"安管人员"应经省级建设行政主管部门考核合格后，执证上岗
B. 三类"安管人员"应取得安全生产考核证书，证书有效期 2 年
C. 特种人员应经过专门培训，取得特种证书后，执证上岗
D. 企业应当对其员工每年至少进行一次安全教育培训

47. 监理单位在监理过程中，发现存在安全隐患时（　　）。
A. 可以要求施工单位整改
B. 应当要求施工单位停工并及时报告建设单位
C. 应当要求施工单位停工并及时报告政府有关主管部门
D. 应当要求施工单位立即整改

48. 根据建设工程安全生产管理条例，关于意外伤害保险的说法，正确的是（　　）。
A. 意外伤害保险属于非强制险
B. 保险由建设单位办理并支付费用
C. 提前竣工的，保险责任不终止
D. 保险期限自保险合同订立之日起至竣工验收合格之日止

49. 下列应视为工伤的是（　　）。

A. 甲在上班途中因严重违章被机动车撞伤

B. 上班时间开始前，乙在单位准备与工作有关的预备性工作受到事故伤害的

C. 戊上班期间因心脏病突发当场死亡

D. 丁工作时严重违章发生事故而受伤

50. 关于工伤医疗停工留薪期的说法，正确的是（　　）。

A. 在停工留薪期内，原工资福利待遇适当减少

B. 停工留薪期一般不超过 12 个月

C. 工资由所在单位在停工留薪期结束后一次性支付

D. 停工留薪期满后仍需治疗的，工伤职工不再享受工伤医疗待遇

51. 根据《实施工程建设强制性标准监督规定》，对工程建设规划阶段执行强制性标准的情况实施监督的机构是（　　）。

  A. 建设项目规划审查部门   B. 建筑安全监督管理机构
  C. 工程质量监督机构   D. 工程建设标准批准部门

52. （　　）应当对工程项目执行强制性标准进行监督检查。

  A. 建设项目规划审查部门   B. 工程建设标准批准部门
  C. 工程质量监督机构   D. 建筑安全监督管理机构

53. 关于建设工程见证取样，正确的是（　　）

A. 涉及结构安全的试块、试件、材料，施工人员应在建设单位或监理单位的监督下现场取样

B. 涉及对结构安全的试块、试件、材料见证取样和送检比例，不得低于有关技术标准中规定的应取样的 50%

C. 墙体保温材料必须实行见证取样和送检

D. 见证人员应由施工企业中具备施工试验知识的专业技术人员担当

54. 由于发包人原因导致工程无法按规定期限进行竣（交）工验收的，在承包人提交竣（交）工验收报告（　　）天后，工程自动进入缺陷责任期。

  A. 30   B. 45
  C. 60   D. 90

55. 施工合同的解决争议条款约定"所有争议提交合同履行地的仲裁委员会或人民法院管辖"。当该合同产生纠纷时，当事人（　　）。

A. 可以向合同履行地的仲裁委员会申请仲裁

B. 既可以向仲裁委员会申请仲裁，也可以向人民法院起诉

C. 应当向合同履行地的仲裁委员会申请仲裁

D. 应当向有管辖权的法院提起诉讼

56. 当事人可在仲裁裁决生效后（　　）内向仲裁委员会所在地的中级人民法院申请撤销仲裁裁决。

  A. 1 个月   B. 3 个月
  C. 6 个月   D. 1 年

57. 甲方与乙方就丙地的工程签订了建设工程施工合同,约定将来有纠纷可以向甲方所在地人民法院提起诉讼。后,甲乙方就工程款支付发生了纠纷,甲方应向( )提起诉讼。

A. 甲方所在地法院　　　　　　　　B. 甲方或乙方所在地法院
C. 丙地法院　　　　　　　　　　　D. 可以向甲、乙方、丙地法院

58. 关于民事诉讼期间,说法正确的是( )。

A. 一审普通程序的审限为 12 个月

B. 对一审法院判决不服,可在 10 天内上诉

C. 当事人可在判决书生效后 2 年内申请强制执行

D. 当事人申请再审的,应在判决书生效后 2 年内提出

59. 民事诉讼执行依据不包括( )。

A. 生效判决书　　　　　　　　　　B. 法院依法作出的调解书
C. 当事人在诉讼阶段达成的和解协议　D. 公证机关作出的强制执行债权公证书

60. 施工单位与物资供应单位因采购的防水材料质量问题发生争议,双方多次协商,但没有达成和解,则关于此争议的处理,下列说法中,正确的是( )。

A. 双方依仲裁协议申请仲裁后,仍可以和解

B. 如果双方在申请仲裁后达成了和解协议,该和解协议即具有法律强制执行力

C. 如果双方通过诉讼方式解决争议,不能再和解

D. 如果在人民法院执行中,双方当事人达成和解协议,则原判决书还应继续执行

二、**多项选择题**(共 20 题,每题 2 分。每题的备选项中,有 2 个或 2 个以上符合题意,至少有一个错项。错选,本题不得分;少选,所选的每个选项得 0.5 分)

61. 《刑法》规定,刑罚分为主刑和附加刑,其中主刑包括( )。

A. 拘役　　　　　　　　　　　　　B. 有期徒刑
C. 管制　　　　　　　　　　　　　D. 剥夺政治权利
E. 没收财产

62. 关于不当或违法代理行为,说法正确的有( )。

A. 第三人明知代理人超越代理权与其实施民事行为的,第三人承担主要责任

B. 代理人不履行职责,应当与被代理人对造成损害的第三人承担连带责任

C. 代理人明知代理事项违法,仍与第三人进行民事活动的,由代理人和被代理人对第三人的损失承担连带责任

D. 代理人无权代理,法律后果由代理人自行承担

E. 代理人无权代理签订的合同为效力待定合同,被代理人追认有效,不追认则无效

63. 下列抵押财产中,抵押权自登记时成立的有( )。

A. 地役权　　　　　　　　　　　　B. 建设用地使用权
C. 生产设备、材料　　　　　　　　D. 在建工程
E. 在建船舶

64. 下列二级建造师受聘和注册的情形中,属于"挂证"的有( )。

A. 属于军队自主择业人员，受聘并注册在丙施工企业

B. 在丁施工企业工作，受聘并注册在丁施工企业

C. 某大学教师，受聘并注册在该大学所属的设计单位

D. 在某事业单位工作，受聘并注册在甲施工企业

E. 在某监理单位工作，受聘并注册在乙施工企业

65. 下列施工项目中，可以采用邀请招标方式发包的有（   ）工程项目。

A. 采用公开招标的费用占项目合同金额的比例过大

B. 受自然地域环境限制的，仅有少量投标人可供选择的

C. 技术复杂，仅有少量投标人可供选择的

D. 公开招标费用与项目的价值相比，不值得的

E. 施工主要技术需要使用某项特定专利的

66. 评标委员会应当否决其投标的情形包括（   ）。

A. 投标文件仅有投标单位盖章，没有单位负责人签字

B. 投标联合体没有提交共同投标协议

C. 投标价格最高

D. 投标价格低于成本

E. 投标人弄虚作假进行投标

67. 根据《民法典》的规定，以下合同属于效力待定合同的有（   ）。

A. 恶意串标签订的合同

B. 某开发商与施工企业订立的施工合同未按规定备案

C. 建设单位要求某总承包商垫资承包的合同

D. 15 岁的商业天才与某公司签订的技术咨询服务合同

E. 甲公司将租借的挖掘机，以出租人的名义出卖给乙公司

68. 施工企业和材料供应商在合同中约定，"任何一方不履行合同义务的须承担违约金 3 万元，发生纠纷由某仲裁委裁决"。现供应商延期交货给施工企业造成损失 4.5 万元，则施工企业为维护自身最大利益，应（   ）。

A. 向某仲裁委请求供应商支付 4.5 万元

B. 向某仲裁委请求供应商支付 3 万元

C. 当违约金数额低于实际损失时，可以要求某仲裁委裁决增加违约金金额

D. 向某仲裁委请求供应商支付 7.5 万元

E. 向法院请求供应商支付 4.5 万元

69. 劳动合同的必备条款包括（   ）。

A. 工作内容和工作地点　　　　　　B. 福利待遇

C. 劳动报酬　　　　　　　　　　　D. 试用期和培训

E. 劳动保护、劳动条件和职业危害防护

70. 根据《绿色施工导则》，下列说法正确的有（   ）。

A. 临时用电照明设计以满足最低照度为原则，照度不应超过最低照度的 20%

B. 现场机具、设备等的用水优先采用非传统水源，尽量不使用市政自来水

C. 处于基坑降水阶段的工地，宜优先采用雨水作为混凝土搅拌用水

D. 对深基坑施工方案进行优化，减少土方开挖和回填量，最大限度地减少对土地的扰动，保护周边自然生态环境

E. 力争施工中非传统水源的循环水的再利用量大于30%

71. 关于施工现场大气污染防治的说法，正确的有（　　）。

A. 建设单位对暂时不能开工的建设用地，超过1个月的，应当进行绿化，铺装或者遮盖

B. 运送容易散落、流漏的物料的车辆，不必采取措施封闭、严密，但需保证车辆清洁

C. 城市范围内主要路段施工工地设置高度不小于2.5米围挡

D. 一般路段施工工地设置高度不小于2.0米围挡

E. 鼓励施工工地安装在线监测和视频监控设备，并与当地有关主管部门联网

72. 对于达到一定规模且危险性较大的基坑支护与降水分部工程施工，须严格按施工程序进行，下列做法中正确的有（　　）。

A. 施工单位在施工组织设计编制安全技术措施即可

B. 专项施工方案中应附具安全验算结果

C. 专项施工方案应经施工单位项目经理、总监理工程师签字后实施

D. 专项应由专职安全生产管理人员进行现场监督

E. 施工单位应在现场显著位置公告危险性较大工程，并对危险性较大工程的施工作业人员进行登记

73. 关于质保期内的工程质量保证责任的说法，正确的有（　　）。

A. 因建设单位错误管理造成的质量缺陷，由施工企业负责维修和承担费用

B. 无论施工单位是否对工程质量缺陷有过错，施工单位均应在质保期内对工程进行维修

C. 因地震、台风、洪水等原因造成的工程损坏，由施工企业负责维修，由建设单位承担质量责任

D. 建设工程质量保证金是从建设单位应付的工程款中预留的资金

E. 质保金是工程缺陷责任期用于维修的资金，缺陷责任期满后施工企业可以向建设单位申请返还质保金

74. 施工单位必须对建筑材料、构配件、设备和商品混凝土进行检验，检验记录应当有书面记录及专人签字，未经检验或检验不合格，不得使用。其检验的依据包括（　　）。

A. 工程设计要求　　　　　　　B. 施工技术标准

C. 监理发出的通知　　　　　　D. 行业标准

E. 合同约定

75. 工程项目存在（　　）问题的，监理单位应当重新组织建筑节能工程验收。

A. 验收组织机构不符合法规及规范要求的

B. 参加验收人员不具备相应资格的

C. 参加验收各方主体验收意见不一致的

D. 未完成建筑节能工程设计内容的

E. 各方提出的问题未整改完毕的

76. 关于工程建设缺陷责任期的说法，正确的有（   ）。

A. 发包人导致竣工验收迟延的，在承包人提交竣工验收报告后进入缺陷责任期

B. 缺陷责任期最长为2年

C. 发包人导致竣工迟延的，在承包人提交竣工验收报告后60天后，自动进入缺陷责任期

D. 缺陷责任期一般从工程通过竣（交）工验收之日起计

E. 承包人导致竣工验收迟延的，缺陷责任期从实际通过竣工验收之日起计

77. 原被告在合同中约定，如果发生了争议可向北京仲裁委员会提请仲裁，仲裁裁决不服可向人民法院起诉。下列说法正确的有（   ）。

A. 当事人约定无效，只能向法院起诉

B. 当事人约定有效

C. 当事人发生纠纷后，应向北京仲裁委提请仲裁

D. 当事人对北京仲裁委的裁决不服，不得向人民法院起诉

E. 当事人的约定无效

78. 在执行过程中，人民法院应当裁定终结执行情形，包括（   ）。

A. 案外人对执行标的提出确有理由的异议的

B. 具有执行的法律文书被撤销的

C. 作为被执行的公民死亡，无遗产可供执行又无义务承担人的

D. 追索赡养费、抚养费、抚育费案件的权利人死亡的

E. 作为被执行人的公民因生活困难无力偿还借款，无收入来源又丧失劳动能力的

79. 下列事件中，可以提起行政复议的有（   ）。

A. 作业人员王某随手偷盗工地材料被公安机关罚款

B. 李某的建造师执业资格证书被单位扣留

C. 劳动部门对范某与单位之间的劳动争议进行调解

D. 城管部门对施工单位噪声扰民进行罚款

E. 质监局对不合格建材采取没收财产的措施

80. 行政强制措施的种类有（   ）。

A. 限制公民人身自由

B. 查封场所设施或财物

C. 扣押财物

D. 冻结存款汇款

E. 拍卖或者依法处理查封扣押的场所设施或财物

参 考 答 案

1. B   2. C   3. D   4. D   5. A
6. D   7. B   8. D   9. D   10. A
11. D   12. D   13. C   14. A   15A
16. C   17. A   18. A   19. D   20. D
21. D   22. D   23. B   24. D   25. C
26. D   27. C   28. C   29. D   30. B
31. B   32. D   33. D   34. A   35. D
36. D   37. B   38. A   39. D   40. A
41. B   42. A   43. D   44. A   45. B
46. B   47. D   48. A   49. C   50. B
51. A   52. B   53. A   54. D   55. D
56. C   57. C   58. C   59. C   60. A
61. A、B、C   62. C、E   63. B、D   64. D、E
65. A、B、C   66. B、D、E   67. D、E   68. A、C
69. A、C、E   70. A、B、D、E   71. C、E   72. B、D、E
73. B、E   74. A、B、E   75. A、B、C、E   76. B、D、E
77. C、D   78. B、C、D、E   79. A、D、E   80. A、B、C、D